为民间环保力量呐喊

冯永锋 著

知识产权出版社

内容提要

　　本书收录了作者近年来为环境保护事业鼓与呼的时事评论文章，按所涉问题领域纳入"民间·NGO·行动"、"公益·公众·参与"、"政府·立场·作为"、"观察·阅读·思考"四个部分，文笔犀利、思想睿智、情真意切、促人深省。

责任编辑：龙文　　　　　　　　　责任出版：卢运霞
装帧设计：开元图文

图书在版编目（CIP）数据

　　为民间环保为量呐喊/冯永锋著.——北京：知识产权
出版社，2010.7
　　1SBN　978-7-5130-0064-2
　　I.①为···　II.①冯···　III.①环境保护–中国–文集
IV.①X-53
　　中国版本图书馆CIP数据核字（2010）第119452号

为民间环保力量呐喊
Wei Minjian Huanbao Liliang Nahan

冯永锋　著

出版发行：知识产权出版社

社　　址：北京市海淀区马甸南村1号　　　邮　编：100088
网　　址：http://www.ipph.cn　　　　　　　邮　箱：bjb@cnipr.com
发行电话：010-82000860 转 8101/8102　　传　真：010-82005070/82000893
责编电话：010-82000887　　　　　　　　　责编邮箱：longwen@cnipr.com
印　　刷：北京富生印刷厂　　　　　　　　经　销：新华书店及相关销售网点
开　　本：720mm×960 mm　1/16　　　　　印　张：21.75
版　　次：2010年9月第1版　　　　　　　　印　次：2010年9月第1次印刷
字　　数：390千字　　　　　　　　　　　　定　价：48.00元

ISBN 978-7-5130-0064-2/X·005（3012）

目 录

民间·NGO·行动

公益·公众·参与

政府·立场·作为

观察·阅读·思考

民间 · NGO · 行动

开腔，拉陌生人人行

2006年4月份，我和其他几个记者，受中国著名的环境NGO "北京地球村"之命，到山西阳泉调查环境污染问题。在太原，我有意无意中向当地的环保部门提问了一句：你们这的环境NGO多不多？我当时间的意思非常简单，因为我在想，像山西这样全省几乎都在吃资源饭和祖先饭的地方，像山西这样有好几个城市荣居"全球污染城市"前列的地方，应当有那么一些汹涌澎湃的非政府组织，来替民间的个体的松散的脆弱的人士们，来替可怜的悲惨的天天受到掠夺和毒害的自然环境们出头说话。

然而，当地人很遗憾地告诉我，太原除了几个关注环保的"大学生社团"，就只有山西环境文化促进会和山西省环保产业协会了。前者似乎是中国环境文化促进会的"山西分舵"，后者的会员中肯定有相当多的"环境伤害者"，他们入会只是想寻找更多的政机和商机。

想来写到这里，不需要我这个门外汉来先告诉你，什么是NGO，什么是环境NGO。民政部下面似乎有个"民间机构促进会"，这个本身与"中国科协"、"全国妇联"、中华慈善总会等也算NGO的半官方组织似乎表明了政府的一种决心：在有生之年，孵化出更多的民间组织、非赢利组织，或者说"非政府组织"来。然而，不少时候，对"社科NGO"是警惕的，暗地里希望中国大地上没有一个讨论思想的民间聚众形式；受此影响，北京观鸟会这样的"自然科学NGO"也一直无法注册下来，原因非常简单，他们像所有的NGO一样受到猜疑，于是找不到挂靠机构；而有些注册颇早实在无法取缔的硬骨头NGO，就采用其他的办法来限制，要么是将其妖魔化、恶魔化，要么就是恐吓其房东，不让他们继续租住，以此让其流落街头。

人们的权利从哪来？其实很简单：从自己身上得到。所谓的众生平等，其实说的就是每个自食其力的人，都有按照内心意愿自由表现的机会。目前为止，除了与生俱来的人权，社会上出现的其他形式的个体赋权方式，不外乎四种，一是政治赋权，二是经济赋权，三是知识赋权，四是劳动赋权。很多人鄙视自食其力的劳动者，却拼命尊重政治、经济和知识。知识更容易让人到达"开明智慧"

境界，而政治和经济经常让人陷入浅薄和狭隘。也许正是因为这个原因，中国最早的环保主义者，或者说最容易被环保思想感染的人，是些知识人士，是些文学感应能力强的人士。当众人的心胸都处于黑恶的时候，他们独独感觉到了黑恶的可怕和可耻。

环保主义者是我认识的最善良的人，也是最经常地陷入绝望中的人。替自然说话的人往往会被人视为敌人，会被人视为忽视人权（尤其是富裕权、发展权）的人，会遭到政权控制下的传媒封杀的人。因为最早的他们，表现出来的似乎就是"敌对姿态"，这可不仅是政府的公敌，有时候甚至经常是全民公敌。一个人因为替自然呼告而把民众当成敌人，自然，那些践踏自然已经习以为常的民众，也就很容易把他当成敌人。即使民众受其感染，那也只局限于某个道德纯化的个体，而这个个体所领导的组织中，出现任何溃败，都会让公众迅速气愤，毫不姑息。

中国的环境NGO至今也算有了十多年的历史，公众已经开始对道德纯洁和情绪感染表现出了相当的厌倦，一些简单的环保知识也不再能够满足他们的胃口，形式主义的环境教育也让他们觉得厌烦，他们不想再接受"调查"和研究，而是要求"实践"，他们不想让你来教育我，而要求你来帮助我解决当前环境权被掠夺和重创的困境。他们需要策略，他们需要解决方案，他们暗地里承认，只要你有能量，不再问你出身。政府部门也好，商业机构也好，民间组织也好，草根也好，大树也好，乌云也好，泥土也好，个人的道德影响也好，组织的强力攻击也好，只要你对人类和自然界抱的是公益性的关心，人们就会响应你，就会腾出相应的频道来接收你的节目，会与你同行。

所以，人们希望中国的NGO开始有强大的"自生能力"（这是经济学喜欢用的一个词）。表面在一个集体上，就是希望不仅富集于北京或者云南，而是全国各地都遍地开花；不仅是环境教育，或者美学熏陶，而是针对在感受当地美好和基础上，为当地的环保困境出谋划策；不仅是志愿者思路，更需要产业化待遇——也就是说，从业的员工不能再是偶然为之，而是可以作为终身事业，这样一来，中国"本土NGO"的工资待遇问题，就要像企业或者政府部门那样，受到相当优良的考虑。

也许是中国人天生就羞涩，也许是中国民间对政府存在过多的不信任和恐惧，也许某种程度上"拉熟人入伙"是最简易之工作方法，中国的环境NGO目前仍旧缺乏传教士的那种广泛"拓荒"的勇气。他们要么沉迷于个人的发现和感应，要么对同好者表达出了过多的迁就和互恋。他们肯定也意识到，环保不是环保人士"带着悲伤的狂欢",而是需要极度的总冷静下谋划出来的可持续策略；环保不再是道德的招引，而是在参与多方博弈和"决斗"之后获得的一小点权威，所以，他们一直在努力地改良自己。他们要做的只有一件事，就是"开腔，拉陌生人入行"。

陌生人有可能是不理解环保的人，有可能是敌视环保的人，与环保主义者身上鲜明的"无力感"相比，往往陌生人身上潜藏着巨大的"决策能量"。环保不再是中小学生之事，不再是文学艺术家之事，不再是弱势群体之事，不再是无力者之事。环保是成人的事，环保是手持"强权印章"者的事；环保NGO表达力量的最佳方式不再是当众啼哭而是"举案说法"。环保不是恶意的传销，而是善意的、替无告的自然代言；环保说到底不是在治理环境，而是在治理人类的行为，而人类的行为只有两大块，一是生产行为，二是消费行为。只有当所有的环保人士都能够面对陌生者、强硬者、顽固者发起攻城掠地的"行为改善运动"的时候，我们的环境NGO，才会得到越来越多的权威，受到越来越大的尊重和信任，自然，他们的肌体也就会越来越健康，越来越强壮，再也不用考虑"先长高还是先长壮"这样愚蠢的问题。（2006年6月）

中国环境NGO的三重门

环境NGO在中国是活动最为自由，也最受社会支持的NGO。虽然中国似乎自古就有"结社"的习惯，国家法律也在字面上给足了公民这样那样的权利。环保是全社会的事，尤其是有决策力者和年富力强者之责任，是大人们的责任。中国的环境NGO要让国家成为环保之国，打开"全民皆环保"的通途，有外门、中门、内门三重门要过。

外门：先观察还是先愤怒

中国台湾荒野协会的创始人徐仁修对中国内地环保人士习以为常的"环保愤怒"表示出强烈的不解。徐是一个坚定的认识自然主义者，他在台湾大量复制欧美的"自然观察引导员"。他认为，环保首先要学会欣赏自然，而欣赏自然的最佳路径是认识自然。自然界的美是需要细细观察才可能体验得到的，而中国传统的那种当成山水画来欣赏的方法显然不适应今天的环保要求。因此，台湾荒野协会创办二三十年来，带动了大量的台湾人进入自然界，从门外汉成为自然美学大师，从受人教导成为教导他人的好手。

他认为中国内地的环保人士也需要这样。他有一句著名的话是这样说的："你永远无法教会老狗耍杂技，你能做的只能从小狗教起。"他把大量的精力花在对中小学生的自然保育调教上。当年他教的小学生，不少人成为了台湾的环保中坚力量。

徐仁修做得最好的就是把人引入了自然界中。当中国内地的学生边在课桌上听讲，边惴惴不安于"课堂培训不足"而不敢涉足荒野的时候，徐仁修带领的团队可能已经在自然界中蹲守好几天了。

中国著名的环保作家唐锡阳十多年来一直持续地为大学生绿色营鼓劲，他固执地认为，"大自然是最好的老师。要从大自然身上学习到知识，体会大自然的美，敬畏大自然，只有一条路，那就是多多投入它的怀抱。只需要走进去，它的每一朵花，每一颗草，每一粒露珠，每一条小溪，都远胜于课本上的千言万语、千图万画。"

然而中国内地的人老觉得"没做好准备"，这些习惯了等课堂上灌满知识才敢迈出校门的"优秀学生"，显然从小就树立了一种极不自信的畏惧自然心理。人们不知道，最好的知识是活学活用，最好的学习方法是学以致用。虽然中国一直在批评"三边工程"（边规划边施工边运营），但实际上，最好的学问绝对不是在书斋和课堂上学得的，边学边干才是学问正途。在对知识的不断刺激中，知识的生命力和能量得到激发，个人的体验也因此而逐步深化。

唐锡阳先生的夫人马霞女士说得好："热爱大自然的人都是好人。"因此，当一个专业的环保人士面对自然界的花草树木毫无兴趣的时候，当我们叙述"职业的愤怒"只能依靠文学的词汇和情绪化的语句的时候，我们获得社会公信力的能力必将减弱。因此，与其如狂牛一般愤怒，不如先弯下腰，蹲下身子，跟着"自然保育员"走向自然深处。

中门：热烈欢迎"投机型员工"

支持当前环境NGO员工按时上下班的擎天石和顶梁柱是他们的意志力和良好的忍耐品质。他们暂时愿意为了中国的环境事业而牺牲个人利益。但是显然，任何在局内浸泡了足够长的人都会看出，这种通过压缩个人利益来支撑蓝图和愿景的办法不是长久之计。一个真正合格的行业，应当是能让每一个从业的员工既有成长、跳荡的可能，也有获得丰厚报酬的必要；既有宽松工作的气氛，又能享受到"社会职业共识"的每一滴福利——甚至更多。而不能因为环保，就要求从业者成为苦行僧或奉献狂。北京地球村环境教育中心主任廖晓义对此非常清楚，她说，人家形容我的所有品德中，最不适合的就是"自我牺牲"。环保是我所热爱的职业，是让我享受快乐的职业，如果一个员工还以牺牲为荣，我就对他说，你还没有理解环保。

从社会学意义上说，一种获得社会普遍认可的行业，必然会成为社会就业阶层和"年富力强"阶层的择业"自然选择项"。也就是说，任何一个人想跳槽的时候，他脑中列出的诸多下一步可能性中，会有极大的一部分人把"到环境NGO上班"作为一种非常可信任的选择。这时，环境NGO虽然也有必备的人事选择手续，但开出的试题中，一定已经抹去了"你是否热爱环保"这一项。因为事实证明，一个人从事一门职业，与他是否热爱这职业所涉及的领域，没有直接相关性；甚至有大量的例子表明，由于人类身上具有强烈的可调适性和伪装力，一个事先极不热爱某一项行业的人，完全可以在这门行业里做出惊人的贡献，或者几十年如一日猫在这门行业中。

一个企业成为名企的过程，就是不断收纳、化用投机型员工的过程。企业声望越高，来投机的员工越多。政府部门也是如此，中国有那么多家长强烈要求他们的子女汇入公务员的浊流，一个重要的原因就是公务员所在的单位有足够的声望，因此，社会心理认定，对此进行投机是"智者的选择"。环境NGO现在要做好一个准备：当到环境NGO工作成为一种时髦和热闹，此时，"投机型员工"也会大量出现。此现象才是环保事业繁荣的关键标志，因此不但不能为此而忧心忡忡，相反，应当为此感受到欣喜若狂。因为，NGO也好，"GO"也好，公司也好，自由联盟也好，最终都是一捆由两个人以上构成的"组织"，都是人与人间关系的管理和协调，大家为长久共同的或瞬间共同的目标而各自出力。此时，与其花精力对员工进行鉴定和监护，不如设计出良好的工作氛围，化魔为道，驱邪成正，化腐朽为平庸，化平庸为神奇。

对一个个体而言，他的工作领地，对他的幸福感影响，可能远不如他"办公室政治"的顺畅程度对他的幸福感的影响。因此，投机型员工可能是对NGO的管理能力考验最强的一批人。如果NGO能够经受住这样的考验，那么，就能说明几个问题：一是这个行业足够丰富和庞大，二是这个行业正在成为"普通行业"，三是这个行业得到了社会"主流生产力"的认同，能够源源不断地从主流生产力那借得能量并充强之，人人皆可从事，随时皆可入行。而不再像当前，除了少数意志坚定的年轻人，以及少数社会上的闲云野鹤，就是"国家单位内退员工"。

内门：为环保产品"买主"进行"订单生产"

环境NGO当然也是NPO，"非赢利性"是大家共同标榜的一颗显目黑痣。但是，不追求利润或者说不分配利润不等于不生产优质产品。几乎所有的环境NGO都需要做"项目"，这与公司生产一件产品本质上并无不同。过去，环保组织可能是盲目生产、率性创作，再把产品和服务盲目从净瓶里蘸出，挥向天空，洒向社会；今后，这种"略带羞涩地来，悄无声息地走"的做法可能就行不通了，大家的产品都得按照"市场经济规则"办事，要争取订单，要规范生产，要进行成本核算和效益分析，要待价而沽，要广告来哄抬。

政府是民众最大的委托体，所以当然是环保最重要的买单者。每一个环境NGO都希望政府能够开始"购买NGO的服务"。虽然当前中国真正的环境NGO

并不算多（北京和云南还占去了大半），大量的"大学生环保社团"的力量尚须增持，但是，以目前环境NGO的能力，他们生产出一些精美的符合政府和社会理想口味的产品还是办得到的。有些先见之明者指出：尽早购买环境NGO的产品和服务，有利于改善政府形象。

随着政府成为公益事业最大的买单者，政府迟早会成为"最大的环保组织"。此时，环境NGO就像建筑转包商、软件外包企业一样，年年能从巨大的、人类共同烘烤出的环保蛋糕中，分到那么一块带着奶油鲜花的小三角。大家各安其命，共同为环保奉献期望中的力量。

当前，环保组织甚至比不上慈善组织，很难从民间寻找到资金通路，尤其义卖型、持续捐款型的"聚沙成塔"更是乏计可施。环保组织当然还可以向社会募集资金，不管是来源于企业财团还是来源于诸多松散、绵薄的个体。社会每一个个体也有责任向环保组织释放"一两包烟钱"。这种"取之于民，用之于民"的运作方式，如果戴上经济学的眼镜来瞧一瞧，专家们还是容易看出内中有一种"虚拟交易"形式：社会向环保组织提供款项，无非是信任这家组织，愿意拿出余钱来，购买环保组织的"产品和服务"，以改善人类的整体环境。因此，中国环保事业的兴隆之日，必定是社会踊跃地像对待股票市场那样，"零散购买"、"无目的投资"于环境NGO之时。（2006年10月）

善于承诺而不善于兑现

————————————

民间环保组织经常干些很可笑的事，他们动不动就要人承诺。被组织起来参加各种公益活动的人也很勇敢，他们动不动就在承诺书上签下大名，拍着胸脯保证能够"从我做起"、"从现在做起"、"从小事做起"。

2007年9月16～22日，与往年有所不同，由于建设部的插手主持，据说全国有124个城市表明要化"国际无车日"为"公交周"，几乎每个城市，都举行了轰轰烈烈的宣传活动。这中间，自然有许多政府、公司、个人，被要求和主动要求签署一纸"环保承诺书"。

接下来，时间老人默默地看着人类的表演，签了名的人，是不是兑现了诺言？一切，似乎不只是签了名的人清楚。一些民间环保组织说，他们要做监督，但是他们的"监督权"，一向受到社会暗地里的消解，因此，多半也只能是说说而已。

福建一个大型海滨城市的市政府很有意思，他们一个主管公交的副市长，毫不迟疑地与其他城市一起，起哄似的，在建设部的倡议书上签了名字。当时的算计，这个史无前例的当地城市"公交周"，由他们来主办，由这个城市的一个民间环保组织来承办。然而，大概是在马上要到点的十天前，这个民间环保组织的人突然半夜接到某政府部门的一个官方电话，说该市不再主办了，也不出经费了。至于已经发生的费用、已经调动的人员，已经公开给社会的安排，如何兑现，"听君自便"。

这家民间环保组织没有被这种临阵逃脱所吓倒，紧缩预算，压缩规模，勒紧肚皮，加班工作，终于在活动前夕，松了那么一口气，一项与全国，与全世界相呼应的环保活动，大概是可以按期举行了。

然而在活动即将举行的头两天，又是半夜，突然又接到一个电话，市政府又反悔了，他们要参加这个活动，不但要参加，而且相关副市长要陪同一些中央相关部门来的重要干部出席，因此，不仅要把这位市长安排到活动程序中，要讲话，要剪彩，要带头示范；而且要把相关客人也安排到活动程序中。这家民间环保组织说：你们已经耍了我们一回了，你们的失信让我们渡过了一个多么艰难的时刻；此时，你们要想参与，就得再"承诺"，否则，万一政府再一次失信，今后如何与你们合作？

何况，经费，却是不给的；而且强烈要求把活动中的"自行车骑行"项目给取消。因为这个城市这两年像许多城市一样，拼命向有车族献媚，向有车族屈服，城市里原本大量存在的自行车道，几乎都趁着道路拓宽之际，全部改成了机动车道。因此，他们担心，自行车骑行，多少有替自行车主张"出行权"的可能，多少有"自行车集体示威"的意思，因此，他们承受不了这样的指责，他们无法响应这样的呼吁。

据说这个城市的民间环保组织，还准备发动500家企业签署"绿色出行"承诺书。据说到活动举办前，有68家企业在这家民间环保组发出的"承诺书"上，签了字。然而有意思的是，当该市的记者对企业进行随机采访时，他们发现，几乎所有的企业都"忘记"了这个承诺。有些企业公开表示，这两天忙着过中秋，因此把这事给冲淡了，有些企业则好像受到了惊吓似地说，哦，签了字不过是仪式而已，难道真的要如实兑现？如果什么承诺都要人如实兑现，那么企业会活得很艰难的。

记得在全国许多家民间环保组织共同发起"26度空调"行动中，活动联合主办机构也印发了许多"承诺卡"，要求他们遇上的"公民"，在"承诺卡"上签名。当时我在现场看到，签名是那么踊跃，大家几乎是以争抢的方式去获得"签名权"。然而过了三个月之后，我再到这些环保组织进行追问时，得到的答案是，兑现承诺的人非常少。

我算是与环保结缘好几年的人，参与了许多需要现场承诺的活动。然而有许多次，我都逡巡再三，不敢前去签名，因为我怀疑自己的兑现能力。用环保的眼光看世界之后，发现在中国，要想过上"绿色生活"，是相当的艰难。与朋友一起吃饭，尽管一再声明少上些菜，到走的时候桌上也仍旧有不少残余。朋友为难地看了我一眼，决定打包带走，但过了一晚上，照样扔掉，打包只是一种心理安慰而已。要是赶上因公务出去采访，而吃起政府部门招待餐时，发现能吃掉的最多是全部"玉盘珍馐"的一小部分，叠盘架碗，上的都是自然的膏血。此时我能做的，最多是对野生动物，对鱼翅，对燕窝，对熊掌，对"野生特产"，表示明确的拒绝，其他的时候，多半只能忍受。

很多人总是被动地接受国家出台的各种法律法规。其实，这些法律法规是全国人民共同的"意识产品"，因此，可以肯定地说，一个国家施行了某种法律，等于是这个国家的公民向世界发布了一种承诺。

就环保方面来说，我国出台的相关法律法规并不少，针对个人的可能尚不明显，针对企业的则巨细无遗，滴水难漏。开办一家企业、建设一个项目，需要盖无数个章，某种程度上也验证了这个道理。现在的中国动不动就说"环保先行"、"环保一票否决制"、"环保前置"，处处要求企业在兑现环保责任前，签下"最基本承诺"。然而，我们的企业仍旧在践行"极端发展主义"、"野蛮发展主义"，我们的公民仍旧在践行"极端消费主义"、"无罪恶感创业主义"，我们的政府仍旧把发展经济当成社会进步的主要标志，我们的自然环境仍旧被无限地污染下去。这个时候，谁有能力考量我们的"环保诺言兑现力"呢？

(2007年9月)

环保守信

由中华环保联合会等主办的第二届中国民间环保组织年会正在北京举行。环保组织聚集在一起，讨论得最多的，多半是如何加强合作，如何让机构强身健体，如何与本地社区和谐发展等，同时，如何让自己成为有公信力的组织，也是大家考虑得最多的。

过去，由于老是有一伙人在压迫另一伙人，因此，人类革命的急务，是推翻压迫者，激发人人平等。现在，人压迫人的现象仍旧存在，但正逐步弱化。这时候，有一批人发现，人不但喜好压迫自己的同类，人更擅长压迫自然界。人类从古到今的所谓发展的历史，几乎全是掠夺自然、迫害自然的历史。

因此，有些人开始不安起来，进而挺出身来，奢望替"无告的大自然"代言，希望能够"可持续发展"，盼望能够与自然界保持和谐。要利用，但不能利用过度；要开发，但也要保育。发出这些声音的，有些人仍旧抱的是利用的观点，只是利用的目光更长远一些，是"为了我们的子孙后代"；有些人则彻底公益化，认为自然界本不为人类而生，认为自然界本身存在就是无目的的，因此，人类必须保证自然的无目的性，不要动不动就想着利用，不要动不动就界定"有用""无用"，更不要动不动就区分害虫和益虫。

因此，这些较早觉醒的人，往往被称为环保主义者。比起当年的阶级革命来，环保的革命更加的全球化、无国界，更加的体现人类的崇高心性，因此也更加的艰难，更加的不易为人所理解。就像当年的革命一样，环保是一个由小众而大众的过程，由异己而同类的过程，由公敌而战友的过程，由时髦而凡常的过程，由新鲜而单调的过程。

过去的革命者，大概是目前为止最为公益的人。在他们面前，为他人谋解放、为世界谋平等的革命战争，是最大的公益事业，为了宣传、推动这种公益革命，都是要带着必死的心去做坚韧的践行，因此，义无反顾是他们的特点，舍我其谁是他们的信念，勇于牺牲、前赴后继是他们能够在所有的峰顶都插上胜利旗帜的能源。他们中会出现变节者，但人数的扩充足以抵消变节者的退出的份额；他们中有大批的人献出生命，但有更多的血液马上涌进来补充；他们中有人作出错误的判断和决策，但更多正确的判断和决策挽回了不利的形势；他们必须不停地面对新的形势，因为任何的革命都会出现难以预料的新问题。

环保必然也是一场革命，虽然由其引发的冲突往往发生的人类的和平时期，但其斗争的残酷性丝毫不差于过去的革命。也许环保的革命不会发生太多的流血事件，但是，观念冲突所引发的激荡，社会转型所翻滚出来的痛苦，总得有一大批人去承受。总得有一大批人，为环保献出所有。

因此，当有人高调呼喊环保的时候，当有人猛烈呼吁社会需要改变行为方式的时候，社会必然首先盯住这些声音最大、情绪最激动的人，社会肯定会追问：你这样要求我们，你自己做得怎么样？社会肯定会调查这些人的行为方式，究竟有哪些行为，与此人的言论极不相符。

换句话说，社会肯定要求环保主义者"从我做起"。环保主义者倒也一直在从我做起，比如他们倡导不用一次性筷子，除了自己带筷子，还经常出面说服饭店老板不给食客提供筷子；比如他们倡导不用一次性牙刷，出差时就带自己的牙刷和牙膏；比如他们倡导节能，自家就不安装空调，尽量坐公共汽车上下班；比如他们倡导不吃野生动物，看到桌上有人点野生动物，就马上跟接待方翻脸，甚至"掀桌子"；比如他们倡导热爱自然，他们就与大自然交朋友。

然而，用苛刻的目光透射之后，我国民间环保组织似乎仍旧做得不够。他们的公信力还有许多可增长的余地。

几年来，我成了中国许多环保组织的"志愿者"，因此也多少有机会看到了环保组织的行为方式。每到一家环保组织的办公室里，我的第一件事，就是暗自检查他们有没有做"垃圾分类"，看得多了之后，发现，许多环保组织并不太注意这一点。实际上，垃圾分类是比较简单的事，只需要把有机物——多半是嘴巴吃剩的东西，与纸张、塑料、玻璃等分开。也就是说，办公室里只需要设立一个专门存放剩饭剩菜、瓜皮果核的桶，其他的，都应当有心地分离开来。而在所有的易回收废品中，塑料袋是最难被分拣的，因此，在"把塑料袋掀出来"的过程中，要很注意地对它们进行简单的清洗，比如装豆浆的塑料袋，喝完后应当翻过来洗一下；不要拿塑料袋作废弃物的包装袋；吃油腻的东西，要注意不要拿纸张去垫在下面等。因为根据我对北京垃圾分类现实的调查结果，我得出了一个小小的结论，家庭和办公室是最易推行垃圾分类的地方。环保主义者在家里要从我做起，在办公室也要从我做起，然后再影响你的邻居，影响你的隔壁办公室；然后影响一个社区，进而试图影响社会。"从我做起"就像科学家的试验，只有做，才可能体会到做的困难，才可能设计出更有效的改良方案。而环保，就是一种改良社会的革命。

今年以来，我创意了一个名叫"自然大学"的项目，认为要改良中国人不热爱自然的品性，必须设计出一种吸引所有中国人都乐意参加的走入自然的活动。因此，每一个城市都应当有一所由当地的民间环保组织主持的"自然大学"。方法是"向大自然学习，在大自然中学习，以自然的方式学习"。这家民间环保组织，首先寻找出本地的有能力作为"自然导师"的专家，激发出本地愿意热爱自然的学员，设计出具体的方案，然后持续性地、开放性地带领本地的公众，观察自然中的每一个细节，包括观鸟、认识植物、认识水、石头、云彩、星星、昆虫，同时，注意观察、记录本地空气、水、土地受污染的现状，本地天然林被破坏的现状，本地企业的排污现状等等。只有热爱自然，才可能保护环境。

亏得几家民间环保组织的大力支持和勇于实践，"自然大学"项目居然开始试着做起来了。这所自然大学是由民间环保组织来做的，因此自然就给了我许多机会观察兴办这个活动的民间环保组织的率先垂范的能力，结果让我颇为惊讶，有很多人环保组织的工作人员，对自然界未必感兴趣，组织观鸟的人未必去观鸟，号召社会应当认识植物的人杨柳都分不清；写文章大谈自然之美的人一进入自然就充满恐惧，本应是坦然大气的事结果做得狭隘闭塞。也许在骨子里，环保界的有些人并不比其他人更热爱自然。到民间环保组织工作，固然显出了他们身上有一种较好的品性，但是这种品性，并不完整，并不足以服人，也难以影响更多的人。

前几时，美国前副总统戈尔获得诺贝尔和平奖时，许多对他持怀疑态度的人，通过精心的计算，指责他家能源消耗是许多其他美国人的几倍。我想，这指责会迅速传播的原因，与环保组织时常受到质疑的原因，大概都是一样的，就是有些环保人士无法真正的率先示范。有些人是善于承诺而不善于兑现，有些人则是善于表忠而无法尽忠，有些人压根儿就只想着"教育他人"，而没有想过自己更需要被教育。而环保是当前最艰难的公益，因此，他最需要所有沾染了"环保"一词的人，首先从自己做起，严格检验日常生活中不符合环保的地方，这样，才可能取得最大的辐射力和影响力。因为，当一个人试图影响社会时，社会就会以超乎寻常的苛刻来对待他，用疑问的X光检验他的每一粒言行，稍有缝隙，就会有指责的风浪如尖刀一般捅进来，让此人愧疚不已，影响环保组织的公信力。

（2007年10月31日）

为了让河流更满意

2007年3月份，连续几个星期六，我都是隐隐不安的。我那颗怀疑的心一直不肯停顿下来。我倒不是担心没有人来参加活动，我担心的是，"课程"无法让参加的人满意，"教学成绩"无法让河流们满意。

2006年底，想到"自然大学"这个概念的时候，"原始冲动"非常简单：中国的大学有许多地方需要纠偏，中国的成年人过得最寂寞，中国很需要一所引导公众进入自然的"自然大学"。自然界就在人类身边，而我们居然却视而不见。自然界的美好我们很少看见，自然界的苦难我们也很少看见，哪怕自然界的苦难已经转化为了周边人的苦难，我们也仍旧视而不见。

因此，我想，应当有一种力量把沉睡者撬起来，撕掉人与人、人与自然中的那层"阻隔"，关注野花和青草，给每座山，给每条河，"都取一个名字"（海子诗）。我相信每个人都是优秀的，我们的"沉睡"和漠然只是由于"习惯性的失望"。只需要有个有活力的组织体，把大家的失望给慢慢地赶走，把热情慢慢地激发出来，当地人就能够关注当地环境，当地人就能够改善当地环境，当地各种类型的决策就会朝环境友好方向发展。

我相信自然大学的平台是宽广的，我相信每一个学员个个身怀热情、富有诸多潜藏的技能，我也相信中国的每一个人都希望参与到环境保护的事业中；我更相信环保组织必须与当地公众亲密来往，把根扎在当地。

然而一年之后，开始回望，我清楚，虽然我在五、六月份之后，摁捺住了那颗持续怀疑的心，并且多次希望让活动开展得"产出"更诱人，但我不得不承认，由于个人能力太差，每一次活动确实布满缺陷，我们没有让河流满意，也没有让学员、教授和观望者们满意——或者说，人和自然本来就是相通的，人与河流本来就是相通的，河流满意，人也会满意；反之亦然。

2008年1月5日，自然大学水学院借绿家园志愿者办公室举行了一次"大绘"，聘请了教授，聘请了几位专业委员，表扬了一些优秀学员；在北京地图上，绘制出了一份北京水系图；同时也踌躇满志地涌起了要开办鸟学院、老子学院、空气学院、植物学院、昆虫学院等"新年新梦想"。

此时，还有让人同样高兴的消息传来，自然大学研究中心第一个项目"老鼠药等城市毒物对城市生命的影响"也获得北京地球村环境教育中心的小额资助。自然大学"教学与科研相长"的大骨架算是搭起来了。

但我仍旧有些不安。当两天后，我坐在开发出了"中国水污染地图"、正在开发"中国空气污染地图"的公众与环境研究中心办公室里时，这种不安更加明显。

与中心主任马军的交谈只有几十分钟。他清晰地指出了"乐水行"一年来的缺陷：产出太少。

对河流水质的检测是断断续续的，对排放口的记录是随意的，对课表的制订是零乱的，早该产出的"北京水系现状图"至今也没有真正拿出来。我们虽然在北京地图上用带颜色的笔画了几十条河道，但这些积累仍旧没有办法上到网上让更多的人分享，甚至没法让一起"乐水行"的人分享。

显然，我们忽略了环保活动最诱人的元素。这些，恰恰是"乐水行"最基本的工作，也是它最吸引人的地方。马军说："想像一下，如果你们现在拿出一份上面标着密密麻麻的数据点的北京水系图，鼠标一指过去，对河流现状的记录不仅有照片，有文字描述，还有当时在场者的签名。这样的数据就是可信的，这样的成果是可以拿去与专家对话、对社会公布的。可惜，2007年没有做到，2008年如果再做不到，那么我就担心大家的热情会不会衰减。"

我说，我很清楚，对产出的盼望，其实不仅来自于社会，更多的来自内生；多少次，"学员们"希望每次的行走、检测、交流能够有一篇小小的产出；多少次，大家盼望这些小产出能够最后汇总成一份足够服人的"共同成绩单"。然而，没有，一切都是零乱的，一切都是稀拉的，一切都是"有待成形"的。

有些荒唐的是，这一年来，我的"理论成果"倒是有很多，比如"全世界的大学其实就只有两个共同特点，一是以公益之心去发现知识，二是以公益之心去传播知识"；比如"中国阻隔文化的四种表现形态"，比如"向大自然学习，在大自然中学习，以自然的方式学习"。但所有的理论成果都需要实证的成就来支撑，一年快过去了，我们的实证成就是什么？

所有环保组织都在意"志愿者的流失率"，当一项活动无法满足参加者内心期望的时候，流失是不可避免的。一项活动最大的"广告方式"当然是口碑，当传诵者积极性、热情心下降的时候，这项活动就必须想办法升级得更诱人。自然大学志在培养社会的坦荡正气，培养"激发型的社会生态"，培养真正意义上的"人与自然相和谐"，而这一切的根底，就是至少每次都得有一个可持续的公共

为了让河流更满意

产出。

马军认为，这份产出其实很简单，就是"巡河记录"，每一次的记录累积起来，持续一年两年十年二十年，北京的河流变迁就会被自然大学牢牢地记在数据库里，记在每个学员的心中。

我给你一块钱，你给我一块钱，我们每人仍旧只有一块钱；我给你一点知识，你给我一点知识，我们两个人都有了"两点知识"。知识之所以是公益的，就在于它传播得越广，价值越大；知识分子之所以必须是公共的，就在于他掌握的知识不能只为自己谋利，而且要为公众利益、自然利益服务。而环保活动之所以让社会期望，就是因为环保活动的产品有其强大的公共性。可惜的是，我们的这份产品至今没有拿出。

几十亿人类个体生命的游标，一直在"自私—人类公益—自然公益"这三个标段间徘徊，谁的牵扯力大一点，游标就可能往谁的身边靠近一些，谁的召唤力弱一些，游标就可能远离它而去。自私是可能让人天天沉迷和执迷的，人类公益也经常受到人的照顾，但自然公益，对人的吸引力一向时有时无，若有若无。因此，如果没有一些持续给力的渠道，没有一条条便捷的道路，自然公益被忽略是很轻易的事。

在写这篇文章之前，我刚刚给一本名叫《生而自由——野生母狮爱尔莎传奇》的自然环保书籍写了篇评论，我给这篇评论起的题目叫"与自然'无缝对接'需要付出代价"。因为做一个革命者，需要勇于付出代价；做一个诗人，需要勇于付出代价；做一个环保人士，也需要勇于付出代价。

因此，我心里很清楚，不管自然大学未来如何，我现在都需要为它付出代价。至少，把该做的基础性工作，做得精细些。要激发别人，首先得激发自己。

但愿明年这个时候，北京的河流会对我们表示满意，北京的鸟类也会对我们表示满意，北京的植物也会对我们表示满意。（2008年1月7日）

依靠书本保护不了自然

我到处传讲"自然大学"，已经快成为大家的笑柄的时候，终于有一天，有一个人问我："你说你在办一所自然大学，不管自然大学的办学模式与传统大学有什么不同，终究还是为了进行公众教育。那么，你的教育目标到底是培养什么样的人才？"

当时我的回答是啰里啰嗦的，我东扯西扯，一会儿说到大学的原理只有两个：一是以公益之心去发现知识，二是以公益之心去传播知识。一会儿说到自然大学是一所最容易在各个有规模的社区承办的环保大学，是当地的环保组织带着当地的公众去发现和记录当地的变化。一会儿说到自然大学是在大自然中学习，是向大自然方式学习，是发挥人的自然主动性进行的学习。

当然，我也顺便说了，其实人才本来就是无定型的，任何有目的的教育都只能激发出人的本性中的某一些部分，好的给强化，缺乏的给补充，劣质的或者邪恶的最好给降解。因此，自然大学不是培养某一类型的人才，而是希望撕扯掉人与自然间的那一层阻隔，让人与自然无缝隙地来往，最终改善人与自然的社会生态。因为只有热爱自然、了解自然的人才可能保护自然。

最后，问我问题的人嘟哝了一句：也许你是想培养博物学家？

自然大学倒还真不是想培养出什么"家"，也不可能一个人认识了几棵树，认识了几只鸟，认识了风雨星空，就成了什么"家"。人本来就是率性而生，仗物而长，在混沌和文学感染的情境下度过一生的。只是觉得，其实人天天都浸泡在自然界，但对自然界却无知无识，不闻不问，少感少觉，因此，假如这么一个词，假如这么一种信念，假如这么一种"在大自然中认识自然"的新派教学方式，能够让更多的人由此走上志愿认识自然、感受自然、保护自然的道路，那当然是好事。假如由此让一些人从此成为生物学家、保护学家、环保专家、博物学家，当然是更好的事。假如由此能够让社会成为人与人和谐、人与自然和谐的社会，那么当然是上好之事。

一年多来的自然大学实践，遇到了许多有意思的事。2008年春节后的第一次活动，正月初三，我们上课的地点是北京最漂亮的市内河流——长河。这条算得上用饮用水来保持活性的河流，是北京维护得最精心的，因为它连通着北京六海，六海的水质，需要这条动脉来维持和更新。

路上，我们看到了因为大量放生和逃逸而成了"野生种群"的八哥在寒风中呼朋唤友，看到了大嘴乌鸦和小嘴乌鸦在冰面上寻找可食之物，看到了与八哥同为椋鸟科的灰椋鸟在地上翻找草籽，看到了珠颈斑鸠在杨枝上缩成一团，看到了早已在北京市内定居的灰喜鹊和喜鹊团结一致地对付可能的入侵者，看到了两只在追逐游戏的大斑啄木鸟，看到了在冬天显得肥胖的小麻雀结着小群悄悄地蹲在叶子落空的树枝上。

也看到了大量的植物，有许多是园林植物，也有一些挡也挡不住、自发生长的杂草野树。北京城虽然不注意"保护荒凉"，但自然界总是有许多缝隙悄悄地支持着一些本地物种顽强地破土而出，迎风而立，与冰雪为友。

我指着一棵柳树问一个初次来上学的"自然大学学生"："这是什么树你知道吗？"

他打量了半天，说，"不知道，但是很熟悉，如果放在书本里，我就会认识。"

我又摸着一棵国槐的皮，问另一个初次来上课的"自然大学学生"："这是什么树你知道吗？"

她用目光的余光稍稍打量了一下，说："不知道，只有放在书本里我才知道。"

喜欢死记硬背的中国人啊，喜欢呆在教室里翻书本以图"知天下事"的中国人啊，什么时候才可能走上与自然界"自然来往"的道路呢？因为认识自然是一个日积月累的过程。中国人学母语从来不用背单词，但学外语却总想着"背单词"，有人号称一天能背上千个；中国人工作时从来不需要考试，但上学的每一天几乎都在进行书面考试。这个世界一个问题有无数种答案，一种答案也一向有无数种问题，可我们总是要求上学的人提供标准答案。

有一次，我跟人开玩笑说自然界中的每一个物种的每一个形态都是一个"单词"，一棵紫薇，然后是一棵月季，就是一个名叫紫薇的单词，跟着一个名叫月季的单词，月季有时候是白的，那就是新单词白月季，红的，就又成了红月季；紫薇有粉紫的，也有白紫的，那么又是另外两个新单词。冬天的紫薇与夏天的紫薇，开花的紫薇与结果的紫薇，呈现在自然界中的"生命形态"都不同，那么也就是它们的单词形态不同，都需要"学习"。

但这样不等于需要我们去"死记硬背"。以背单词的方式去学习自然，以考试的方式去评定认识自然的能力，以逻辑的方式、线性的方式去推理自然，似乎都不符合人的本性，也就不符合自然大学的原初理想。

像中国这类不热爱自然的群体是不可能产生博物学家的，也不可能产生自然学家。一个缺乏观察自然传统的群体，也是不可能保护自然的，因为，保护自然需要强大的智慧和心力，而这样的群体，不可能具备这种心力和智慧。

观察自然是一种志愿的活动，也是一种随机进行、随时可进行的活动。观察自然不等于需要走出城市，观察自然在家中、在门前，在院子里，在办公室，在车上，其实都可以进行。观察自然是需要望远镜、放大镜和显微镜这样的器具，但也不等于没有了显微镜放大镜望远镜，观察自然就无法进行，因为观察自然可以用眼看，可以用耳听，可以用心感知，可以用手去触摸，可以用皮肤去"品尝"。观察自然不一定要上"自然大学"，观察自然也不一定非要结伴成群，观察自然甚至不一定非需要自然导师的安排和指引，因为观察自然是一种发自本性的自发的行为，自然的任何细节，只要亲自去看，长时间去看，就会得到最丰富的第一手的既有逻辑美感又有文学美感的知识信息。

2004年开始，我在研究中国人对自然的态度，开始的时候，我发现中国人过去是有提问的，但由于太关注人事，由于太沉迷于屋内的空想，"自然的提问"，往往给出的是"人事的回答"；"科学的提问"，往往给出的是"文学的回答"。比如"不知细叶谁裁出"，给出的是"二月春风似剪刀"；后来又发现，中国的文学里，在《诗经》、《楚辞》、《庄子》的全民体力劳动时代，诗歌元素中有大量的自然细节，草木鸟兽虫风雨云彩星空都有，而且每一个都非常的具体和鲜活。后来，随着社会出现了"王朝"，出现了盘剥劳力者的"劳心者"，出现了知识分子，出现了专业军人，出现了专业商人，甚至出现了专业的史人、文人、诗人，自然界的元素反而呆板化、抽象化，高度象征、高度拟人化、歌咏、借用、借代的语素，全都集中到了少数几个可怜的特定"自然代表"上，比如子规、鸿雁、苍鹰、兰草、梅花、竹子、青松、玉石等。一个诗人，表达游子在路途的悲伤，那么一定是用"杜鹃啼血"这样的字眼，哪怕他出行的是冬天，杜鹃（杜鹃鸟有许多种，被诗化的大概是四声杜鹃或大杜鹃，他们在四五六月份时因为求偶经常在夜半鸣唱）此时根本不在他所行走的区域，即使在也是悄无声息的。

后来因为看多了城墙，开始琢磨起"阻隔文化"。城墙不仅是为了防御，还是为了挨打——中国人的城墙思想高度发达表明中国人有一种"挨打情结"，等着被人来欺负、进攻、掠夺、杀戮的情结；城墙也不仅仅是挨打文化的体现，还是阻隔文化的踏实呈现。阻隔外边的人进来，也阻隔里边的人出去；阻隔人与人的高度陌生化，也阻隔市场经济、商人行为的过分活跃；阻隔民众成为敌人，也阻隔民众"自由地快乐"。

这种人与人的阻隔习惯，伴随的是另三种阻隔习惯：人与自然的阻隔、人与事的阻隔、人与美好情感的阻隔。前面说到的诸多人对自然不了解、不想了解、不愿意了解、因循守旧的状态，其实就是阻隔思想作祟的直接后果。

有人说中国有山水诗，中国有山水画，中国的古典园林总是能够巧妙地从自然界中借景，中国的寺庙、书院都隐居在好山佳水间，中国的皇帝再荒淫、政客再无耻，也都知道住在自然美好的上风上水之地，中国还出现了像李时珍、徐霞客这样的"自然之子"，中国特色的宗教道教一向宣称"道法自然"；中国最伟大的成就中医，就是在对自然物性充分体认的基础上的智慧结晶；中国的天象学一向领先世界；中国人还发明了世界上最美好的饮料——茶，你凭什么说中国人不热爱自然？你凭什么说中国人不了解自然？你凭什么说中国人缺乏与自然来往的正常通道？

首先，需要指出的是，人本来就活在自然界中，因此，自然界随时都在偶尔强迫性地更多是无意识地影响着人类。因此，人类被动地认识自然界中的一些特点和元素，也是本能之事。不能拿这种长时间地不小心积累出来的成果，拿来作为人类主动认识自然的成果。全世界的人都有这种才能，但这不是人类主动性地认识、志愿性地认识的结果。

举几个例子就明白了，你知道国槐、洋槐有什么区别？你门前的杨树开花前的那些小穗是什么颜色？你对蚯蚓最长的观察时间有多长？你戏弄过蚂蚁但你知道蚂蚁是怎么睡觉的？住平房时经常看到燕子，但你知道与人相伴的燕子大体有几种？你喜欢在家里种花，可你知道兰花是怎么来的？你喜欢提笼架鸟，可你知道画眉生长在什么样的生境中？

我所问的都是普通不过的问题，这些问题几年来我问过了无数的人。说实话，没几个人回答得上来。过去的回答是："还真没注意。"现在更多的人，回答的是："在自然界中我没法认出来，但要是在书本里，在考试时，我一定回答得上来。"

多么严重的书本依赖症和教室依赖症啊，多么严重的自然阻隔症啊，多么严重的被动教育受虐症啊，多么严重的人类自大症啊。

得了这些病症的群体，是不可能产生与人口数量相对称的足够数量的博物学家的，是不可能产生与历史长度来呼应的足够数量的伟大思想家的，是不可能产生足够数量的伟大文学家的，是不可能产生足够数量的自然保护者的，是不可能把自然保护得非常合适的。

说实话，自然大学还真有个不小的野心，就是想纠正国人这种过度依赖书本和教室的疾病。知识固然是要通过逻辑化的通道来传播的，但一个人获得知识的同时应当获得美好的情感；科学固然对一个社会起到重大的作用，但人在更多的时候是活在文学状态的。高强度、线性化的书本教育固然可以让一个人得高分，但通感、体认、动手、费心、浸泡在自然界中，同样让一个人既得到知识也得到美好思想。创新固然需要依托知识和技术，但更需要依托哲学和文学，需要依托人类本能的崇高。

说到底，中国要想有足够多的博物学家，需要做一件事，那就是激发更多的人无目地、长时间地、志愿地、满怀欣喜地观察自然和记录自然。只要做这样的事情的人足够多，许多困难都不再是个困难，许多理想就会繁衍出新的理想，许多自私就会转化为高尚，许多隔阂——不管是人与人间的还是人与自然间的，不管是人与事间的还是人与美好情感间的——都会瞬间冰释。(2008年2月17日)

让环保组织监督企业如何

环境保护部日前发布了一个通知，要深化"企业环境监督员"的试点工作，通知里"发誓"，到2010年，国家重点监控的污染企业，将基本试行企业环境监督员制度，有条件的地区可扩大到省级或市级重点监控污染企业。

把这份通知颠来倒去看了半个小时，总感觉有些地方可以改进。"企业环境监督员"制度似乎仍旧走的是旧思维方式：在企业里安排一个人担当这份闲差而已。担当此差的如果是厂里的一些普通干部和职员，他没有权利进行独断，一切都要再请示再汇报再研究再斟酌再拖拉，那么他担心会发生的事往往就真的会爆发。

而担当此差的人如果是"企业级领导干部"，往往此人太忙，身上挂的"业务职务"加"社会职务"太多，千头万绪，千丝万缕，千忙万乱，搞得人家缺闲少暇，很难把这份职责担当好。我们不能因为自己是关注环保的，就把环保说成天下第一重要，因为在这个社会上，所有的事务都非常重要，同等重要。环保如果没成为企业的命脉，"监督员"这个职责想与其他的职责拉锯，就比较艰难，往往业务工作还没正式开展，就败相已露，清楚地在领导人的时间、精力和兴趣的份额争夺战中，退下阵来。

因此我们没有必要在这里探讨"企业环境监督员"在厂里如何设置，人员配备是必然的，职责要求也是明确的，但如果我们换一个思路，企业只当运动员，最多只当助理裁判员，而"国际级裁判员"从外面聘请，从社会上聘请，从专业机构里聘请，是不是就可能把环境责任履行得更加彻底一些呢？

"借脑引智"其实也不是什么新方法，企业要监督自己的环境责任，除了自己安排一两个哨位、领导的讲话中频繁地表示重视之外，还有好几个办法，一是聘请专业的环境专业监督公司，这在中国似乎没有，如果有也很可能像环境影响评价公司一样，为了从"业主"那讨一口食吃，长时间地在人家身边摇尾乞怜，结果报告的公正性完全偏向了业主一边，大量的胡编乱造的"环评报告"成了帮助"环境伤害"企业通关的最好手续。二是聘请社会名流来担当，像许多城市都喜欢聘请一些社会名流担当社会文明监督员，名流有没有时间来监督就很难说了，但待遇往往是很高的，记得有个城市的地铁公司曾经聘请了一批名流担当"行风监督员"，结果所有的人几十年如一日地持有免费的地铁年票，企业的"肉质监督"没怎么做，肉汤倒是分羹了不少。

"第三条道路"就是让民间环保组织来参与监督。中国的民间环保组织近年来大量涌现，而总体趋势是做实事的越来越多、关注本地业务的越来越多——也就是区域公益型的环保组织越来越多。这种扎根本土、关注区域的民间环保组织，是中国民间环保组织天然林中的大树，每个都能撑起一片相对完整的天空。

区域型民间环保组织的人员来自当地、运行经费也迟早来自当地公众的支持，因此，他们选取的业务方向，当然也是面向当地。一个地方的环保组织能做的事大概有两个，一是激发公众一起记录本地的自然界细节、记录自然界的变化，进而对当地的环境改善提出各种建议；二是关注当地的环境污染治理，不论是政府的责任、企业的责任还是消费者的责任，都纳入其关注的视野范畴。环保组织的长项就是相对正确的知识和相对正派的工作方法。这两项业务做好了，民间环保组织不愁没有公信力，不愁没有独立性，不愁得不到当地政府、企业和公众的欢迎和支持。

环境保护不是与人类作对，而是为了让人类过上更美好的生活，对于中国当前的形势来说，心灵贫困比生活贫困更需要改善。而在心灵贫困的各种表象中，对环境的漠视和伤害应当是所有人都在暗暗揪心的大业。而民间环保组织这样的弓在中国大量制造出来，箭靶无非一个，就是让当地公众之箭里所蕴藏的改善环境的愿望和能量，通过这条新修的飞行路线，流到他们所愿意流淌到的池塘，滋润他们愿意滋润的自然生灵。

有人说了，在中国，所有的行业都存在欺骗性，或者说，所有的行业都存在变质的可能性。你怎么保证民间环保组织能够经受得起各种利益车辆的"招手即停"？我想，环评公司之所以主动拗断了自己的腰杆，是因为当前的制度设计中让他们直接从业主中获得收益，如果他们是从环保局或者"政府采购部门"里得到标书，他们开展业务时不对企业负责而只对政府或者说公众负责，很自然地，他们的浩然之气就会相对通畅一些。而从全世界的经验来看，民间环保组织的运行经费，往往来自"无目的资金"，或者说公益型资金，这些钱虽然有的来自政府的扶持、有的来自企业的捐献、有的来自公众的捐助，但由于所有的钱都经历了一道格式化的程序，因此，到达环保组织手上时，他们唯一需要做的，就是对公众公益负责、对环境公益负责。而当对一个机构的业务只对公众公益和环境公益负责的时候，其受到控制和挟持的机会就相对较少，其肌体、细胞暗中突变的可能性就会大大降低，公众受骗的风险性也就随之弱化。

有人又说了，中国的民间环保组织能力好像颇为弱小，他们能够担当起这么隆重的职责吗？我想，任何能力都不是先天储备的，所有的才能都是在业务开展的过程中被激发的。环保组织的能量其实不源于环保组织本身，而来自于社会公众。我想，公众里是有无数的能量在潜藏的，大家只是在等待合适的喷发机会。当环保组织的平台有能力把公众关注环保的这些隐秘的电子流引到自己身上再输送给相应的发动机的时候，环保组织的"社会能量调制解调器"的作用就很清楚了。因此，我们不要担心环保组织有没有才能，只需要问我们这个社会有没有这样的才能，如果回答是肯定的，那么今天某个公司的总经理，明天就很可能是某家环保组织的总干事；今天某个公司的营销总监，明天就可能在某家环保组织里担任项目主管。

中国的环境保护正在呈现前所未有的"商机"，无论对于政府改良、企业从良，还是对于创业者的主攻方向，还是对于个人就业的重新整合，环境保护领域都在社会天秤中担当越来越重的砝码。我个人是坚信，当前是投身环境保护事业的最好时机。如果你是企业，你就开办与环境治理有关的业务；如果你是"钱多多"，那么就把你的钱投资到环保产业领域；而如果你个人想换个工作，那么到环保组织是理想的出路；如果你的生命所在地还没有环保组织在运作，那么你就领头去注册一个好了。

如果你觉得生活和社会中的一切浮华乱象都不证合你的理想，但你愿意把关注环保之心化为具体行动，那么，除了自己成为环保志愿者之外，还可以把你的钱匀出那么百十来块，捐助给你所在地的环保组织，那么这家区域公益型的环保组织，就完全有能力把企业的环境责任给监督好。（2008年9月25日）

每个县都该有个民间环保组织

"区域公益"是民间环保组织的必然趋势

随着环境问题的明朗化与环保职责的明朗化，环境保护正在成为每个地方的"内部事务"。其实从一开始环境保护就是内部事务，只是当地人不愿意面对，不愿意承认，更不敢打包票何时能启动"解决预案"。讳疾忌医的结果，就是病入膏肓；久病持拖的结果，就是病的方式开始多样化。现在似乎好一些了，当地政府各个都在明确行文表态，会勇于承担环境责任。

民间污染这个东西，其实在中国并不稀少，只是过去有太多的民间组织蒙上了政府的面纱，让人误以为是"党和国家机关"。如果以注册程序作为判断标准的话，你会发现，至少在几十年前，中国就有异常成体系的民间组织，这样的以群众团体面目出现的"民间组织"，每个县至少都有好几家。

环境污染日益成为社会公害之后，国家环保部门、国家林业部门也顺势成立了许多"直属民间环保组织"，有些组织出世的时间不长，因此只有精力在北京设总坛，尚未在全国开分店；但制度性的延伸是不可避免的，总坛的环保模范示范作用几年就见效。国家级的有了，省一级的迟早会有，省一级的有了，地市州局级的也会有；地市级的直属民间环保组织有了，县级的自然也会有。一些地方做得更卖力些，乡镇级、村社级的也会"自发生长"出来。

根据有关方面的统计，中国真正得到公众信任的民间环保组织有两大特点，一是"名不正言不顺"，很多组织注册成教育机构、民办非企业，有些只被允许注册成公司；二是"散兵游勇"的偏多，有些民间环保组织至少是注册了的，而更多的，连注册权都没得到签发，几十年如一日，在自己家里办公、决策，以自家的财产给自己发工资，拿自家的朋友亲戚、老乡同学作为资金来源和志愿者来源，拿自己的身家性命与环保伤害者抗争。但就是这样的一支队伍，却被中国公众高度信任，其活力如激流奔涌，其勇气如小溪觅海，其发出的轰鸣声时如瀑布跌落声震九霄，时如鹤鸣九皋音韵绝美。公众这座矿床所蕴藏的保护环境的高品位矿产，正被一滴滴泉水所淘洗出来。

因此，一个组织不在于是否充足披上了"民间环保组织"的合法外衣，而在于它是否从事着环境保护的事业。可以这么说，在环境保护领域，中国是暗中承认"事实婚姻"的国度，只要你真心从事着环境保护的事业，不管你是一个人，还是一群人，不管你是注册成公司，还是挂靠在某个机构下作为其"下属单位"，政府会默许你，公众会信任你，自然环境会欢迎你。只要你坚持做下去，不愁没有工作人员加盟，不愁没有志愿者支持，不愁没有种类社会资源的附集。

环保组织今后的走向其实没有什么值得讨论的，就是"区域公益"型的关注本地环境问题的民间环保组织会成为主体。现在需要讨论的是民间环保组织的基础阵营安插在什么级别（省级、地级还是县级）的群体中间的问题，按照北京地球村环境教育中心主任廖晓义的理想，每个组织，不论是村委会还是居委会，都该有"两会"，一个是在管理机构内部必须有一个环境议事会，一个是为了与其他社会力量合作，必须有个多利益相关方的"环保联席会"。但"两会"不是独立机构，只是一台机构中的一个零部件，而社会同时需要的是"环保零部件供应商"。我一直认为，在当前的中国，民间环保组织应当设立到县级层面。只有这样的民间环保组织，才可能担当起环保知识传播中心这样的"零件供应商"和"批发商"的职责。

一个民间环保组织一年的运行经费其实是很低的，一般再贫困的县，仅仅依靠源自公众的力量，也能够支撑起来。想像一下，如果你的城镇里出现了一个关注当地环保问题、依托当地公众智慧的"环保服务社"，你一定会涌起两个愿望，一是从经济上资助它一点，二是成为它的志愿者。当成为环保志愿者并且有望帮助解决当地的环境问题的时候，这种环保志愿者是最为吸引人的。要想让一个人摆脱自私是几乎不可能的，但是让一个人在满足自私的同时顺便关心一下自己所生存的环境，则是比较便利的事，而以"引导本地公众关注本地环境"当地民间环保组织，起到的就是收集、汇总、凝聚、激发、引导当地公众这种微小的但却是可持续的能量的事业。

拿把"职业社会学"的学术刀子，把各类组织体一一解剖开来对比之后就会发现，民间环保组织的原理与全世界最大的公共服务机构——政府机关没有太多的不同，其"生产流程"与一家企业的车间没什么两样，唯一不同的只是其出发点和落脚点。其出发点是环境公益，落脚点也是环境公益，在这种双重美好的引导下，"参与过程"中的美好感也就截然不同。中国今后的环保方向是中国人解决自己的环保问题，除了政府重视、企业履行责任、公众勇于参与之外，最重要的"机制保障"，就是有一个把公众的能量导流给环保组织的平台。这个平台非常简单，就是各种无障碍的吸引公众参与的"环保产品"。民间环保组织其实就是一个能量合成器和环保产品提供商，把环保能量从公众中提取出来，带动一些设备，孵育一些种子，催熟一些理想，制作出大量服务于当地公众的"环保产品"，供当地公众消费和享用——而公众消费这些环保服务的过程，其实就是环保问题逐步解决的过程。当地民间环保组织开发的"环保服务"，原料和劳动力来自当地，"产品"和理念在当地"销售"，只要做得持续和公益，一定会成为当地重要的环保消费品牌，深受当地公众的喜爱。

"偏执城市"要有灵魂，只能依赖环保

人类正在进入"人与自然时代"，在这样的时代，大概只有关注自然，保护自然，才可能提高社会的"高尚度"。

社会进展到今天，纯粹自私型的社会已经不可能延续了，必须多一点公益，多一点慈善，多一点对他人的关怀，多一点对自然的温暖，否则，社会的理想靠什么支撑？社会的共同意识靠什么作为支柱？因为环保，不仅考验的是一个群体与自然和谐共处的能力，也考验一个群体的智慧和心力，考验一个群体心灵的丰盛度与持久力问题。一个生命比另一个生命是否略有意义，绝不能用钱来衡量；一个生命比另一个生命是否更成功，也不能用官位、星级作为权重。如果一个群体连环境都保护不佳，那么这个群体繁衍得再多，物质组织得再丰足，人们口袋里的金银再沉重，古董架上的珍宝再奇异，也不过是一伙资源掠夺狂和生态杀手在那寻欢作乐。

城市正在一天天的拒绝丰富多彩的生态，城市正在使劲地让物种与物种之间，让各种自然元素之间，不再交流，不再互相借助，他们不再有共同构成富有生机的生物多样性和自然多样性的可能。

最终是让人与自然永远隔绝。

中国的传统人从一开始就在隔绝自然，中国的现代城市人从一开始也在隔绝自然。方法，就是一个，让自然的各个元素之间，怀着敌意，习惯于冷漠和无情，相互阻断，让他们从出生到死去，都患上孤独症；让他们为城市绿化作贡献时，像是一枚螺丝钉，而不是一个有机体。

中国虽然有许多城市，大概已经是世界上城市最多的国家。可很多城市没有灵魂。一个城市的灵魂，体现在两个方面，一是这个城市必须有良好的、坚定的、不易轻易弯折的"公共意识"；二是有一些因这个城市而生长起来的优秀文

化品质，而且这个品质能够成为城市繁衍、延续的最坚定的动力源，它的价值观不能是局限于人类自私层面的，它除了有理想的向往，还要有现实的卫护力。可看一看这些城市文化事业不发达、科研机构受冷落、自然保护受抵触，你就很清楚，中国几乎没有一个城市称得上有美好的灵魂。

这样的城市不可能热爱自然。那么显然证明了，这个城市里的人缺乏热爱自然的能力。

与"没有灵魂的城市"直接相关的叫"偏执城市"，这种城市又可以被称为价值单一城市。我一直想写一本社会学著作，研究中国的"偏执城市现象"。

目前我大体把偏执城市分为四类。

一是传统的"资源依赖型城市"，像山西阳泉依靠煤、黑龙江伊春依靠木头，阳泉至今没有城市气氛，完全是一个矿区模样，过去这个"城"还有一些其他产业，如今似乎除了煤，其他的什么都不念想；而伊春人，从小活到老，都可能生活在"木头的阴影"中。

第二种叫"产业单一型城市"，尤其是改革开放后南方发展出来的各种"城"，像浙江的义乌小商品城，广东的"电子城"，有些地方专门生产灯具的某个零件，有些地方专门生产家具的某只脚，有些工业园区一心扑在眼镜上，有些地方则专心致志地拆解来自全球的电子垃圾，从经济学上说，这样的地方当然容易通过产业集聚而形成"比较优势"，从而"一业兴百业兴"，成为世界经济格局举足轻重的力量；但从社会生态学的角度来说，生活在这里的人，不管是工业城还是商业城，就比较可怜了，因为脑子里成天转的，都是同一个"物种"。

第三种叫"价值偏向型城市"，比如上海，就有这样的特点。这个城市虽然足够大，也足够有历史，而且从一开始就不是由"城"发展而来，而是从立埠通商之始，就是以"市"的状态在中国土地上立足，这在中国的城市史上并不多见；而且，上海的壮大过程与中国的被迫开放过程几乎是同步的，几百年来，这个城市的身体历经国际化的交融和震荡，这让上海有了足够好的、相对坚定的、价值观清晰的"市民精神"。但可惜的是，这精神里的物质层面的太多，精神层面的太少，自私层面的太多，公益层面的太少，令人惋惜。这大概是上海"文化多样性"并不发达的原因，是上海人活得并不真正幸福和舒心的原因，也是上海并非真正的"国际化大都市"的原因。

第四种可以称为"癖好邪恶型城市"，中国有太多城市最发达的产业是"洗脚"，就像中国最优秀的人、最美好的时间不是用来勾心斗角，就是用来打麻将一样。但这样的癖好都可以原谅，最不可原谅的是像广州这样的城市，它对野生动物的偏好让中国、东南亚、非洲、拉美等地的珍贵天然物种成为这个城市满足口腹之欲的"菜品"和保健品。著名的自然保护组织"保护国际"（中国办事处叫北京"山水自然生态保护中心"）曾经在广州做过一次调查，喜欢点这些物种的人，多半是三十五岁到五十岁的成功型男人，他们有的用来作为政治贿赂或者商业贿赂，有的用来支持个人的养生。这样的城市是我最看不上眼的城市，其他的方面发展得再好，这一关过不去，这一污点洗不清，广州就是一个低贱的、邪恶的城市。

因此，在当今时代，环保不环保，决定着这个城市的灵魂有无。

其实说到底是把保护本地环境权利交给当地人的问题

其实环境责任在城市和农村都是一样的，我一向不认为农村人比城市人环保能力强，我也从不认为古代人比现代人环保能力强，更不认为有钱人比穷人环保能力强：农村环境较好是因为人口较少而自然较大，人类对环境的作恶相对来说容易被修复或者隐藏；城市环境恶劣是因为人口太多而"人均生态占有量太低"，每个居住者轻微的排放就累积成一个巨大的污染团。但城市人和农村人对于环境的态度确实是不同的，农村人相对来说对自然更加坦然地接受，而城市人什么都害怕，害怕风，害怕雨，害怕虫，害怕草，害怕天然林，害怕沼泽湿地，害怕阳光，甚至害怕土壤；当然也有不怕的，不怕农药，不怕掺有毒药的化妆品，不怕化妆品气质的食品，不怕街上的汽车尾气，也不怕室内沉闷浑浊的空气，不怕光滑而坚硬的地板，也不怕人与人之间坚硬锐利的摩擦与伤害，不怕过度包装后丧失了原味的食品。

农村人怕什么呢？农村人相对野性强一些，因此最害怕的是被关在笼子里。人虽然表面上都是自由的，个个都生龙活虎地在自然环境中发育和成形，但有太多的人其实像"野生动物园里的动物"、野生植物园里的植物，甚至像标本馆里浸泡在防腐蚀液体里的高级标本，自由蹦跶的空间狭小，野性的原力很微弱，发出的都是驯化后的声音，走的是驯化后的步法，睡的是驯化后的床，吃的都是驯化后的食物，拉出的当然也就是驯化后的屎，迸放出来的是驯化后的屁，头脑里想的都是驯化者必备的"奴隶变老板"之梦。

因此，农村也同样需要成立民间环保组织，只是其性质和方法肯定和城市略有不同。有些人喜欢谈论经济学上的"公地寻租恶梦"，总以为任何一块缺乏明确主权的公共区域都会被滥用直到崩溃。可在中国有许多富有美好传统的地方村落，对身边的公地有一种本能的热爱和保护能力。比如云南兰坪县河西乡箐花村的玉狮场村，这里居住的普米族人，觉得森林比他们的生命更加重要，因此，20世纪80年代，当国有森工集团要砍他们的树时，他们进行了坚决的抵抗；在今天的林权改革时代，当国家号召每个人把森林分回家时，他们也仍旧认为森林没法分，森林应当由全村人共同保护分享。

但确实，中国几乎所有的农村都感觉到自己保护自己环境的权益被剥夺。任何的外来开发都获得了当地高级政府的全力支持，他们能做的只是听命和顺从。即使这种外来开发不会给他们造成环境难民，但也给他们造成了心理难民：他们原是当地的主人，而开发之后，无论被开发公司挤兑还是收编，都意味着他们成了当地的客人。他们不再可能安居乐业。

而在青海玉树州，一些地方正在摸索"协议保护"，激发当地人保护当地环境。

索昂贡庆当过称多县赛康寺的寺管会主任，离任后，专心做起了环境保护事业，他在当地推动着一个很小的自然保护机构"尕多觉悟生态环境保护协会"，致力于本地乡土社区的环境保护工作。索昂贡庆刚刚编写出一本书，名叫《圣地尕多觉悟植物乡土档案》。里面有几百张照片，每张照片都有汉文和藏文的注释。照片主要是索昂贡庆拍的，用的是普通的数码相机。他过去也不认识植物，只是觉得花好看，草好看，随便地拍下来之后，有一天他想，既然那么多本地人都不认识这些花草的名字，为什么不做一本图文集，教大家认识？于是他找植物专家、藏医专家、藏文专家对照片进行了定名和注释，对每一个植物的生境的性能也做了简易的描述。然后，准备结集出版，出版后供当地人尤其是学生使用。称多县教育局听说了此事之后，拿出两万元支持他，一家环保组织又出资赞助了一万两千元。书一共印了一千五百册，一册的印刷成本将近二十元，一共花了三万一千元左右。

玉树州的民间环保组织"三江源生态保护协会"与澜沧江源头的五百多户牧民签订了协议，每家每户保证自己解决自己的垃圾，不再随地乱扔。大体的办法是容易变卖的废品就积攒到一定程度后拉到乡或县里变卖；一般的塑料袋、包装纸什么的，就与牛粪一起，用来煮奶茶了。

然西·尕玛，曲麻莱县曲麻河乡措池村的现任村长，坐在他家的"夏屋"里，他突然说了一句话："以前没有想过，后来才知道，协议保护给了我们意想不到的权利。过去，我们没有权利保护家乡的环境。外面说要杀鼠兔，我们就得跟着下毒，有人来抓旱獭，我们就要接待，有人要杀雪豹，要杀野牦牛，要杀藏羚羊，我们都得听着、受着。协议保护以后，别的地方我不知道，整个曲麻河乡，敢坚持不投毒药杀鼠兔，敢把来打旱獭的人赶走，敢把猎杀野牦牛的人直接看管起来的，敢把围栏给拆了以让动物们自由来往，大概也只有我们措池了。"

措池大概是全中国唯一的发现村民有权保护自己家乡环境的"村"。这个村目前有一百六十多户，分散居住在各自的牧场中，冬天住在定居房里，夏天则住在帐篷中。然西·尕玛同时是措池村为做"协议保护"而专门成立的环境保护组织"野牦牛守望者协会"的秘书长，他说："我们获得这个权利的主要原因，是因为我们与三江源保护区管理局签订了协议保护的合同。现在，其他村很羡慕我们，也在学我们。相信我们的经验会在曲麻莱县里推广。我也是曲麻河乡野牦牛守望者协会的副会长。我刚刚从格尔木回来，我在那里与大哈煤矿的开发商老板，签订了保护生态的协议，他们答应在开发煤矿时不破坏我们的环境。"

2007年8月份的一天，一个叫松海生的人，来到措池村，出示了由县里开出的旱獭猎杀证。

遇上他的牧民说，你去找我们村长吧，于是把他带到了"大队部"。在这个措池村"最高权力机关"办公室里，然西·尕玛对他说："你这个证在我们这没用，因为我们是协议保护地区，我们认为这里的一切动物都不应该被捕杀。"

同样，当乡里每年年底分配毒杀鼠兔的任务时——为了把任务能够顺利分解到个人，政府规定如果不参与毒杀鼠兔行动，其他一些相应的福利就得不到——措池村拿出与三江源保护区管理局签订的合同说："我们是协议保护地区，我们不能随便杀害里面的生物。"（2008年10月9日）

每个县都该有个民间环保组织

政府何时"采购"环保NGO的服务

2008年10月底的接连两天，在中华环保联合会、自然之友等的组织下，似乎是第三届"全国民间环保组织大会"在北京召开了，据说405家民间环保机构的负责人出席了会议。会上发布的相关调查资料显示，虽然这几年民间环保组织数量有所增加，但整体来说，民间环保组织筹资能力弱、注册难、人才缺乏等问题，仍旧顽固地在这个行业里盘踞，不知何时有玉宇廓清的时候。

而与此相对应的是，中国的环境保护形势一天比一天严峻，环境污染问题一天天累积，累积在自然界中，也累积在办公桌上，也累积在法院的起诉书里；而更让人担忧的是，自然破坏的脚步一刻也没有停止，随着中国人创业能力和消费能力以几何级数猛增，一个像原子弹爆炸般的生态破坏力，正开出一朵朵蘑菇云般的"恶之花"——有大量的破坏，仍旧是以丰功伟业的形式在被歌颂和推广，比如大量砍伐天然林以种植人工林，要么是在绿化荒山的名义下进行的，要么就是在"低效林改造"的口号下推进的，要么就是在"帮助农民增收"的欺骗型标语中完成的。

中国的环境问题必然要由中国人来解决。中国政府勇于承担责任，几乎每天都在发布与环境有关的"指导性文件"，中国政府也承诺在做"环保型的政府"，要努力成为最大的环保组织。中国的公众也愿意承担责任，因为公众很清楚，环境破坏的后果是"全民共享"的，像人皆有一死那样，谁也逃不掉；要想让日子过得轻松些，要想让生活品质能够随着收入的提高而提高，要想让环境像食品那样不让人诚惶诚恐、疑窦丛生，唯一的办法是主动出击，把环保责任分流到自己的肩上。

环境保护不仅仅是保护环境，而且有利于提升人类的文明水平，有利于添加社会个体的生活美好度，人与人之间的关系会随着人与自然关系的改善而变得更加的纯净高贵。因此，把社会所有能量有意识地聚集起来，向环境友好方向导流，相信是每个公民的共同愿望。

政府机关，从它诞生的那一刹那起，就是最庞大的公共利益服务机构。过去，环境还没有恶化到让人的生存都变得艰难的时候，全世界几乎所有的政府机关都在法律里承诺要保护领土内的所有生命，保护自然界。而当环境恶化、生态破坏不仅影响自然界的存续，对人类本身的前途也形成阻碍的时候，政府机关更是清醒地意识到，环境保护的职责，正在成为其日常工作最主要的使命之一。

这么说并不等于一切都要让政府机关来从事和把持。政府的任务其实在于发现和激发，在于孵化和催化。当社会上普遍缺乏环保意识的时候，政府机关的铺垫作用是非常重要的，而当社会的力量都在为保护环境而"蠢蠢欲动"的时候，政府需要做的事，也许就是如何顺流生变，因变求通，由通而广，由广而深了。

很多年以前，我国就出台了《政府采购法》，政府机关里发生的、一切为了公共利益而产生的需求，都可以通过政府采购来实现。政府采购的效果除了节约成本、减少腐败压力之外，还有一个好处就是培养新生力量。全国各地的许多自主创新型高科技企业，之所以能够在短时间内迅速壮大，明里暗里都有"政府采购"的支持。

"政府采购"还能起到比盲目的或者怜悯似的"财政拨款"更好的效果。"采购"的是产品或者服务，付出就得回报，这样就必然要刺激服务和产品的提供商提出相应的要求，你有美好想法，不够，请拿出产品或者服务；你有宏伟蓝图，不行，请给我可兑现的产品或服务；你有商业计划书，你有可行性报告，都不够，请给我拿得出手的产品或者服务。这样，必然要催人奋发，必然要促使"环保提供商"加快兑现步伐，不再耽留于妄想和痴想，脚踏实地，小处着手，处处留心。

那么，民间环保组织提供的服务是不是具备被政府采购的资格呢？我想这不需要过多的讨论，政府采购是面向全社会的，所有能够提供产品和服务的人都可以参与竞投标。因此，与其讨论民间环保组织的参选资质问题，不如讨论政府采购的导向问题：一项采购之所以会发生，是因为政府觉得为了公共利益有此必要，有此需求，而恰好社会上又有能力提供此服务和需求。此前，之所以没有政府去采购民间环保组织的服务和产品，多半的原因在于政府尚未觉得公众有此需求，也没有考察社会有多少"供货"能力。

现在，需求是普遍性的甚至是急迫的，中国几乎每一个地方都在发生环境保护方面的问题，大量的地方问题甚至到了难以挽回的地步，而此时，光靠政府去监督企业，光靠政府去引导公众，从能量上来说，显然就有些"供不应求"了。

民间环保组织具备两大优势，一是由于其与生俱来的民间性，因此，天生具备开放、透明、民主的气质，天生具备鲜明的公众视角，其"产品和服务"的价值可能就相对"正确"和可靠一些。二是随着"区域公益型环保组织"的大量出现，环保组织几乎都在本地扎根，为本地环境的改善而奔走呼号，倡导本地公众与本地环境和谐共存，因此，其本地化的行动力，对公众能量的聚拢与导流极其有益。

而民间环保组织确实又是有欠缺的，"筹资能力弱"就是其常患的"虚症"之一。但这样不等于说他们就盼望从国家拨款中进补，他们更愿意自食其力，更愿意自力更生，通过设计、开发各项显然在本地区域有公众需求的"环保产品和服务"，来获得生存权和发展力。只要他们用心工作，政府采购、社会采购必然都会光临他们的"门店"，只是，时间早一些，机会就大一些，产品和服务品质的提高速度也会快一些。

环保组织能力尚弱的现象，从另外一个角度来看，可以视为社会的能量尚未流注到民间环保组织身上，渠道不通不是因为社会没有能量之水，也不是社会缺乏这方面的需求，而就是一些关键节点的"渡漕"、"倒虹吸工程"一直没有修成。

"政府采购"的及时出现，其实就是修建这些"引流渡漕"和"倒虹吸水"，这样的工程修建起来之后，更多的社会工程会随声响应，政府采购之后，必然有更广泛的社会采购。社会之水在公众之渠上欢流，灌溉、滋润的是良好的"社会湿地"，复壮的是生机勃勃的社会生态系统。而这样的工程修建的过程，又是以健康的、市场经济机制的形式来监理的，因此，其"可持续性"经得起时间考验，其"科学发展"的经验，足供其他新社会领域效仿。

（2008年10月31日）

环保组织来到了生死关头

在中国呆得越长，你越感觉不到中国社会保护环境的诚意。经济形势好的时候，大家觉得需要破坏更多环境来让经济变得更好；经济形势不好的时候，所有的人都会觉得，只有大力践踏环境，才可能保护经济之舰不至搁浅。好的政策出台并下达的时候，即使是最伤害生态的行为也会被套上这个政策的外衣；而不好的政策下达的时候，所有的人都能在它的掩护下毫无惧意地迫害生态。

"四万亿"带来的水电肉搏战

近期，"四万亿"带来了一系列冲突。有人揪心地看到一场场肉搏战正在上演。出场的一方，大概可以说是民间环保组织，或者说中国自发的环境力量；出场的另一方，是水电、冶炼、资源开发、森林砍伐等各种利益集团或者说中国自发的经济发展力量——自然，也是中国生态的破坏力量。表面上看，是民间环保组织在节节败退，而实际的后果，是几败俱伤，是多败，是中国江河被摧毁，是中国的森林被纯化，是中国的土地都被剥去外皮，是中国的所有村庄都面临泥石流的危险，是中国所有的人，都将继续生活在肮脏的空气中；是中国所有的富豪和穷民，都不得不喝污水。

中国所有省市都在以救市的名义出台了大量的投资拉动政策。云南省大概是"四万亿"热潮中最为疯狂的：他们居然设计了高达"三万亿"规模新经济发展规划，几乎所有的都是水电开发、矿产开发、土地转让、木本油料作物种植这类毫无"聪明内涵"、根本不需要脑子就可开发的项目；在所有的疯狂中，准备把云南所有江河都剁成小段的水电开发，又是最为疯狂的一类；为了让疯狂不太显眼，有关方面把水电打扮成了"清洁能源"，打扮成了"致富当地百姓的能源"，打扮成了"生态保护项目"。

2008年12月27日，在小雨夹着的大风中，我们站在六库电站小沙坝移民形成的"新农村"里，在村委会对面的一堵墙上，贴着六库电站的环境影响报告的简本，上面号召"公众"参与提供意见，时间期限是从12月15日至12月26日。一个年轻的村民走过来，我问他看过这个报告书没有，他说，我们农民都不识字，识字的只是干部们，我们都不懂这纸上说的东西是什么。我们怎么可能提出什么专业的意见？

接下来的信息更加的催人心魂魄，金沙江的阿海电站要在12月29号召开评估会，很是负责任地邀请了环保组织参加。而实际上，在12月22日，虽然没有获得任何许可，阿海电站的所有前期工作都全部就绪，说是搞三通一平，可连两岸的"导流洞"都已经修通，随时可以堵江合龙筑坝。绿家园志愿者召集人汪永晨，不得不强行把刚刚参加完"江河十年行"、仍旧生着病的民间地质专家杨勇，给请到北京，因为她担心环保组织缺乏专业性，将给到手的机会带来更加致命的伤害。

与此同时，公众与环境研究中心主任马军，在网上发现金沙江的观音岩电站在云南省环保局的网上公示环评报告的简本，"通知"要求公众在12月31号之前拿出"有效参与意见"。与此同时，同样位于金沙江的中国第三大水电站向家坝，也开始在新华社上发出消息，正式开工建设。同样，金沙江的鲁地拉电站，在"江河十年行"的参加者眼皮底下，打着"三通一平"的所有建设工作，越来越炙热，大有把所有江河都在一夜间拦腰截断之势。

一切都像突如其来，一切又都像故意的布置。在水电大军这样发起集团式进攻之前，中国的民间环保组织和当地公众，显然一时难以招架。面对着装整齐、武器先进、番号高贵的各路正规军，民间环保组织多像一支支衣着破烂、"没有枪没有炮"、"没有吃没有穿"的游击队。关注中国江河命运的民间环保组织本来就不多，当地的公众即使关心也常常力不从心，在这样的情况下，环保组织怎么可能在短时间内凑集需要大量的不同行业专家进行长期调研后才可能获得的"有效意见"？因此，我猛然像看到了一出陷阱上搭台的悲剧，看到水电集团在陷阱后发出的冷笑，听到他们牙齿咬合时轻蔑的低语：你们不是要求程序正确吗？现在我们开始走程序了，你们也开始走吧，看谁更有走程序的能耐？你们不是想呼吁媒体关注？我们本来擅长的就是控制媒体；你们不是想影响决策？我们的影响力远超于你们的想像；你们不是想强化公众参与？没有问题，就你们那几个少数公众，能参与到哪去？

一场场刺刀见血的环境保护肉搏战已经开始。考验中国民间环保组织的熔炉已经架好，炉壁缠着高能耗的电炉丝，内炉里烧着高能量的焦炭，哪些矿产有能力跃身进去，不被烧成灰烬，反而能借其熔温炉压，炼出一身好钢呢？

接下来的几年，中国有无数的水电大坝要野蛮开工，要无证上马；接下来的几年，所有试图非法伤害中国环境的项目全都会假惺惺地遵守国家法律、走一走"环境影响评价"程序。在这样的项目包围圈中，绿家园、公众环境研究中心这样少得可怜的敢于直面问题、诚恳表态的民间环保组织，杨勇、范晓、吕植、翁立达这样的少得可怜的敢说真话的专家，有多少精力去一一拼刺刀呢？

民间环保组织的零星枪声

老有人怀疑中国民间环保组织的能力，据说中华环保联合会在2008年发布的与中国民间环保组织有关的现状研究报告中，继续保持着老调调，依旧把筹资能力差啊、人才来源窄啊、注册困难啊这三个大缺点的牌子，悬挂在民间环保组织的胸前。

我一向是对民间环保组织有信心的，相信一个国家的社会生态要想摇身一变而成为"公民社会"，唯一的办法就是所有的公众都能够主动参与公共事务的管理。而环境保护，大概是公共事务中颇为惹眼的一类，过去不太受重视，为此，我们及我们所居住的地球饱受其苦；因此，有人相信，今后，环保是肯定要被政治家、企业家、娱乐家、科学家、社会学家、作家、戏剧家、评论家等等风云人物高度追捧的话题。

2008年12月29～30日，民间环保组织被许可参加"金沙江阿海电站评估会"，算得上是中国环境保护史上的一件大事。这件事发生在2008年的最后几天，即使不能让人浮想联翩，至少也可以让人猜测一下未来一段时间民间环保组织的命运；猜测一下在无数家"正规野战军"部队的攻击下，中国的哪一处山河还可能保持它的碉堡。

说起来，2008年的中国民间环保组织，还联手做了另外一件事，自然之友、绿色和平等几家民间环保组织，充分利用环境保护部与中国证监会的有关"绿色证券"新风气，对一家准备上市的公司在环保审核期进行了"公众参与"，写了意见，派出队伍作了调查，还召开了"绿色证券研讨会"。表面上看，这也算得上是中国民间环保组织在2008年的另一大成绩或者说突破。

但是，与"水电肉搏战"同样值得警惕的是：中国每年有无数家企业要上市，民间环保组织能参与审核得过来吗？2008年，它们只有精力审核一家企业，表面上是延迟了这家企业的上市时间，但是，标志之类的我们可以张贴，但如果进行真正的绩效评估，胜利的成绩单在哪里？2009年，2010年，它们又有能力用民间环保的眼光，再审核几家准备上市的公司？

但是，比利用合法方式阻止某些企业上市更为艰难的是，中国已经到了环境污染事件高发期，全国几乎每一个地方都有环境污染受害者，而全国所有的法院几乎都不敢接手与环境污染有关的案件；中国所有的地方政府一见到环境污染群体性事件就赶紧关上公务的大门，施甩出最惯用的拖延术和欺骗术。这时候，像王灿发教授领衔的"中国政法大学环境污染受害者援助中心"这样的机构，能起到多少维护权益的作用呢？

"四万亿"下真正的野性成长

人海战术、车轮战、拖字诀，这些百试不爽的阴谋阳谋，在中国的环境保护现实中，屡屡被征用，现在，正被所有利益集团全部集结到武器库中，随时用来对付民间环保组织、对付利益受损群众和自然环境。在严酷的战场硝烟中，必然有些环保人士体力不支而累倒，必然有些环保机构因为疲惫而运转混乱，必然有些专家经不起收买和恐吓而三缄其口，必然有些当地公众会转变原先的立场。

2008年12月26日，北京九汉天成公司董事长宋军，坐在"江河十年行"云南行的车上——汽车顺着怒江边凶险的公路，向丙中洛的怒江第一弯进发。他对一车的环保志愿者说："中国的环保没有敌人，水电集团不是环保的敌人，化工企业也不是环保的敌人，政府更不是环保的敌人，中国所有的企业和公众，都愿意为环保出力；因此，环保组织不应该预先设置敌人。一旦设置敌人，气局就小了，要相信所有的人都是可转型的，都是可环保的。"

大家听后颇有同感，中国现在确实过了"你死我活"的时代，也不再像某些年代那样有着明显的阶级或者说阶层区分。政府虽然还没有从资源控制集团完全转向公共管理集团，但社会必然要带动它们早日蜕变；企业虽然是谋私利为主，但谋私利确实也不等于就不知天高地厚、不顾一切后果地肆意妄为；而公众一旦共同面对未来，大家选择的一定是真理和高雅，选择的是透明和公正。

但这样并不等于环保组织不需要"作战"。宋军同时是中国著名的民间环保组织"阿拉善SEE生态协会"的理事，他说："我们的敌人是我们自己，环保组织的敌人是环保组织自己。"用这句颇具禅理、同时也颇具现实意义的眼光看，环保组织面临的障碍有两个：一是环保组织本身的野战能力，二是各区域性民间环保组织的萌发和成型。

就第一个障碍来说，当前的四万亿现象倒真是个升华的机遇。过去，中国的许多民间环保组织不敢直面淋漓的鲜血，耽于软绵绵的"环境教育"；宏大的宣教和无目的的传播，让环保组织沉迷于某些"不存在的成就"而沾沾自喜；而在宣教的过程中，由于对所要影响的目标存在着心理畏惧，因此，总是选择"小手拉大手"、"演讲"、"作文"、"排戏"这样的绕道而行的方式。不敢面对成年人，不敢面对决策者，不敢面对陌生人，"受影响的群体"不是退休人员，就是在校中小学生；获得的成就不是演了几场戏，就是发表了几篇文章。表面上数量庞大，但实际的效果却非常的有限。耽于环境教育延误了民间环保组织进行实质性调查的能力。而在中国，你要对任何的环境事件发表专业性意见，没有相关专家足够长时间的调研，都是空虚无力的。

就第二个障碍来说，四万亿也许同样是粒发酵剂。因为在中国，环境保护最要命的一个缺陷是大量的省会级城市都缺乏有活力的民间环保组织。按照我的理想，中国所有的县级以上区域，甚至各个乡村，都需要一个民间环保组织，或者一个关注当地环境的组织，因为当地的环境只有当地人才可能进行最为有效的观察和体验，才有可能进行最有效的跟踪和记录。一份调查、一种公众参与意见，要想具有穿透力和说服力，源于地方、超越于地方的调查报告是最为致命的，可惜，关注区域公益的就地型民间环保组织，在中国仍旧属于需要大力催发的状态。

从积极的意义来看，无论是"四万亿"还是"三万亿"、"两万亿"投资狂潮，都捎带给中国民间环保组织一次真正野性成长的机遇。一棵植物要想富有生机，唯一的办法就是生活在天然环境中，与各种霜风雪雨遭遇；一个人要想富有真正的智慧，唯一的办法是拿自己的生命去遭遇和抵挡各式的诱惑与挑战；一支队伍要想成为有战斗力的队伍，唯一的办法就是不停地战斗，在战斗中总结，在牺牲中凝聚；一个民间环保组织要想成为有能量的机构，唯一的办法就是不停地调查，不停地论战，不停地表态。

任何人要有所成就，必须付出代价；任何国家要想明白环境保护的道理，迟早得让一些利益集团购买转型的损失。显然，当前的投资狂潮会激发起民间环保组织的斗志，当前的各场肉搏会积累它们的经验，当前的各种遭遇战会训练它们的神经，当前的各种困境会促使它们寻求突围妙法，当前的相对孤立状态会强化它们寻找更多的同盟。因为，在当前的中国，战斗的过程决不是消灭对方的过程，而是化敌为友的过程；因为，在当前中国，环境保护不是一支队伍的独自增持，而是社会盲目能量的合理导流和巧妙扭转。(2009年1月1日)

环保组织的权力

————————————

有些观点是值得辩论的。当有人说环保组织"不专业"的时候，我突然想，在中国，有哪个行业是"专业"的呢？当有人说环保组织"管理上有缺陷"的时候，我在想，在中国，有哪个行业的管理是没有缺陷的呢？

有时候我甚至想，衡量一个机构最重要的在于看它的"能量"是否朝正确的方向行驶，占有多少钱，凝聚着多少员工，主持着多少项目，可能都是其次的。如果一个机构的能量很庞大，可方向却是邪恶的，那么这个机构越专业，社会危害性就越大；如果一个机构占有的资源无穷丰富，可是其能量却是憋闷、淤积、腐烂、发霉的，那么这个机构管理得越完善，生活在其间的员工，过得越痛苦。

也许最重要的是你的机构和行业是否有理想，受这理想而聚流的能量，是否朝正确的方向流淌，是否灌溉给合适的田园。如果二者是齐备的，那么，一个机构的能量就可能很强大，虽然它可能只有一个人，虽然它可能没注册，虽然它可能经常因为账目问题和管理问题而饱受批评。

疏通"水库"，合流"小溪"

近些年来，由于水电站引发了环保组织的奋力关注，于是也就引发了我去思考一个问题：我们为什么那么爱修水库？如果我们回过头去看，1949年以来，发生了好几次修水库的高潮，有许多重大事件，其实都是以修水库为先锋、为标志。修水库某种程度上是中国人证明自己能力和权力的一个很便利的选择。自然界是最好欺负的，河流是最容易拦截的，因此，人类在自然界的身体上，完全可以为所欲为。因此，在中国大地上，水库像肿瘤一样随处可见。

中国人爱修水库，其实是自古就有的，或者说，是传统文化中的一段重要基因。其实，如果我们把文化胡乱地区分为水库型群体和小溪型群体的话，那么中国人，一定属于水库型群体。

几千年来，中国从来没有停止过动荡和互相伤害。当我们说中国人"爱好和平"的时候，我们最好在背后打一个大大的问号。也许我们是一个不敢侵略他国、不好张望其他领域的群体，但决不等于我们不好打斗，不好屠杀，不好争夺，不好侵略，不好血腥，不好手持武器任意杀戮的那种快感，不好把别人踩在脚下的那种虐待型娱乐。看看历史，很清楚，几千年来的中国，战争的时候多，停顿的时候少；百姓被人掠夺的时候多，安静生活的时候少；军事型的城市多，生活型的城市少；人与人之间互相算计的时候多，互相帮助的时候少。

这种动荡造就了一种普遍的恐惧，这种恐惧造就了一种普遍的"储蓄型心理"。一有钱，先盖房子——把钱以固体的形式储蓄下来；再有钱，就买地——把钱以确权的形式固定下来；再有钱，就换成金银，挖个窖藏起来——把钱以浓缩的形式提纯下来；再有钱，就使劲地生育，让财富以人口的形式屯聚下来；再有钱，就可能支持子女去上学去考试以当官——争取把钱以权力的形式膨胀起来。无论哪一种形式，其实都是水库型的心理，这里面，投资的成分少，流动的欲望不强；这里面，自我保护的意识很强烈，造福他人、支持公益与回报社会的心理非常淡漠。如果说这里面有投资的成分，那么最明显的莫过于支持子女读书，中国人好像爱读书，但其实根本不爱"读书"；爱读书是因为把读书当成光宗耀祖的一种最佳进阶，上学不是为了求真，求学不是为了得到了良好的穿透力，追求课程和通关考试的过程，不是为了追求学术自由，不是为了破解人类困境，不是为了改良社会的压迫和压制，不是为了让自己的命运与社会命运共相关联；因此，几千年来，几乎所有的书，都是教材，几乎所有的学子，都受"功名"之累，很少人成为思想家和独立学者；几乎所有的官员，都爱贿赂，都怕死，视野只在"朝廷"的牢笼里打转转，即使所谓学问达到"天人之际"的人，也很少成为"公共知识分子"和"公共服务官员"。

但是时代已经不再欢迎水库机制，时代渴望人们的能量流动起来；时代不再允许人们聚结在一起互相伤害共同腐烂，时代要求人们欢快起来、互助起来，时代建议所有的人都成为清澈的小溪。社会固然需要储蓄和积累，但水库过多的结果就是社会没有一条自由奔流的河流，处处都是一潭死水，如果这样的话，社会积累的能量再多，社会的财富再丰盛，中国社会就仍旧是一个淤滞型的社会。一个人会生病，是因为经络不通，是因为情感不畅，是因为思想和行动不自由；一个社会爱生病，也是因为经络不通，也是因为情感不畅，也是因为思想和行动不自由。

这时候，以环保和公益为出发点的民间环保组织出现了，它的任务其实很简单，它的权力其实很细微，但是它能起到一个作用，就是疏通经络，就是释放情感，就是导流能量。

环保组织的权力

　　环保组织本身没有增持能量和制造能量的权力，环保组织的权力就在于通过自身的智慧和理想，激发社会上各种各样的水库开闸放水，让社会上各种能量互相关联和爱护起来，互相激荡，互相增持，促进社会生态系统的多样化，这样，能量释放的有效性和可爱度就会好一些。

　　此时，社会才明白环保组织的益处。因为在当前社会，只有超脱自私才可能让能量得到稍微正确的释放，一座座有形无形的水坝才可能被溪水冲溃。而环保组织的天然公益性，因为在这社会上是稀缺的，所以，虽然其非常微小，虽然其进入公众视野的时间不长，但显然，由于公益能量本身一直潜存在所有公众的心中，因此，当时机到来，公众打开闸门之后，你看到，社会上一条条溪水，往环保组织方向流动。

　　这时候，环保组织的权力，不再是建座大坝，修座水库，把这难得的"资源"给储存起来，而是顺势而为，把能量之水往最需要的地方灌溉，只要促进了自然的循环，社会生态生生不息，小溪会越来越多，溪中之水会越来越丰厚。

理性和专业性像个紧箍咒吗

　　2008年，当我把观察的聚光灯打向中国本土环保组织内部，然后同时把时代的困境作为一个观察环保组织的要素的时候，我突然发现，也许中国的民间环保组织，正在成为最有权力的一个团体。

　　有那么一天——其实就在我写这篇稿件的几天前，公众环境研究中心的办公室，接到一个来自阿克苏地区的电话，电话那头是一个自称姓杨的"副主任"，主管着阿克苏政府的网站，他要求公众环境研究中心把"乌苏啤酒"从污染名单上免掉，理由非常简单："你们有什么权力做这样的事"？

　　但公众环境研究中心的工作人员认为自己具备这样的权力。他们做的其实只是信息收集和数据挖掘的工作，一切信息的来源都是政府相关部门。乌苏啤酒的污染问题不是公众环境研究中心去调查出来的，也不是环境志愿者的主动曝光，更不是污染受害者们的被动呼告，而是当地环保部门和国家派出的环保督察组检测出来的，是"重点督办"的对象之一。一个企业因为环境污染问题会被"督办"，要求限期内解决，至少实现达标排放，那么肯定是因为它们此前有过不达标排放的行为。

　　乌苏啤酒据说背后有"嘉士伯啤酒"的投资，因此，在这个"政府网负责人"打电话之前，其实阿克苏环保局已经给公众环境研究中心打过电话，也是强烈要求把乌苏啤酒从污染名单上撤下来。公众环境研究中心的回答非常简单：
"你们以环保局的名义出个盖着公章的文件，说明乌苏啤酒已经整改到位，并把
文件传真给我们，我们可以把你们的证明作为证据，把乌苏啤酒从污染名单上撤
下。"可惜，一个星期，两个星期，好几个星期都过去了，当地环保局没敢出具
这样的"证明"。

当然，在环保局出面帮助乌苏啤酒"摆平此事"之前，嘉士伯的公关部门也
到公众环境研究中心"拜访"过。他们有满腹的委屈和痛苦，可惜，由于缺乏真
正的治污诚意，一切公关行为都被公众环境研究中心委婉地回绝了。

乌苏啤酒或者说嘉士伯啤酒的表现其实只是公众环境研究中心近年来看到的
众多好戏的一小幕。从他们开始公布中国污染企业名单的那一天开始，各种各样
的权力部门就开始与他们周旋，这些源于企业却往往表现为政府面目的"权力表
达人员"，想做的唯一一件事就是不想把自己的污染罪恶被如此显眼地呈现。而
同时，他们对消除污染罪恶的真正措施却迟迟不肯奠基。有一家企业甚至委托
了一家专业"公关公司"的高手上门破解，公关公司的人甚至以自我牺牲的精
神威胁说："如果你们不把这家企业从污染名单上除去，我可能就要丢了我的
工作。"

环保组织天然与公众站在共同的立场，拥有公众相同的情感。因此，只要你
敢于与公众利益、自然利益站在一起，你就拥有了无限的权力可能性。在中国有
大量地方仍旧在虚情假意地保护环境的时代，环保组织有无数的空白点可以去填
充。从这个层面上来说，在中国，从事环保事业是非常容易的：你几乎像是站在
一个宽阔的原野上，往任何一个方向走，都得走出好几万里。从这个层面上说，
环保领域里商机无限，它里面的成长空间无穷，机会成本却很小。

这大概也是稍微"专业"、"理性"一些的环保组织很容易地获得它的"权
力感"的重要原因。这大概同样也是多年以来的一直扮演重要角色的"情感环保
派"在今天仍旧具有无限转型可能的原因。

因此，北京地球村的廖晓义度过了意义非凡的2008年。2008年5月份之后，
北京地球村决心参与四川灾区的灾后重建。廖晓义发现，此前她正在全力宣讲的
"乐和"理念，有可能在彭州市通济镇大坪村的重建过程中找到契合的基点；
而这个重建的过程，甚至可能成为中国乡村重建、中国人心灵重建的一个范例。
从此，她从城市走向了农村，把一个事件提炼为一种精神和一种文化，她甚至认
为，"农村是中国环保的希望所在"、"小岗村之后是大坪村"。

这时候，我们惊讶地看到了北京地球村的"权力"或者说资源调度能力，当

环保组织的权力

一个人为了美好的理想而猛扑过去的时候，她所召唤的所有资源似乎都从沉睡中惊醒。大坪村这个"乐和家园"的建设过程是我看到的资源附集得最迅速的过程。当红十字基金会批准北京地球村的项目之后，当南都公益基金、壹基金纷纷给予跟进资助的时候，你感觉到了社会能量的那种爱意；当生态建筑师刘加平、周伟异常珍惜着这次当义工的机会的时候，你同样感觉到社会能量的那种爱意；当乡土工程师、乡土职工、有机食品集团、媒体界、学术界纷纷投身前来助阵的时候，你还是感觉到了社会能量的那种爱意；最后，当你看到彭州市、通济镇、大坪村的官员们、当地乡亲们对廖晓义们的那种义不容辞的接纳和支持的时候，你同样感觉到社会能量的那种爱意。

其实不仅是中国社会，其实是全世界，每个地方、每个个体身上都潜藏着无限的能量，问题在于社会激发这种能量的方式：是正向的激发，还是反向的激发；是强迫其压抑还是鼓励其释放；是挟带着美好的情感的热流，还是备极无情的冷气。

从"环保组织的权力经历"来看，也许2008年12月28～29日的"阿海项目技术评估会"更加让人欣喜，这两天，"公众环境研究中心"与"绿家园志愿者"，由于持续关注中国江河的命运，被作为特邀代表参加了金沙江阿海电站技术评估会。阿海电站虽然早已开工，不仅导流洞已经修好，就连合龙的条件都已经在2008年12月底具备了，可由于相关手续并没有得到批准，无论如何，水电集团必须走过程序这一道关；虽然这程序充满了形式主义之嫌，但至少，邀请民间环保组织参与到一个项目的技术评估中，还是让人感觉到时代在进步。但是"权力意味着责任"，马军说："以前没有人读你的文章，没有人认真听你的发言，现在，大家开始走程序了，开始有人分析你的文章，有人研究你的发言，这时候，你说的话是不是真的有效，是否能让对方感觉到必须重视、必须兼容，就成了唯一的衡量环保组织的标准。这时候，我们怎么办？"马军同时还担心另外一个问题：当中国所有的项目都愿意邀请环保组织作为特邀代表、并表示愿意虚心接纳环保组织的意见的时候，中国有多少环保组织有这样的能力？面对纷面沓来的业务，中国的环保组织能够承接多少份额的"业务"？

同样的问题是，2008年8月份，绿色和平、自然之友等环保组织，利用环境保护部审查上市公司环境表现的机会，在其"公示期"内，对"造纸大师"APP旗下的一家公司的上市申请提出了质疑，减缓了这家公司上市融资的步伐。可每年中国有大量的企业都在等待上市，他们个个都要通过环保关，都要通过"公众参与关"，可如果中国的区域公益型环保组织不够的话，有哪些环保组织有能力代表公众逐一对这些企业进行环保审查，并提出有效力的"书面意见"？

如果说绿家园志愿者在关注环境问题的过程中是以持续性和坚韧性获取了其对话"权力"的话，如果说绿色和平、自然之友、公众环境研究中心在关注公益的过程中是以理性充分利用现有法律法规获得了相应的"权力"的话，那么，北京地球村也许一直延续着其"美好情感"的权力形态。当一个社会整体缺乏目标的正当性和公益性的时候，无论是理性还是情感，其实都成了我们这个时代所缺乏的智慧之一。当参与时代事件的过程同时也是情感表达的过程和能力表达的过程的时候，这个机构、这个行业肯定会显示出强大的迷人之处。

2009年之后，将是"内生式环境保护"时代

如果一个地方陷入僵局，我们经常想出的解决办法是创设一个新特区以解决老问题，当一个机构开始陷入危困的时候，我们不是想办法去改良这个机构，而是想着在维持旧机构的同时，新建一个机构；结果，是老病根没去除，新特区又开始生病；老机构在那继续作恶，新机构也开始成为恶行者。

但环保组织显然将是内生的，不是打倒旧机构而成立新机构，而完全是在旧机构里生长和发育。

整个来说，中国本土的环保人士都有良好的内生性，只是，这种内生性仍旧不够。中国今后两大类环保组织将是重点，一是区域公益型的，二是行业公益型或者说目标单一型的。

几个月前，在我撰写"每个县都该有个民间环保组织"一文时，我只想到"区域公益性"这个内生方式。我相信本地的环境问题会因为本地人的关注和调理，而慢慢得到解决，本地环保组织会在这调治的过程中慢慢地出现，并逐步成为当地公众环保能量的汇集点和调度室。几个月之后，我才想起了我的一个疏漏：我忘记了中国还很少目标单一型的环保组织。

中国似乎还没有河流保护组织，没有海洋保护组织，没有湿地保护组织，没有森林保护组织，没有草原保护组织，没有空气保护组织，没有土壤保护组织，没有关注垃圾问题的组织，没有关注污水问题的组织，没有关注石头的组织。

当然，好像中国是出现了流浪猫、流浪狗的救护组织，也看到了许多组织都有无数的与上面这些单一目标相近的"项目"，甚至看到了某些机构像绿色流域、绿色江河、绿色汉江等确实有明确的专业工作方向，看到了像北京山水自然保护中心那样的对西南山地生物多样性热点地区的持续关怀，也看到了中国政法

大学环境污染者援助中心那样的对环境灾难受害者的法律干预。

但显然，我们还是发现，有许多组织还是想从事太多的业务，都想成为综合性的环保机构。也许这样的道路正在走到尽头。当一个组织什么都想做的时候，可能什么都很难做成；当一个组织持续地沉迷于"环境教育"、沉迷于"公众参与"的时候，可能其运行的过程恰恰耽误了环境教育和公众参与。

当前的环境危机确实容易让人乱了阵脚，而环保事件的丰富性又确实足以让任何一个想从事环保事业的人在瞬间握住一些项目的枝条。当有一天我在焦虑中国森林纯化问题的时候，我突然发现，也许我该自己去成立一个致力保护中国森林、致力调查中国森林危机的组织了。同样，也许汪永晨也在想，当2003年之后，绿家园志愿者持续地参与到中国江河命运的抗争中来的时候，也许绿家园今后需要确定成为明确化的河流保护组织。

区域性和专业性有一个生长方式是从已经有的环保组织身上分蘖出来，或者，由原有的环保组织孵化或者催化出来。想来，自然之友这样的机构与阿拉善SEE生态协会这样的机构肩负着这样的任务：自然之友的各地"会员小组"，是最好的区域性环保组织的基形——或者说，自然之友一直就在做孵化工作；而阿拉善SEE生态协会，则可能在催化方面能做更多的工作。

如果我们把中国的民间环保过程进行一次阶段小结，那么也许1994年和2004年是两个关键年份。1994年之后，自然之友、北京地球村、绿家园、绿色营等纷纷成立的时候，是一群文人或者说知识人无法忍受中国环境的伤害而挺身而出；而2004年，则是一群同样有着"文人精神"的中国知名企业家，因为无法再看到中国环境的恶化和国人的心灵沙化而挺身而出，成立了"阿拉善SEE生态协会"。

现在有许多人把阿拉善SEE生态协会这样的组织看成了中国内生式环保组织的另一种希望所在。由于每个进入协会的企业家每年至少要交10万元作为会费，由于会员企业家已经超过了100个，阿拉善SEE生态协会成为了中国目前本土民间环保组织中唯一"为花钱而发愁"的机构，手头有着上千万元的资金。当许多中国本土民间环保组织为了求生计而不得不控制项目的欲望的时候，阿拉善SEE生态协会却在为如何把钱花得有理由而不停地探索。

有些事情似乎开始明朗，2008年，阿拉善SEE生态协会准备成为一个关注环境保护的基金会，专门资助中国民间环保组织的项目。这样一来，中国人自己帮助中国本土环保组织的路桥似乎正在搭成。以后，阿拉善SEE生态协会将可能成为中国民间环保组织的大型募捐平台，其他的民间环保组织需要做的事，只是要用心把手头业务做好，不再需要担心经费的问题。阿拉善甚至还有一个更大的理想，就是成为中国民间环保组织的催化器，不仅在其从事的项目上予以经费资助，而且在其管理能力上、财务能力、"绿色领导力"上，也给予更多的培训和引导。

也许，2009年是一个充满希望的年头。当社会所有的能量都渴望对话和交流，当社会所有的江河都愿意匀出一部分溪水而用于滋润中国大地上的环保组织和环保项目的时候，我们会发现，民间环保组织将拥有越来越多的权力。

权力获得的过程是能量集中的过程和资源匹配的过程，能量集中也可能同样带来能量淤积的后果。这时候，如何把能量进行最好的导流和应用，考验着环保组织的能力。因此，说到底，你光有情感不够，你得要有能力；你光有能力不够，你还得有情感。这才是环保组织的权力所在。(2009年1月21日)

环
保
组
织
的
权
力

民间河长

————————————————

　　"河长制"这个词，最近像洪水上飘浮的财物一样，很是惹人眼目。这个词盛行之后，人们细细捉摸，才发现，在中国大地上，存在着三种"河长"。

　　第一类当然是这两年任命得比较热闹的官员河长，比如市长是某条河某一段的河长，副市长是另外一条河的某一段的河长。第二类呢，是我国的河流保护部门——中华人民共和国水利部下属的各类河长，比如水利部长江水利委员会"委员长"，可以视为长江的河长；而北京凉水河管理处的处长，可以视为凉水河的河长；郑州金水河河道管理所的所长，可以视为金水河的河长。

　　这两类人，一类是河道官场的"行政新贵"，一类是传统的河流保护的业务能手，早已被社会广泛认知和尊重，因此，他们不是我写这篇文章的原因。

　　还有一类人，我称之为民间河长，比如"淮河卫士"霍岱珊，十多年来如此用心地想要保护淮河，称他为淮河的河长，并不为过；湖北襄樊的运建立，十多年来一直想要保护汉江，称她为汉江的"江长"，似乎也不为过；绿家园的汪永晨，幻想怒江成为中国最后一条自由奔流的大江，称她为怒江的江长，好像还颇为合适。

　　我想，中国河流的保护未来，就在于更多的公众河长、民间河长的涌现。我认为，公众，必将是最好的河长。

民间环保组织的"水文化"最为发达

　　1986年，著名环保作家徐刚开始撰写《伐木者，醒来》，这是中国目前写得最好的森林保护报告文学作品。不久，他又写了一篇报告文学，叫《江河并非万古流》，谈的是中国河流的生存危机。后来，他又写了《长江传》，正准备写《崇明岛传》。

　　20多年以后，徐刚与我聊起他的森林作品与河流作品时，感伤地说，其实我写的与水有关的报告文学，远远多于写森林保护的，但不知道为什么，我的那些作品，总是没有产生足够的影响。

其实徐刚没有必要感伤，他的作品，已经成为所有关注中国水命运、中国森林命运的人必读的作品。他可以说是中国民间护河精神力量的重要体现。

1999年，《南华早报》记者马军，写了一本书，叫《中国水危机》。这本书第一次用民间的视角，全面地描述了"中国之水"正在遭受的各种伤害。2006年，马军成立了民间环保组织"公众环境研究中心"，开发出的第一个产品，就是"中国水污染地图"。他所领导的中心，收集全国所有能收集到的环保部门、水利部门、海洋部门、国土部门正式处罚过的排污企业的信息，并将它们全部"栽植"到一张面向公众开放的电子地图上，任何人只要打开这张地图，就会知道哪些企业在污染着我们的河流，我们的环境。2009年，中国水污染地图已经收录了3万多家企业。

徐刚和马军写作"水书"的时候，中国的水，面临的主要伤害是污染、干涸、挖沙、航运等，当时光翻过2000年，他们发现，中国的水，面临另外一个重要的伤害，就是干流和支流上都在火热建设的各种水电站。这时候，大家才开始明白，中国，进入全面的"水伤害时代"。所有人类能够伤害水，伤害水生生态系统，伤害水文明、践踏水伦理的方式，中国人都做到了。

可能正是因为如此，中国为数不多的民间环保组织、民间环保人士，都有关注水的情怀。辽河口的刘德天，成立的黑嘴鸥保护协会，与水、与湿地有关，河南新乡田桂荣，多次组织公众考察黄河；滇池卫士张正祥，近三十年来一直紧紧地盯着滇池的变化；绿色昆明的发起人梅念蜀，组织志愿者调查滇池周边地下河的现状；钱塘江边的韦东英，自从村庄变成化工厂的集中营之后，就开始写抗污日记，就开始举报污染；北京天下溪正在从事的"迁徙的鹤"环境教育项目，正试图把白鹤涉足的重要湿地的当地公众力量给激发起来成为保护环境的力量；而"参与式保护"最早的"试水基地"贵州的草海自然保护区，一直就想发动"公众之水"去保护自然之水。

因此，从这个意义上说，中国的民间环保组织，很有希望成为公众"河长"的源头之泉和聚拢之湖。

"民间河长"的社会合作之路

汪永晨越来越喜欢谈水，有人甚至相信，汪永晨所创立的民间环保组织"绿家园志愿者"，很有可能会成为中国的一个专业的"水保护组织"。

这一切，源于两股泉流，一是怒江——或者说西南诸河，一是北运河——或者说城市里的水。

西南诸河离汪永晨很远，但似乎日夜流淌在汪永晨身边。

2004年，当汪永晨听说怒江有"一库八级"的开发计划时，她开始向社会呼吁，建议水电开发公司手下留情，给中国留下一两条"自由奔流"的大江。

从那一年开始，汪永晨每年都会到怒江几次。也是从那一年开始，怒江的开发计划被暂时缓冲。

汪永晨仍旧非常担心，她发现，中国几乎没有人了解怒江，几乎没有人研究怒江，几乎没人关心怒江。于是，在2006年，她和萧远、马军等人，发起了"江河十年行"的项目，每年组织一批媒体人马，对中国西南的金沙江、怒江、澜沧江、大渡河、岷江、雅砻江等水电开发业异常兴旺的大河小溪，进行一次全面的记录和观察。

"江河十年行"至少准备行上十年。这个活动有时候能得到些资助，有时候则没有办法得到资助。没有资助的时候，就由参与者自费。到现在，江河十年行已经三周年了，每年都有大量的报道，这些报道对激发更多的公众关注中国自然河流的命运，起到了相当强大的作用。

2009年4月22日，第三届SEE·TNC生态奖颁奖，马军所领导的"中国水污染地图"项目，霍岱珊所领导的"淮河卫士"项目"合作催生莲花模式"，都获得了二等奖。而由梅念蜀拢聚的"昆明环保科普协会"（绿色昆明），所做的滇池地下河伤害调查，获得了一等奖——也就是所有人都期待的大奖。

第三届SEE·TNC生态奖是我见过的评审过程最严肃同时又最开明的大奖，主办方希望要这个奖项来引领环保组织的发展潮流，甚至推进公民社会，因此，这一届生态奖的要求是"合作共赢"，也就是要求所有的项目都展示其与社会的"合作能力"，并亮出合作之后的"共赢"甜果果。

"绿色昆明"的项目发动了大量的生态专家作为志愿者，与媒体、昆明市人大等也有不少来往，最为成功的是，他们的调研报告得到了云南省委常委、昆明市委书记仇和的批示，他要求水的管理部门要把滇池的地下河现状全面调查清楚，并设计出合理的保护方案。在滇池的问题迟迟得不到解决的时候，有个环保组织把原本根本无人关心的地下河受污染、受截留和受伤害的问题给强化成一个公众必须关注的问题，显然是一个成功的案例。因此，有些人认为，今后民间环保组织的工作方式就是得这样：针对一个现实的问题，通过机构本身的努力，进行非常有效的调研；同时，从工作的开始，就高度重视激发社会资源的能量，并最终以最为和谐的、中国人最容易接受的办法，大家相信这样的时代，只有这样能促进事情的解决。

霍岱珊的故事与梅念蜀的故事略有不同。霍岱珊可以说是中国民间比较早的环保斗士，十多年来他一直在盯梢着淮河两岸企业的一举一动，为了全身心投入，他甚至辞掉了某个报社的工作，并且把老婆和孩子都拉入了自己的阵地。然而他这样的行为很是不得政府和企业的欢心，无论是河南环保部门还是像莲花味精厂这样的排污大户，都对他抱有剧烈的或者挥之不去的厌恶感，觉得他在惹事生非，甚至诬蔑他是在为个人谋利益。

然而所有的人都有改良的时候，作为独立的声音，他记录着淮河的真相并努力把真相传递给公众；不屈的淮河也给了霍岱珊斗争的智慧，他慢慢地发现，最好的办法，是大家一起协商，互相支持而不是互相把对方当成敌人。

当变化终于出现的时候，几方都同时松了一口气，莲花味精厂改造了生产流程，减少了用水也减少了污染；更多的污染物被制造成复合肥，成为企业的利润增长点；莲花味精厂的生产流程成了味精行业的模仿对象，他们制定的企业标准成了味精行业的排放标准。同时，每天在企业门口挂出企业的排放信息，这个信息必须由淮河卫士核准签字后才得放行。

"淮河卫士"也从此慢慢获得了宽松的生长环境，得到了当地政府、企业和公众的明里暗里的支持和欢迎。一个环保组织完成了它从"创意"到创业，又从创业到生产出当地社会欢迎的"产品"的历程。相信从此以后，淮河卫士有能力在当地激发出更多的"公众河长"。

每个城市的公众都能"走水"

2004年开始，北京有个叫张峻峰的人，突然想做一件事，他要把北京周围所有的水库都探底清楚，然后每年按照春夏秋冬四个季节各考察一次，记录它们的变化。

理想最终没有实现，但北京的一百多个水库他是大体考察过了。这在北京有史以来大概是第一次。他的行动和积累，催生了一个项目，"城市乐水行"。

2007年3月份，北京地球村、自然之友、绿家园志愿者、大学生绿色营等环保组织共同发起了自然大学城市乐水行项目，绿家园和自然之友一直在持续地跟进和执行。这个项目非常简单，就是每个周六带领志愿者"向河流学习"，顺着北京五环内的河流走上半天或者一天。由于志愿者的意愿各有区别，周六的活动一般分为两个小组，一个小组叫考察组，也叫短线组，一个小组叫探路组，也叫

民间河长

长线组。它们之间的区别大体有两个，一是探路组以徒步走为主，一走往往就是一天，而考察组走的路程可能只有五公里左右，走到中午大概就会解散；二是考察组比较重视常规路线的循环反复，比较重视路上的交流和"授课"，而长线组重视对一些生僻河道的"学习"与探究。

北京五环内只有二十多条河流，走了一遍之后怎么办？很简单，就是从头走起，循环反复，直到永远。因为北京有一两千万人口，北京的河流永远会在那里"摆放"，因此，总会有人想要到河边学习些知识。城市乐水行的发起者和组织者认为，最好的学习方式，就是亲自去看，就是持续去看，就是以公益之心去看。

这个项目不仅仅在北京运行，厦门、兰州、天津、南京当时都作为共同发起单位，只是这些城市运行一段时间之后，要么就是活动的间隔时间长了，要么就是活动的时间段压缩了，比如只有四月份到十月份有活动。但可贵的是，没有一家放弃。

同时，重庆、郑州、福州、贵阳、成都等地，开始陆续启动城市乐水行项目，更多的城市在观望和萌动中。因为大家突然发现，几乎所有的城市都有水，而且城市之水不仅仅与这个城市的文明高度相关，甚至与这个城市所辐射的区域文明高度相关，比如北京的水，就与中国的政治文化高度相关，与中国的建筑文化、都城沿习高度相关。用世界上通用的方法去理解，绝大部分文明都生存在水边，这也是中国大量城市不是叫某某州，就是叫某某阳的重要原因，州是水中的沙渚，阳是河流的北岸。因此，用环保时代的眼光来看，一个好的城市，必然是当地人高度关注当地水环境的城市，必然是当地人成为公众河长的方式。

但许多人一直在追问"城市乐水行"到底解决了什么问题。其实这个问题不难回答，每周能够把大量的公众带到河边向河流学习，就是一个巨大的产出；参与的人越多，产出越大。同时参与者本身是有"项目进化"能力的，一个人看到现状，就会想着如何改变现状，于是就会从现状中查找出真正的问题，于是就会调动浑身上下的积极性和集体智慧去试图解决这个问题，因此，乐水行的过程是发现问题的过程，是引领公众试图解决问题的过程，也是通过活动的扩张，慢慢地替换社会风气、改良社会决策的过程。

可以这么说，每个周六，那些行走在北京等城市河流旁边的"自然大学水学院"学生们，都有望成为这些河流的新河长；或者说，在各个城市陆续开办的自然大学水学院，正在成为培养公众河长的最好大学。（2009年4月29日）

三拳击碎环保人士的水晶球

最近几个月，一直在观察第三届SEE·TNC生态奖。说起来这是中国民间最大的环保奖项了，而且来自阿拉善SEE生态协会的那一部分是咱中国企业家自己出资凑的，来自大自然保护协会的那一部分主要是美国有产者们出的；有产者和企业家们又爱护民主，家家户户出同等份额的钱，不是一家单独出冠名的钱，因此，谁也无法单独说了算；比起其他独裁型的"企业环保奖"，大概会有些不同。

因为是开奖，全国各地来报奖的人就多。报奖来的，不论是项目奖还是环境报道奖，许多都是与我相识的，都是我多年的战友和朋友。因此，通过观察他们的资料，对他们又都有了新的认识，产生了新的敬意，涌起了新的感激之情。

然而我又是一个时常想批评人的人，倒不是因为自己做得多好，而是因为脑子里经常有些胡思乱想的念头，这些念头也像企业家们的钱一样，总觉得需要对中国当前民间环保的一些幻想，做些文字上的"资助"工作。其实可能于我自己，也是在"责任推卸"中。

于是我起了这么一个名字，准备把每一拳，都先击打在自己的胸膛或者脑袋上。因为我深知，不管你批评什么，不管你接受什么，头脑清醒，内心疼痛，是最重要的。

第一拳打倒"单一大象"现象

这个理论是我发明的，因此我自己来打它，最容易。

多年以前，有个物理学家提出了"蝴蝶效应"理论，而且居然不仅用感性的案例，而且用逻辑性的"理论模型"来证明了它。搞得全世界的人忙于引用。这个理论可以这样比喻：纽约的一只蝴蝶扇一下翅膀，可能会在北京引发暴风雨——或者其他的什么事件。

然而我总觉得这个理论所描绘的现象太小众，更大众的现象是大象理论。我的理论是这样的：纽约有一万只大象在跳舞，在奔腾，北京——或者洛杉矶，或者世界上随便一个不叫纽约的城市，完全对此无知无觉。

同样，你的心中有一万只大象在跳舞，我站在你对面，你也可能毕生无知无觉。一棵树的心中有一万粒病毒在吞噬它的生命，一只蜜蜂飞过来，对它毫无知觉。我们的身体里正悄悄地生长着某个肿瘤，我们却在欢天喜地吃着饭，对它毫无知觉。

用到民间环保事件身上，就是某个小区发生了足以让小区内的居民难以维生的环境灾难，不论是一家工厂排放的空气导致了呼吸困难，还是一个垃圾场挥发出一沼气点燃了居民的愤怒，还是一批设在水源地的化工厂把饮用水污染了，稍微与这些"当地居民"隔上那么一点距离的人，都无知无觉，无痛无感，不关心，也不想表示一点点的关心。

受难的"大象们"也不知道如何走出小区，虽然世界是宽广无垠的，虽然四周并没有那么多的围墙和栅栏，然而大家仍旧喜欢局限于自己的圈子里。互相强化着对方的困难感，来宽慰自己焦灼的心情。小区的居民们在屋里骂，在"业主论坛"上发贴——然而屋子是一个自我封闭的屋子，论坛是一个自我封闭的论坛，于是痛苦也就成了自我封闭的痛苦。

大象们不该和大象在一起，而该和狮子、长颈鹿一起，大家共同筑成一道社会生态系统，而不是仅仅盼望由大象们组建成一道社会生态系统。只有社会具有了多样性，生态系统才可能健康，大象的痛苦才可能化解。

因此，我在抢起我的大手，聚合成拳，击碎这些只一群群聚在一起哭泣和闹腾的大象。我盼望这样的外力，能够帮助这些大象带伤前行、带病上路，成为世界上各生物群落的一部分，与大家一起共同组建"生物多样性"的健康未来。

我要打碎这个水晶球。我要鼓励居民把小区事件化为公众事件，应当到门户网站上去开博客写纪录，而不是圈在自己在小区里。要勇于把自己的故事告诉陌生人并激发社会的共鸣。

因为很简单的一个道理：生物多样性丰富的天然林为什么是健康的？因为林中物种丰富，互相控制和互相需求的概率就非常大。那些长在大象身上，试图把大象吃尽吮光的吸血者，被大象带到了林中，可能正好成为某只鸟的美食。于是，大象们就得救了，而鸟也有了食物。

何况，每一只大象都有超越自己的任务，要舍弃自己的疼痛感，积极参加社会陌生群落组织的活动。把自己交换到社会公共空间中。这样，有来有往，有导有疏，淤积的能量就会畅流起来，外界的资源也会从此平滑地相互滋润。

第二拳打倒"上访者心理"

这一拳是连着上一拳出的，因为，这个状态是上一状态的延续。

话说大象们也很想往外冲，但往哪里冲呢？估计是三种方式，冲向政府（企业），冲向媒体，冲向环保组织。

其实三种冲法的原理是一个，理论上总结，可以叫"上访者心理"，行为上观察，可以叫"困难转移"。

一个人、一群人无法解决自身的困难，当然要向社会求助，寻求社会的同情和资助，呼应与反馈。何况，中国环境保护的困难，不是由环保人士造成的，恰恰是环保人士，试图率先起来解决这些困难；因此，当他们把困难向社会公示，力图"呼叫转移"的时候，社会有义务接应，有义务提供协助，有义务把困难移植到自己身上。

我们必须承认，民间环保人士把困难向外捧的过程也是被社会识别的过程，也是社会力量感应这些事件的过程。在当前的中国，这不失为一种基本的道路。

然而是不是还有更多的道路？让我们想像一下，什么样的人最让人敬畏？

一定是那种身上压着巨大的痛苦，却表现得出奇的平静、自信、智慧和勇敢的人。是那种勇于担当自己的痛苦，并能从困境中寻找巧妙的突破方式的人。

换句话说，任何人都有权利把困难转移给社会，但前提是你自己得勇敢而智慧地担当它。

因为结果必然是两样的。社会一向只佩服有能力的，只肯借钱给有钱人，社会上的任何三根桩都只肯帮助好篱笆。

如果你身上有十万元，你会很容易从朋友们身上借到十万元，或者从银行那贷到、政府那"配套"到十万元；可如果你身上一分钱都没有，估计你在街上呆一天，只能要到100元——每天都一百元当然很好，但要想在最短的时间内填平你的贫困、拆除你心中的困难，那就需要很久了。

因此，当我们把困难转移给社会的时候，一定要明白一个前提：你抛给社会的越多，社会接纳和反馈的越少，而你自己担当得越多，社会被你激发出来的能量却越多。

很奇怪吧？当满怀"上访者心理"的人，拿出一大摞自己也无法理清的材料和灾难，试图向路人说清他的痛苦，并盼望得到支持的时候，其结局往往是悲

三拳击碎环保人士的水晶球

惨的，因为路人总是行色匆匆、心地坚硬。极少数被瞬间感化的，也可能是与上访者同样无力的人。其结果就是，解决这个事件的能量流永远处于电压不足的状态。

但假如反过来，一个遭遇困难的人，不仅从未被苦难压倒，而且在与苦难拼争的过程中，益发的冷静、智慧、坚定与亲和，那么，社会被他感染的可能性就很大，滚滚能量就可能主动流淌过来。

因为，在所有的时候，痛苦或者说灾难，是一个人最好的训练场和考验场，有些人求之不得——越欢迎，痛苦的能量越易转化为成长的能量，而有些人拼命抗拒——越抗拒，痛苦越多。

因此，我要抡起我的大手，击碎这些上访者的幻梦。告诉这些做梦者：痛苦不管是你招来的，还是别人强加的，你都只能依靠自己去应战。你应战越得法，你的援军越多，而你越想撤到别人的领地里，别人甚至会成为你的新敌人。

第三拳打翻"小手拉大手"

中国有一批主动型的环保组织，他们像政府官员和体制内的学者一样，总以为民众是无知的，因此需要教育。

而教育的过程又是困难的，大人不敢去教，官员不敢去教，企业员工不敢去教，街上的陌生人不敢去教，正在中年的男人不敢去教。

最好教的只有三种人，妇女，退休者，以及小朋友。

因此，中国的社会上，最流行的一种方式，叫"小手拉大手"。盼望影响完孩子们去影响他们的家长。因为在社会上实际上只有两种人，一种是正在当孩子的人，一种是身边有孩子的人。

可孩子，是那么好影响的吗？

教育，是那么好得到成果的吗？

我总是问一些人：什么是教育？在中国，教育大概有两个原因，一是控制对方，二是把困难转移给对方。

因为想控制孩子们，于是我们至今所有的教育方式都是强制式的，把孩子当成了傻瓜，当成了坏蛋，当成了需要灌溉的土地。老师站在课堂上面与皇帝站在百官面前没有任何的不同，书本摊在孩子们面前，与圣旨摊在臣民面前没有任何两样，知识封锁在教室里，与渴望封锁在孩子们心胸中状态完全一样。

控制式的教育从来没想过孩子们天生就有"积极参与知识"的渴望，天生就有主动学习的激情，天生就有负责任的能力。因此，我们的教育至今仍旧控制在专制者的魔爪里，谁也难以逃脱。

因为我们想把困难转移给孩子，于是我们的父母总是对孩子们这样说："孩子啊，爸爸妈妈这辈子是没希望了，光宗耀祖的重担就会交给你了。"于是我们的社会总是这样对孩子们说："孩子啊，你是祖国的未来，你是我们国家的希望。国家繁荣富强文明礼貌的重任，就全交给你了。"

孩子们似懂非懂地听着，似答应未答应地许诺着。然后，他们突然又看到环保组织的宣教队在广场上搭起了台子，发放起传单，张贴起海报，发表起演讲。

于是他们又被集结起来，像小士兵一样在广场上发放山盟海誓："保护环境，从小做起。从现在做起。"

孩子们在长长的布条上签了名，承诺回家要做这做那；部分老师也积极响应，准备把学校创办为"绿色学校"。

环保组织的宣教队长长舒了一口气，赶忙回家写报告，汇报自己又影响了多少人，又成功教育了多少人。

然而他们没有注意到，孩子们天天在广场上集合，天天在各种各样的承诺书上签字，天天表示要"从小做起"。

然而，当孩子们长成大人，"社会压力太重"，发展任务太急，马上就转了型改了性变了心换了调洗了脑，全都成了环保组织再也不敢触碰的长满棘刺的"大手"。

然而，当孩子们长大，他们养育自己的孩子，顺便就把困难接力棒给了新生的孩子们。接力棒已经磨损得只剩下棒芯了，而困难仍旧在棒上闪闪发光，因为从来没有人正视过它们，从来没有人想解决过它们，从来没有人有能力关闭一下它们。

痴迷于"小手拉大手"的人们啊，你难道没有明白你的可耻？当你把责任压到孩子们身上的时候，你难道没想过自己已经是成年了？成年人才是社会责任的担当者。

只知道"小手拉大手"的人们啊，难道你不觉得可耻，当你们居然让童子军替你打头阵的时候，你有没有想过，你的战术安排，充满了软弱性？实际上等于你尚未出场，就已经认输。

因此，我也要抡起我的大手，击碎这环境宣教者提篮里装着的那个可恶的水晶球。我要向所有的"大手"，发出挑战；然后，再让充满责任心和善意的大手们，去拉小手。（2009年3月1日）

三拳击碎环保人士的水晶球

迫害环保人士谁能得利

我本来就想写这篇文字，而同时发生的事，促使我提前几秒钟来写这篇文章。

我这篇文章的真实标题，应当叫"认识张娇一周年祭"。

2008年4月10日，我认识张娇以来，她没有死去，相反，而是越活越强大。我也同样没有死去，一年来的无数次目击，让我对这个社会充满了更多的信心。

一年来，没有人因为张娇而死去，相反，一年来，社会对张娇呈现出了无数的美好相，无数的人表达出了他们的善良和爱意。

但确实有些东西是在我心中死去了，有些东西呈现得越疯狂，越剽悍，丑恶的能力越强，死亡的速度越快。

因此，我要写篇祭文，祭奠这些无所不在的幽灵，无所不在的迫害力。

"招商引资"还是"挖掘陷阱"

2008年4月10日，张娇因为走投无路，跑到绿色和平北京办公室找森林项目主任刘兵求救。刘兵是我的朋友，于是我也顺便见到了她。

这个文化水平低、身体肥胖、浑身野气、满口粗言的女人，其实非常的脆弱。她的故事其实很简单，但很难让人相信：当她年纪非常小的时候，主要在14岁到16岁之间吧，因为做水果、蔬菜方面的批发生意，挣了那么一千来万元。

于是头脑发昏，想要保护一片自然的森林，"让我们的子孙后代知道世界上曾经有过自然生态系统"，比来比去，她决定把保护精力投放在延庆县刘斌堡乡营盘村的九里梁村。

于是在20世纪90年代的某一天，她拎着二百万元——她当时以为，要保护一片地方，几百万元足矣。她到了延庆县政府，延庆县当时——现在也是——正在大力招商引资，于是双方就签订了一些协议，张娇承包九里梁周围至少10,000亩的林地，延庆县政府给予大量的"优惠政策"。

十多年过去了，"优惠政策"几乎没有一个兑现。而张娇个人因为过度痴迷于"仿自然林业的恢复和保护",不仅花光了所挣的钱；而且借了与她挣到的钱差不多的钱——也花光了。

在这十多年间，由于迟迟得不到应有的支持与保护，她与政府的关系在恶化，她不再相信政府的任何承诺。

在这十多年间，由于不擅长处理与周边社区的关系，她与一些村庄的关系一度恶化，有些人成了她的敌人，同时，也有些人成了她的朋友。

在这十多年间，延庆电力局把线架到了她承包地的核心区，变压器都安上了，但就是不给安装入户线，导致九里梁十多年一直在黑暗中探索。

在这十多年间，延庆县林业局应当给她的森林保护资费，一分钱也没给。

在这十多年间，发生在九里梁无数次的偷盗、抢劫、树木砍伐、非法捕杀野生动物事件，没有一个得到延庆县公安局的侦查。

而在这十多年间，她所承包的地方，原来崩溃的森林生态系统开始复原，原本干涸的泉水开始重涌，原本紧张的社区关系，出现了缓和的迹象；原来彻底丧失希望的保护者，开始寻找到了新的保护方法——公益事业，就是大量公众一起参与的事业。

在这十多年间，一个略带传奇色彩、悲剧色彩的森林保护英雄，在北京出现，并受到了媒体和公众广泛的关注和支持。

而这十多年间在延庆的奋斗过程，其实就是张娇把自己的青春，自己的身家性命，自己的财富，全额奉献给这个无底深渊的过程。

而这十多年间，延庆县对待她的过程，很像是挖个陷阱引她跳入的过程。

见死不救是美德？

一年来，我发现，固执的森林保护者张娇确实是在跳火坑。

一个人做错了事，社会的责任，似乎就是任她错下去，而且催促她将错就错，一错再错，错上加错。

张娇确实是愚蠢的。她轻信了太多的东西。而她十多年的"工作方法"，存在着太多的值得世人诟病的地方。

张娇确实是蛮横的，为了保护她认定的这些花花草草，她不惜让自己成为一个武夫，与人打斗，与人争吵，以暴力对抗暴力。

张娇确实是可笑的，由于城市户口变农村户口非常的麻烦，这个北京石景山长大的女人，为了顺利让自己获得"保护权"，绕着大弯子把户口先是调到了姥姥家所在的东北，再从东北调到刘斌堡乡营盘村，以获得一个正式村民的资格。

张娇确实是可怜的，2008年4月10日之后，当她频繁地与来自城市的各个"环保人士"们接触，她的知识局限性让她处处缩手缩脚，以至于有些人一见了她，就认定她什么也做不成。

因此，一年来，她频繁遭遇的是怀疑，是蔑视，是误会，甚至是谩骂。

甚至在高举着环保旗帜的环保组织那里，你也看到这种冷漠。

甚至在高举着爱心旗帜的高智商人士那里，你也看到这种无情。

那些声称自己异常了解森林生态系统的人，对她举来的一棵病树如何救治，难以作答。

那些声称自己知识异常充沛的人，对她的"仿自然林业"实践只能发出一声惊叹。

那些在著名院校持有高端学位的人，竟然不等人家的解释，不作一点调查，就开始写文章嘲笑和谩骂。

那些在著名报纸担任记者的人，对营盘村村支书上任以来的"财富收益"迅速攀升视而不见，只一味对张娇的"个人资产投入"产生质疑。

大家都在说，万一这个女人，是为了自己的个人利益怎么办？

大家都在焦虑，万一这个女人，是在编故事怎么办？

大家都在害怕，万一这个女人，是个麻烦制造者怎么办？

很多人都在暗自庆幸，为自己又成功地当上了旁观者而欣喜不已。

2009年4月9日夜，裴氏兄弟

一年来，我一直在对张娇说一句话：正确评估自己的价值，充分与社会资源对接。

过去，愚蠢的张娇居然想在山里通过养殖业获得财富，种几亩地，养几只猪，就既给自己找到可持续发展之路，又给周围的生态系统提供食物资源。

然而，陡峭的山间土地哪能得到种植业收益？

然而，两三个人怎么可能养殖一大批猪、羊和鸡？

因此，我一直建议她"轻盈"起来，卖掉这些累赘的家什，挖掘生态的价值，出售"安静和荒凉"。

因此，我建议她做"自然书院"项目，把这个地方，建成北京市重要的生态文化传播中心。

可她一直舍不得那些地，那些猪，那些鸡，那些羊，那些核桃树。听到有人在卖一只小野猪，就两眼发光，非要花2000元把小猪抱回山上，以便日后给其他的母猪配种，以为这样有利于种群改良。一听说有鸡苗出售，就非要买上两三千只，希望能够养大后卖些钱。

结果是，由于缺少人手，不仅小野猪越来越野，原先的那些家猪也越来越野，长势缓慢；结果是，两三千只鸡由于缺少人手，饿死一大批，被金雕什么的吃掉一大批，一只不剩；结果是，几百只羊，由于缺少人手，母羊产的羊羔，就会被抛弃在山上，饿死。

结果是，2009年4月9日夜，裴氏兄弟，带着十多个人，开着卡车上山，把她好说歹说找来在山上帮助她养育这些生灵的人，给捆了起来；然后花一个半小时，把所有能抓到的羊，全部抓走。

几百只羊，一夜之间就这样被搬空了。

剩下的，只有几十只猪，估计不久也会遭受被抢劫的命运。

剩下的，就是那一大片被她死死保护的山林，什么时候，这片林子也会被人抢走呢？

2009年4月10日凌晨，张娇赶回延庆；上午，她强迫自己冷静下来，找到了延庆县委书记的秘书，通过电话向他说明了发生的事。不知道这位县太爷，会作何反应？

在中国，迫害环保人士，有无数种方式，亲爱的你，属于哪一种？

在乏味而无情的中国，环保人士下场如此可悲，于我们，究竟有什么好处呢？（2009年4月10日）

投资一家环保组织如何

————————————————

一个年轻人，想创造一个全球都关注的日子，他就做成了，于是全世界的公民就有了"世界地球日"。一个人的想法成为全世界的想法，一个公司的产品成为全世界的消费品，这不仅仅是人类创意的魅力，而且是人类"附和"的魅力。

所谓的"附和"，就是对好的想法的积极支持，对有理想的青年，有理想的老人，有理想的妇女，有理想的儿童的积极认同。以前在中关村浸泡的时候，总是很悲伤地看到某个教授有了某个发明，但由于缺乏社会的"附和"，于是，要投资找不到投资，要管理找不到管理，要销售找不到销售，要财务找不到财务；教授与教授夫人一块上阵，博士与博士儿子一起"经商"，好端端的高新技术公司，不是开办成夫妻小卖部，就是父子工作坊。长也长不大，死也死不成，十年前看他们是孤苦伶仃地挣扎着，十年后还是伶仃孤苦地挣扎着。

不过现在的社会似乎好一些了，大家都有附和他人的意愿和能力。而此时，我放眼四望，发现中国号列车，已经驶进了"公民环保轨道"。

于是，在世界地球日，我很自然地就想到，中国的社会，有许多人，会开始去投资环保组织。

倒并不是说投资环保组织产出最大，也不是说公益时代只有环保最需要投资。在这个社会，也许所有投资都有其值得赞扬的产出，都有其必要性。只是在中国，环保组织是一个相对稀缺的但有望蓬勃发展的行业，当社会倾力对他们投资之后，他们向社会提供环保产品的质量将越来越好，提供的环保服务越来越丰盛。未来的时代，是政府、企业和社会越来越乐意采购环保组织服务的时代。因此，从"社会商机"的角度来考虑，投资环保组织适逢其时；未来二十年，一定是中国环保组织飞速发展的时代，伴随这个时代出现的，是中国环保组织越来越本地化，越来越专业化。

保护生物学家喜欢谈论生物多样性，而由人类构成的社会，也有社会多样性与文化多样性需要保护。而所谓的社会多样性，其实是由生命多样性构成的。一个人可以与另一个人生活得不一样，一个人可以与另一个人生存得不一样，一个人可以与另一个人思想得不一样，一个人可以与另一个人行动得不一样，一个人可以与另一个人感觉得不一样。也就是说，一粒生命与另一粒生命，可以呈现得完全不一样。

呈现得不一样，就需要不一样的载体。有时候我们按照功利的眼光，对人类进行了区别，给几乎每个人都安排了职业。作家，哲学家，诗人，幻想家，画家，工人，农民，学者，灵魂工程师，人民子弟兵，白衣战士，等等。社会偏好拿固定的职业，去圈套所有的人。

其实可能需要反过来，也许是有了这样的人，才有了这样的职业。社会上有一些人，只适合作家这片营地，因此，如果一个适合当作家的人，社会没有为其开发出适合的营地，那么他的生命就是在委曲求全，社会生态链在他的环节就是处于能量错位态，社会就是在无情地浪费资源。很自然，社会上有一批人，需要环保组织这样的营地。

按照理想家的理想，适合不同营地的人应当以最快的速度进入他们的营地。同时，社会上要对每一种营地都抱欢迎、支持、配合、兼容、附和的态度，互相支撑。你帮我我帮你，你信任我我信任你，这样，整个社会就会比较平和，比较富有生机。

中国现在进入公民环保时代，意味着大量的环保组织会在各个地方同时出现，也就意味着给社会上有投资欲望的人，增设了新的投资去向。

有些人马上就问了，投资？投资是要回报的，我投了十块钱，你至少得回报我十一块钱，如果没有这种赤裸裸的现金来往，你让我如何投资？

我想，会问这话的人是把我们的社会想得太狭隘了，没有注意到"回报"这个词在社会层面上，早已超出了现金来往的范围。

社会上所有的人都有公益的欲望，但有时候苦于自己没有时间去从事，于是愿意拿出一部分钱来投资给那些专门做公益的人，于是，从事公益事业的人，从此有了现金流的支撑。而那些投资的人，其实就从公益事业的行动者身上，得到了回报。

社会上所有的人都有环境保护的欲望，但有时候苦于没有时间去从事，于是愿意拿出自己除时间之外的其他资源去"投资"给那些正在从事环保事业的人，于是，从事环保事业的人，从此有了大量的社会资源在"附和"。而那些投资环保的人，就从环保行动者身上，得到了回报。

几乎所有的企业都成立了"社会责任部"，这个部门的费用本来就已经纳入了企业的日常运营成本，钱可能不会太多，但预算总是有的，花不完会被削减，花光了反而会增添。需要做的事是让这些钱流向合适的地方，而不是由于信息

投资一家环保组织如何

不对称，导致大家频繁地支付"路径成本"。其实非常简单，企业负责管理这个部门的人，只要想到与当地公益组织、环保组织合作，然后利用最广泛的信息渠道，寻找到中国正在做的或者准备做公益和环保的人，把企业的资源和"现金"投资给他们，就是一个最畅通的办法。很自然，回报就是，所投资的环保组织，又增加了可持续性。

有些企业钱更多一些，成立了基金会，像万科成立了万科基金会，万通成立了万通基金会；阿拉善SEE生态协会的企业家们，还共同成立了"北京企业家环保基金会"，那么，这些"基金"在今后，显然就会成为中国环保事业的重要"投资者"。

对于像我们这样在街上随处可见的既不是企业家也不是天生富贵的人来说，我们有可能投资环保组织吗？我想，任何人都可以回答这个问题。这个世界上，财富的积聚至少有两种方式，一是大雨骤降型，二是涓涓细流型，因此，投资的方式也可以此类推。每个个体的资源像一滴雾水，顺着小草的叶脉凝聚起来，就有可能与其他的雾水汇合，成为江河的源头，成为江河的支流，成为江河持续向前的动力。换句话说，在这个零钱慈善的时代，你投给环保的任何一分钱，都可以通过各种巨大的聚集平台，汇合到需要投资的环保组织那里。

何况，你自己还可以先自我投资，把想做的环保项目启动起来，然后带动更多的社会资本、世界资源的持续"附和"，于是，你就成了一个接收投资的环保创业者，你身边的社会，就成了环保投资方。

同样，你可以到环保组织工作，把自己的能力，投资给你看好的那家机构，于是，环保组织有了优秀的员工，你，也找到了人生事业的美好着力点。

中国的环保事业，处处充满"商机"。无论是污染治理厂商，还是环境保护部门；无论是环境监测机构，还是民间环保组织；无论是大学生的环保创意，还是家庭主妇的育子理念，几乎每一枚分子，都有可能得到投资机会，都有可能成为你的投资对象。

在这所有的可能中，我发现，投资一家环保组织的能力，考验着社会对美好事物的"附和"能力。就像投资一家高新技术企业一样，需要孵化器，需要催化器，需要天使投资，也需要风险投资；需要投机型的投资，也需要放纵型的投资；需要无数的资金投入，也需要无数的个人生命投入。

在"世界地球日"如期来临的时候，在第三届SEE·TNC生态奖的颁奖现场，我像一个能穿透迷雾的人，看到了中国环保事业的必然未来。(2009年4月22日晨)

环保组织的智慧在哪里

其实我不是一个擅长反省的人，也经常看不透事物的真相，更没有拿刀解剖自己身体的勇气和技能。但我想，我总得尝试一下。

当自然大学这个词在我身边跳跃了快三年的时候，有人突然在我耳边问我：自然大学到底是在面对真问题，还是在面对假问题？面对真问题，有可能出具假对策；面对假问题，即使出具真对策，估计也是枉费心力的。

于是我坐在公共汽车上，开始回想，到底这个世界上，是否需要自然大学这个词。

关于沉睡能量和错乱能量的判断

当一个人想销售某种商品，他就会坐在屋子里，躲在小床上，想像他庞大的顾客群。他放眼全国，发现几乎所有的人都可以成为他的顾客。于是他就很狂野，相信一个月就会成为亿万富翁。

而事实是，几乎所有的人都不会成为他的顾客，有太多的原因影响一个商品的彻底消费。但确实，其中有一些人，不是因为不想消费这个产品，而是他处于沉睡态，没有足够的敏感点，把自己的能量拿出来与某件商品接应。

一个环保活动也是这样。我一向是相信中国是一个巨大的沉睡体。有太多的金钱、精力、智慧、体力、空间、信息趴在自己的仓库里终日昏睡。其后果就是大量需要这些能量的人无法得到接应和鼓励，无法得到精神的支持也无法得到物质的有效供应。甚至环保组织本身，也受这种昏昏欲睡的风气的影响，多少显得有些迟钝和怯懦。

同时，中国的社会能量又处于一种"错乱态"。有人乱花钱，有人乱花时间，有人乱花智慧，有人乱花情感，有人乱花邪恶，绝大部分人都以没有罪恶感的心灵，去应对一具生命在日常中遭遇的各种邪恶和丑陋。

中国的环境形势非常危急，那么，这些沉睡能量和错乱能量有没有可能为环境保护所用？或者说，我们有没有可能开发出一些产品，让沉睡能量为之醒悟，让错乱能量为之纠偏？

因此，如果我们能够设计一种活动，一是让部分可能激发的社会能量激发起来，二是让社会能量健康起来，那么，我们的活动就一定会在社会上广泛地传播。虽然过程会很缓慢，过程会很考验人，但由于这个"商品"在中国具有相对的稀缺性，因此，其启动成本和运行成本都不会太高。

当然，我也一直有强烈的自觉。一个群体与另外一个群体是有差异的。某种在其他地方通行的、日常化的产品在另外一个地方高度稀缺，也许就已经在暗中警告我，所有的试图推销这个产品的行动都是没有任何效果和收成的。换句话说，有些产品，是永远不可能为某个群体所消费，或者说，一个产品在这个社会越稀缺，恰恰可能证明这个社会缺乏迎合这个产品的基因和能力。因此，我在推进这个项目时，总是不停地问自己：这是当前的中国人，愿意"消费"的产品和服务吗？

但我没有办法把自己关在屋子里证明或者推理，我唯一能做的，就是不停地设计项目——或者说产品，让社会来检验这个产品，以及销售这个产品的方式。

关于本地能量和自主能量的探讨

环保组织的出现，某种程度上给环境受害者和试图关注环境的人找到了一个新的"靠山"。中国人自古至今，都在寻找靠山，一切可能成为靠山的因素，都会被自视为弱势群体的人所依赖。

因此，如果环保组织继续以靠山姿态出现在公众面前，有时候，对促进"公众参与"起不到好处，可能只是给公众又制造了一个"上访目标"而已。

自主是中国社会发展至今仍旧非常不健全的一种能力。而与之相匹配的上访者心理、递折子心理、上书心理、呼吁心理一样，其实都是"困难转移"心理的不同表现形式。

一个擅长"污染转移"的群体必然擅长"困难转移"。由于中国一直没有给予个体足够的"保护权"，或者说，一直有人在掠夺和压制每个个体的发展权和保护权，因此，每个个体受到伤害时，马上就会发现自己求告无门，此前认为所有可能的支应力量在刹那间灰飞烟灭，因此，很自然就想到要把自己的苦难转移到其他"强势者"身上，指望他们能够帮助自己拔除苦痛，抚平创伤。

改革开放三十周年，一个相对可信的结果是部分人的发展权得到了释放和尊重，但是，保护权仍旧没有回归，无论是得到发展权的人还是尚未得到发展权的人，都有一种高度的不安全感。其后果就是社会上几乎所有的个体的自私心和自益心都得不到较充分的满足，社会长时间处于一种高亢饥渴态，这种饥渴态像猛兽一样，撕咬着身边的环境和资源，排泄出大量的脏污之物。

更重要的是，由于"保护权"没有回归——或者说没有生长，个体生命没有办法保护自己，自然就无从保护自己的家小，无从保护身边的环境，无从保护今后的长远生活。几乎所有的人，都只能眼睁睁地看着资源被掠夺，环境被毁灭，身体在受伤。

但人的权利不是赋予出来的，更不是通过一些命令发放出来的，而是生长出来的。发展权的生长促进了经济的暖化和社会的民主，技术民主与城市化进程也消解了此前的许多社会疙瘩。中国社会已经开始批量出现表达和言说的潮流，出现公益与慈善的主动认知。

因此，察觉到这种趋势的环保组织应当紧紧握住机会，用智慧之手，加速环保"本地化"和"主动化"。

而中国社会不再可能出现革命，未来，一个有足够智慧的群体，都会以改良的形式逐步替换掉历史上的错误与疯狂。当一个社会的内生能力——无论是经济内生、智慧内生还是公益内生——渐成规模的时候，这个社会的主动求善的能力就有望成为社会主流和社会共识。

因此，自然大学力推的就是两种精神，一是本地化精神，因此几乎所有的项目都与各地环保组织合作，合作的过程不是施压也不是控制，而是激发环保组织本身的生长力，进而通过环保组织这个泵站，激发、吸引更多的公众能量进入，并对这些能量进行导流。因为环保组织无需制造能量，需要的只是集成能量和以智慧和方法增持能量。二是自主化精神，因为一切知识的学习都缘于主动，任何被动的知识灌输都会遭来厌恶和嘲讽；同样，任何权利的生长都像一颗草籽那样，只有它自己愿意发芽，才可能顶翻头顶的那些压迫，无论是沥青糊顶还是巨石压身。

而配合这两种精神的是"和谐化精神"。一个人面对的自然细节不外乎空气、水、土壤、动植物，以及交通、建筑、输变电设施、垃圾处理设施等，因此，把这些与人类高度相关的细节都一一开发成"学习目标"，以就地观察的精神，以亲自去看的态度，以持续的开课方法，以清除所有障碍的"招生"信念，以自由打通的精神来培养志愿者气质，以"不作任何指望"的大无我精神去推进，那么，无论是水学院、鸟学院、植物学院、自然摄影学院，还是森林学院、海洋学院、城市环境学院、新闻学院，每个活动都会成为激发公众参与环境保护的最有效引导平台。

自然大学是在面对假问题吗？

自然大学理想的目标，是争取依托各地的民间环保组织，激发越来越多的公众成为公民环保专家和公民环保记者。公民环保专家出现之后，当地公众对环境决策的话语权就会上升，对话能力就会提高；而公民环保记者出现之后，当地公众对当地环境的记录和传播就会变得很及时且富有情感。一个人可能会对一百公里以外的河流不关心，但一定会关心门口的那条河流，因此，当他写门口河流受伤害的"报道"的时候，一定比职业的"记者"更加催人奋进。网络时代和博客时代已经完全铺好了所有人都成为公民记者的基础设施，唯一需要做的工作是引一些洪水来清除人们心中的那些阻隔坝：清除人们心脑中的那些"新闻和报道只能等待记者来操刀"的旧观念，激发公众主动成为记者的生命本能。

但问题是很现实的：有太多的环境伤害急迫而惨烈，自然大学这种缓慢悠长的"自然观察"活动和兴趣小组的"研究项目"，对解决现实问题有什么益处呢？有许多问题是与一些利益相关者高度叠合的，自然大学这种"过客式"的社区访问，对民间疾苦有多么大的通感呢？

直接的发问来自乐水行。乐水行在北京已经两年多了，每当有人追问乐水行解决了什么问题的时候，我总是感觉到难以作答。我心里很清楚我们要直面现实"淋漓的鲜血"，那这种打太极似的方式，怎么有可能兵不血刃地瓦解社会的邪魔、度化无所不在的环境屠夫呢？

显然，光有"自然大学"是不够的，还需要环境污染受害者法律援助中心，还需要中国环境事件媒体调查中心，还需要"绿色供应链管理"，还需要"民间自然保护区"的促进，还需要构建政府企业专家媒体NGO的多边日常化对话平台。

还需要做的事太多了。但自然大学确实又有其价值，而且是面对真问题试图给出的一个真答案。因为从古到今的中国人都不关注自然，都缺乏热爱自然细节的能力，因此，在各个地方办上一所持续招生的大学，刺激公众关注自然，激发公众的热爱自然之心，提升公众的热爱自然的能力，应当是一种有效的对策。

它不仅仅有利于夯实每个环保组织在当地的公众基础，有利于让世界上更多的环保智慧能够在各个地方自由地流淌。更重要的是，它让大量的公众有枝可栖，有平台可参与，其能量能找到释放和增持之所。环境保护的过程对公众本身的知识增值、技能提升和境界拓展是有益的；同时，也给那些适合在环保组织工作的人提供了充足的营地，在社会上，有一类人非常适合在环保组织工作，此前他们一直得不到市场供应，而环保组织的壮大与生长，让每个地方有了这样的营地提供给合适的人，让他们生存得更美好。

有多少环保组织在制造假问题

实际上，我最早想写这篇文章，是想说"其他环保组织"或者"其他环保项目"，因为中国有一些环保项目，似乎是在面对假问题，并且在积极地制造假答案。

但求人不如求己，与其讨论"整个环保组织"存在这样那样的假问题，不如直接解剖自己的身体，看看从脑壳到肠子，从心脏到毛发，从血液到汗水，从脚趾到灵魂，是不是存在着"假问题偏好"。

因此，在本文的最后，我想与更多的同道交流，也许每个人都该目光如炬、手术刀般锋利地拿自己的"机构身体"来做一次解剖：我们到底是在面对真问题还是假问题？我们到底有没有能力面对真问题？当我们面对真问题的时候，我们有没有能力给出富有智慧的解决之道？

我在这里可以给一点提示，评估你的问题是真问题还是假问题的试纸比pH值试纸还简易：你只需要轻轻地问一下项目：你这家伙天天赖在我的办公室里，但你是从中国大地上出生的吗？你是来自现实空间还是来自于虚幻空间？

找个模特来讲解。比如你想做"垃圾分类"。你从国外"引进"一些文章，你发表演讲呼吁全社会应当重视垃圾问题——否则垃圾就会堆到总统府院内了；或者你去组织一批青年大学生当志愿者，然后告诉他们"垃圾是放错了地方的资源"，那么你可能就是在制造假问题。假如你从发现问题的小门进入，先观察、调查中国的垃圾现实，并与垃圾事业的所有参与者们充分交流后，找出中国垃圾的真问题所在，然后再试图去设计、实施一些改良方案，那么你可能是在面对真问题。假如，你再进一步，与当前风起云涌的"垃圾保卫战"参与者们来往，与他们一起协作，努力推进困扰中国垃圾处理的诸多障碍，那么，也许你就是在面对真问题。

因为真问题，是从大地上生长出来的，而不是你制造出来的，你需要的只是走到大地深处，找出这朵问题之花。然后，你才可能去探寻你的答案——同时你要很自知，即使问题是真的，你的答案也可能是假的、错的、混乱的，但没关系，只要你在面对真问题，任何的行动都会被社会感应到，社会识别系统都会进行准确的品鉴。

社会潮流给大家提供了许多假问题，我们如此偏爱假问题，以至于我们看到任何现实中出现的真问题的时候，我们都会对其轻蔑化和弱小化，以为自己身负如此强大的重任，怎么可能为了一个小区，为了一个受害者，为了一只鸟，为了一朵花，去耗费自己的心血和智慧？去倾泄自己的感情和性命？即使不小心卷进去了，也边做边不甘心，老在猜疑自己是不是"埋头小问题"，而被时代大潮所遗弃。

这是我们社会之所以问题不断的原因，因为所有的真问题都是具体而微的，甚至是稍纵即逝的，但所有问题的解决方案都是依靠"忽略"和"忍受"，而不是通过拨乱反正、治伤抚痛。你是可以不理睬、不投身、不设法、不参与，彻底与裹胁你生活的时代苦难坚厚地阻隔，时间的泥潭也会让一切都陷没。但是，如果我们一个真问题都不应对，如果我们只喜好谈论假大空的问题，然后异常轻巧地对这个假问题给出个假的解释，我们是不是干脆放下手头的"工作"，直接跳进泥潭了事？（2009年5月1日）

谁持"极端"当空舞
——就"极端问题"与葛剑雄教授商榷

写此稿之前，我第五遍逐字逐句阅读了某媒体访问葛剑雄的文章《葛剑雄：极端的环保不可取》。我希望是我领会错了里面的微言大义，我更希望是记者发稿时用起了"春秋笔法"。葛教授据说是历史学家，对中国历史的谙熟有可能让读者作出一些误会他老教授的错谬之行为来。

我想我没有看错这篇平白如话的文字。葛教授是在对极端环保不满，估计他在担心当今的世界和中国有可能被极端环保主义者占领，因此，出于一个知识分子、一个公共知识分子的良知，他要出来说话，他要出来呼吁，他要出来叫停。

我的这篇稿件，其实也不是用作反驳葛教授的，我只是把我近年来对中国或者说世界上的环保处境所作的了解，做一点真实的反映。目的无非想借此地摊开一幅图画：我们的世界，到底是极端发展主义者多，还是极端环保主义者在作祟？我们的世界，如果是为了求达善治和乐和，到底需要多少极端环保主义者？

世界上最多的是极端发展主义者

2009年8月22日，一辆坐得满满当当的大巴缓缓从成都驶向彭州通济镇大坪村"乐和家园"。"乐和家园"的极力推进者廖晓义，站在大巴车的"导游"位置，突然谈起了"农村留守儿童"。她深深地感觉到农村留守儿童是"社会制造的孤儿"，是中国社会发展让农村付出的惨重代价。她颇为激烈地说："连我这样的工作狂，成天只想着环境保护的人，都很少离开我的女儿。在我女儿四岁的时候，一年的时间，为了拍'环保时刻'纪录片，我没有看到我的女儿，为此我都快疯了。我每天都想快快结束工作，赶紧回去和我的女儿守在一起。那一年之后，我就把女儿带在身边。直到她现在上大学了。可我们的农村，有多少父母，在子女一出生时，就离开了他们，到城市里打工、漂泊？有多少孩子，是在一年最多只见到父母三五天的情况下长大成人的？那些远离子女的父母，来到城市，过着低贱的生活，当城市人的'侍服系统'，目标，仅仅就是为了得到一点点人性的尊严。这样的社会现象，在全世界也是极为罕见的。这样的社会现象，不是极端发展造成的社会伤痛又是什么？这样的社会现象，不是全得由我们来共同承担又由谁来承担？这样的社会现象，在座的各位媒体记者，如果不去关注，谁去关注？这样的社会现象，中国任何一个有良心的人，不去关注，谁还会去关注？"

车上的十几家媒体，开始时多少显得有些惊愕。不过惊愕很快就平息了，大家都很了解廖晓义，知道她总是非常敏感地发现社会中存在的问题。她的直觉、敏感、纯洁和善良，让她总是能够"超前十年"感觉到中国环境保护中存在的种种亟待改良之处；她总是忘我地身体力行，边尝试，边呼吁，想要让自己的发现，成为全民的"共同意识"。有些猛一碰见她的人，会恍惚想用"极端"这个词去形容她；但当你真的了解她之后，才发现，她只是积极地把人的职责、知识分子的职责挤压到世上而已。

1996年，廖晓义放弃美国，到北京成立北京地球村环境教育中心，并想要推进生活垃圾分类的时候，她是孤单的。2008年，廖晓义来到四川，想以民间环保组织的眼光和价值观，为地震灾区恢复元气和理想做一些尝试的时候，她多少也是显得孤单的。2009年8月份，当她在大坪村的"乐和家园"做得风生水起，小有成效，完全可以结题走人的时候，她代表北京地球村与大坪村签订了15年的合约，这时候，她仍旧是显得孤单的。

如果说以梁从诫、廖晓义、汪永晨、马军、霍岱珊、杨鹏为代表的"民间环保人士"们显得孤单是因为中国公民社会发展不充分导致，那么，隶属于"政府"的环境保护部门，则是一批在主流体系中显出高度孤单相的人。几乎每一次环境事件发生，你总能发现环保部门满脸无辜地站在那里。他们这种永不脱手的"无辜态"，并非指他们想指出污染事件制造者不是他们，而是想极力声明他们虽然是"末端治理"防护部门，但防护体系并不由他们构筑，防污门、防污窗的虚弱化也不是由他们造成，他们更多是极端经济发展大潮的被胁迫者。记得有一年随中华环保世纪行赴河南调查，河南省一位环保官员这样说："有些地方政府给环保部门甚至每年都下达'招商引资'任务。各地为了'招商引资'，'快速发展'，想出的第一招就是让环保防护体系似有实无。审批章好像是我们盖的，可我们是被迫盖的；环境信息是我们公开的，可让我们公开的信息的'真实数据'，却又不是我们生成的。某种程度上说，我们只是经济发展大船的一个傀儡而已。"

74　　其实世界也存在与中国一样的问题。20世纪60年代，蕾切尔·卡逊撰写《寂静的春天》，指出化学毒药将可能让世界的生态系统从此"寂静无声"的时候，整个美国的化工业发起了侮辱、伤害、声讨、谩骂她的浪潮。采用的手法卑鄙、狂热到无以复加的地步。几十年后，当全世界都开始夸奖这位海洋学家的先见之明和过人的勇气的时候，没有一个人想过给她戴上"极端环保主义者"的胸牌。

2009年4月23日，中国最大的本土民间环保组织阿拉善SEE生态协会（SEE）与美国最大的环保组织大自然保护协会（TNC）一起邀请了一位刚刚撰写一本名为《投资自然》的专家来讲环境保护的新趋势。这位专家在演讲中，列出了美国公众把"闲钱"资助给公益事业的流向表。其实，绝大部分都给了宗教、文化、教育等领域，只有3%左右能够左冲右突地流淌到公众环保事业；这张表显示，所有的领域中，环保领域分得了最小的份额——金钱的流向虽然不足以彻底代表社会的价值流向，但也足以显示，世界上多的是极端发展主义者，极端人类主义者，少的是极端环保主义者，少的是极端自然主义者。

2007年2月份，IPCC（政府间气候变化委员会）发布了由大量科学家共同撰写的第三份气候变化报告，报告指出，自工业革命以来出现的全球气候变暖，与自工业革命以来越来越放肆的二氧化碳排放之间，存在着惊人的高度关联，因此，他们得出至少两个结论，一是全球气候变化与人类活动存在着90%以上的相关性，二是二氧化碳、甲烷等温室气体，可能是导致全球气候变化的"技术工具"。这份报告的出台让世界的环保从此有了新的热闹点。两三年后，人们却发现，当哥本哈根会议马上要举行的时候，38个发达国家，却在拼命逃避"发达国家碳责任"，既不想承认过去的罪恶，也不想免除未来的罪恶；而以中国、印度为代表的发展中国家，也在拼命逃避"发展中国家碳责任"，既不想正视现实中的环境困境，也想"委婉地拒绝"未来的义务。这同样证明，世界上存在的最多的，是极端发展主义者，是极端人类主义者，几乎不存在极端环保主义者，几乎不存在极端自然主义者。

中国没有极端环保主义者

有一些人不太喜欢廖晓义，因为她每一次登台演讲、振喉高呼，都要让满场"高尚之士"内心发生深深的震动。而许多人是不想正视现实问题的，更不想拿出身家性命去投向现实问题的改良之业中。因此，每当廖晓义把"淋漓的鲜血"端给社会公众看的时候，绝大多数的人选择了转身离开，同时对廖晓义的言行表示出极度的不理解和"担忧"。

但即使这样,廖晓义也称不上是"极端环保人士"。在我与她数年的交往中,我时常发现这位对中国传统文化怀着极大眷恋之情的敏感之人,对中国的社会苦难和自然苦难有多么鲜明的发现能力和回应能力。这个世界上多少总存在着一小撮像廖晓义这样的人,他们擅于发现苦难之地,他们又勇于承担匹夫责任。

也有很多人不喜欢汪永晨,这个几乎与廖晓义对环境苦难和社会苦难同等发现力和担当力的女人,由于近年来持续关注中国江河水电开发狂潮中的环境破坏问题,而被疯狂支持水电开发的人骂为"绿色特务",诬蔑为"环保疯子"。但正是她和"一小撮人"的努力,让四川康定的神湖木格措取消了水电发展计划,改做"生态旅游";让铁定要开发水电的怒江干流,减缓了非理性开发的速度;让金沙江上世界级的自然景观虎跳峡,中止了被淹没为"龙头水库"的噩梦。

1994年,当梁从诫、王力雄、杨东平、梁晓燕发起中国最早的民间环保组织"自然之友"的时候,全中国几乎没有一个人知道"民间环保组织"的概念是什么意思。许多政府官员出国巡游,在各种各样的官方外事活动中,经常因为不知道如何应答这个问题而尴尬难当。就是在这样的艰难环境中,自然之友和它的志愿者们,发起了拯救滇金丝猴活动,发起了拯救藏羚羊活动,发起了"圆明园铺膜民间听证会"活动,发起了"低碳出行"活动。现在,十五年过去了,自然之友的会员数增加得不多,中国的民间环保组织数量,增长得也不算快,中国人资助中国民间环保事业的意识,远未形成。

1999年,来自甘肃兰州铝厂的马天南,在福建厦门成立"绿拾字环保服务社"并发起"鹭岛关爱日"的时候,全福建没有一个像样的民间环保组织,没有一个像样的环境保护活动。2009年,当"鹭岛关爱日"举办了十一年之后,马天南发现,她想在福建获得一些外企、国企、内企、民企的支持,仍旧与十年前一样的艰难。她的机构仍旧与她成立时类似,有一间狭小的办公室,有几个流动频繁的环保志愿者。

环境保护部"直属"的民间环保组织"中华环保联合会",每年都会发布一次中国民间环境保护调查报告,这份调查得极为粗放、极为不真实的报告,某种程度上仍旧能够反应中国民间环保事业的真实状态,虽然报告上说民间环保组织的数量已经有几万家,但"筹资能力弱、项目管理能力弱、人才缺乏",似乎永远是这份年度报告不假思索的主题词和关键词。

中国缺乏极端环保人士,还表现在中国受了环境伤害的人无法维护其正当权益上。2006年,当时国家环保总局副局长潘岳就忧虑地表示,环境伤害事件迟迟无法解决而导致的公众事件，已经超越国企改制、拆迁征地等"公众事件源"，快速跃升到了第一位，全国90%以上的公众事件，是由环境伤害导致。而同时，中国只有两家民间环保机构愿意为这些受伤害的公众提供"法律援助"，一是中华环保联合会的法律服务中心，二是活动开展得更早也更彻底和公益的中国政法大学环境污染受害者法律援助中心。中国政法大学的王灿发教授，以及团聚在他周围，有志于为维护法律正义的律师和学者们，每天打开办公室的大门，都发现门前排起了长队。所有的"维护尊严"的道路被堵死的人，怀抱着最后一丝试试看的心理，怀抱着无数份文件资料，在他们的门前苦苦揖候。由于需要援助的人太多，能够提供有效援助的人太少，王灿发和他的同事、志愿者们，不得不对"来信来访"者进行优化和精选，选择那些有一定代表性的案件进行干预，绝大部分，都只能"弃之如敝屣"。

虽然，近几年来，无锡、贵阳、昆明等城市开通"环保法庭"，虽然，中国的环境保护法律足以维持公众的尊严，足以维持环境的尊严，但是，中国的普通公众，在受了环境污染、环境伤害的株连而成为受害者之后，他们发现，根本没有任何的讨回环境正义和环境公道的指望。

在这样的情况下，说中国有"极端环保主义者"，就显得极为的奢侈和无情。在这样的情况下，居然慷慨谈论"极端环保不可取"，就显得极端的无知和可怜。我想，让某些教授、学者们感知到中国环境保护危急的一个最简单的办法，就是把他们住宅和办公室所处的环境真实信息公示给他们看，他们就知道，即使是在无声无息的情况下，他们也已经是环境污染的受害者。他们不反抗，是因为他们不具备最基本的环保知识；他们不"极端"，是因为他们身上早被阉割了极端的气势。而这些环保知识、对抗勇气的最可靠来源，是挣扎在生在边缘的民间环保人士们，是那些对人类和自然怀有深深敬意的科学家们，是那些对"服务公众"多少怀有诚意的政治家们。

人类已进入"人与自然时代"

在中国，时间是消除苦难的唯一方式。所有研究中国历史的人都知道，中国的历史完全是一部人的苦难史，也是一部自然界的苦难史。如果我们想要形容占据传统文化王朝核心圈的古代，我们会发现，我们是一个对陌生人充满恐惧的群体，是一个对自然界满怀敌意、惧意、神意的群体，是一个对美好事物缺乏实践能力、兑现能力的群体，是一个只知道掠夺和侵占他人的血的群体，是一个缺乏公共服务精神的群体。

在中国，苦难依靠时间来消除，而不是靠人自身的努力、勇气和智慧去化解。天大的苦难只要交给时间去消磨，时间都可以很从容地完成人类交付的任务。因此，于人与人之间的社会，中国文化并没有交纳多少贡献，于人与自然间的社会，中国人也同样没有交纳多少贡献，最多有那么几篇知识分子们出于想像而发出的豪言壮语、高谈阔论，于文字之中你时时可感，可于现实之中，你总是难以发现。

在中国，所有的苦难都很迅速地推给了时间拖延器。中国现在对待身边出现的环境问题和社会问题，几乎全是本能地采用这种"时间化解术"，任何自酿的苦酒都不敢饮用，任何人为灾难都推卸为天灾，任何由同时代人制造的苦难都不敢挺身而出去迎刃而战；任何稍微想对这个沉闷无为的社会作稍许努力的纯正人士，都将被视为极端分子，尽诬蔑之能事，极谩骂之才华。其结果，就是那些表面上的"时代先锋"，实际上是社会的绊脚石；其结果，就是那些拥有知识的人经常成为愚昧无知的典型代表，其结果，就是表面上的"社会精华"，其实是公众唾弃的糟粕；其结果，就是社会最需要的人被视为极端，而真正陷入极端发展漩涡而不自觉的人被当成"社会生产力的代表"，成为公众竞相追逐和模仿的对象。

可惜的是，尽管我们百般不情愿，全世界都已经与中国一起，进入了人与自然时代。在这半心半意的时代到来之前，人类一直处在人与人的时代。在过去的时代，我们只关心人与人之间的问题，我们的慈善和道德讨论的只是人对人的关爱；在过去的时代，我们只关心人与人之间的争斗，因此中国历史通篇只写着的是人的历史，不管是人吃人还是人杀人；在过去的时代，我们只讨论人如何在人群之间成为拔尖者，因此，我们所形成的智慧尽是人伤人、人斗人、人害人的智慧。

所谓的人与自然时代，就是由于人开始学习与自然共存亡的时代，就是人类学习与环境污染共舞蹈的时代。人类并非主动而是被迫进入了这样的时代。如果地球上的资源仍旧足够自如地养活所有的人口，如果地球上的污染和伤害仍旧能够为环境所消纳、为受害者所容忍，那么，人类仍旧会沉迷在人与人时代不可自拔。

人类之所以需要进入"人与自然时代"，并非仅仅是为了子子孙孙无穷尽地享用宇宙的资源，更重要的理由是人类自身需要摆脱精神空虚的困境。人与人之间的问题，不管你施放出多少的花样，终究是有穷尽的；人类出于群体自私的考虑，也需要给人类文明的下一个方向确定一个相对容易眺望的觇标。而保护自然环境，既是人类自身群体安全的本能要求，又有超越人类自私的"人性光辉"，因此，必然成为这一百年内的世界核心价值观。

是的，世界上有许多佛义精深的人，会说人类不过是地球上的一粒尘埃；而地球是宇宙的一粒尘埃，宇宙是佛界的一粒尘埃。因此，人类所有的试图矫正、纠偏自身过错的行为，与人类所有试图炫耀、表达自身才华的行为一样，都是可有可无，可必可不必的。是的，世界上那些研究天文历史、宇宙纵横的人，会说人类在宇宙间的作用力很小，不可能影响气候变化，不可能对生物多样性构成威胁，不可能导致江河毁灭，不可能让草原退化、湿地干涸、森林纯化、海平面上升。这些科学家会津津乐道地告诉你，所有的这一切都是人类的幻影，都是人类过当承接环境责任的幻象，影响这个世界的真正动力，是浩瀚的宇宙，是无边的时间。

如此这般的不可知论和不可能论，给人类推脱自身环境责任提供了极瓷实的语言花瓶；如此这般的自然强大论，是在试图帮助人类彻底摆脱"环境内疚感"。

但我们即使不从自然环境考虑，我们仍旧一仍其旧地只考虑"人类自己"，我们也能发现此前我们一直在试图掩盖的罪恶，发现早应承担的责任。你可以说你污染了滇池毫无过错，但你让住在周边的人闻着臭气总是确有其事吧？你可以说你创造的GDP帮助了陕西凤翔县的政府官员过上了好日子，但你让成百上千的周边村民血铅超标总是证据确凿吧？你可以说长江里的白鳍豚灭绝了不会影响你的生活，但当你桌上那碗新煮的鱼汤喝了之后让你铬中毒总是可能的吧？这样的责任难道还不足以追究，这样的过错难道还不需要指明？这样的不顾他人死活的工厂难道不要关闭？

说起来我参与环境保护事业的时间不长，个人在其中做出的业绩几乎没有，但我多少看到了中国环境保护者的艰难，看到他们欲哭无泪、欲呼无声、欲改无力的愁容万相。我接触的环保人士不算多，完全抵不上我接触的"非环保人士"。但我发现，中国目前没有一个极端环保主义者，世界上也几乎找不到极端环保主义者，因为，他们全被极端发展主义者所胁持、所压制、所恐吓、所羁押，所冰镇。当世界连极端环保主义者都没有的时候，又哪里来的极端环保？当世界那些试图为公众代言，为自然代言的人根本找不到着力的机会的时候，极端环保主义成长所需要的土壤又在哪里风化和积累？

我从事环境保护的时间不长，但我发现一个特别有趣的现象，就是中国的学术阵营里充满了假问题和假答案。而真问题随地可见，真答案也随思而成，只是不知道为什么，充塞在中国大地上，由中国公众像供养政府官员一般供养着的知识分子们，极少有直面现实的能力和勇气。于是乎，中国的环境保护只能永远地艰难下去，中国的极端环保人士只能永远地难以长成，中国的极端环保只能永远是梦想。

极端环保并不可怕，可怕的是极端的发展。任何一个社会都需要"博弈"，而博弈最简单的道理就是棋手本身的棋力得相当。当极端环保的人数等于零，而极端发展的人数等于所有人的时候，即使突然变异出来那么几个极端环保人士，做出几桩公众一时无法适应的极端环保行为来，也都是社会宽容、丰富、多样的前兆，是环境保护成为可能性的预告，是环境保护有望并入常轨的汽笛，是历史有可能不再局限于"人际关系"的突围。因此，与葛教授的忧虑恰恰相反，我热烈欢迎极端环保行为，我满心期望与极端环保主义者歃血结盟。（2009年8月24日）

环保组织的民间味道

在这个世界上活了几十年，不小心加入、卷入、掺入、切入的圈子不少，农民圈、部队圈、大学生圈、文学圈、媒体圈、IT圈，似乎都有过些血肉关联。1997年之后，或者谦虚一点说，2003年之后，与中国的民间环保圈来往得最为热络。估计这个圈子里的人本身就经过了一次又一次社会提纯的缘故，我发现几乎每个人身上都有那么几丝特殊的味道，在你与其携手同行的过程中，这些味道时不时钻入你的眼底，融入你的心肺，让你的灵魂随之共振，让你的节奏随之起伏。因为迷恋这样的味道，以至于有时候狂妄起来，对流淌于身边的友人们说，我觉得民间环保组织是全中国最纯洁的一群人，他们身上最强烈的味道，是善良；他们让人最信赖的味道，是纯正。他们就像世界上所有向上生长的物体一样，无论晴天雨天，都有让你欢喜的芳香。

当然，所有的味道都可以在社会上找到，只是，这群人的味道，更浓烈些，更持久些，更自发些。

初相识第一味：笨重

在这个世界上，民间环保人士在做两件事，一是去做毫不相干之事，许多人认为环保与人类不相干，许多人认为环保与民间人士不相干；二是在做笨重之事，环保人士想做的事，往往都是几乎不可能完成的任务，因此，环保人士身上最先传出的味道，是笨重的味道。

环境保护的方法，其实就是影响陌生人，把素不相识、毫不相关、尚未相知的人，卷入到对人类之外的自然环境的关注阵列中。因此，与陌生人打交道的过程，自然就是其味道向外派发的过程。几乎所有在民间环保组织工作的人，初次遇见陌生人时，总会被陌生人上下打量，然后在心里吸入一个初相识的印象味道：笨重。

汪永晨就被人视为笨重者。1954年，汪永晨出生的时候，可能没有想过她的后半辈子会被中国的环保现状如此笨重地压迫着。汪永晨从北京大学图书馆系毕业之后，如果按照她的职业分工，她应当是中央人民广播电台的图书馆、资料室工作人员，然而她却当起了用声音传播新闻现实的主持人、广播记者。1988年前后，汪永晨参与创办当年央台极为盛行的"午间半小时"的时候，她可能也没想到这个节目会把她卷入笨重的民间环保事业中。

有一天，正是香山红叶惹人喜爱的时候，一个听众打电话来"举报"，说几乎每个到香山的人都要折枝红叶带回家，长此以往，叶将不红，树将不美，山将不香，中国的生态将从香山开始恶化。于是她跑到香山去核查，发现举报者说的句句是真相。于是她越想越后怕，从此其身心被一个词紧紧包裹：民间环保。

1994年，梁从诫、王力雄、杨东平、梁晓燕等人发起中国文化书院绿色文化也就是"自然之友"的时候，汪永晨已经是国内国际上小有名气的"环保人士"，因此，她也被力邀到自然之友担任理事；她完全可以像绝大多数理事一样，在自然之友的羽翼下起伏飘荡；甚至可以像一些理事那样，想理儿的时候就理儿一理儿，想找事儿的时候就事儿一事儿。

仅仅两年过去，1996年，汪永晨就成为环保志愿者的"召集人"，这个召集与"着急"同音，因此经常被人戏谑为"环保着急人"。召集志愿者是个艰难的工作，艰难不在于把人召集到身边，而在于要对社会上、自然界中出现的环境灾难有及时的感应。把别人的痛苦当成自己的痛苦，看到自然在受难就视为身体在受难；看到别人无力就想为之出力，看到自然无告就想为之求告。

于是，汪永晨就成了一个经常笨重地放声大哭的人。听说金沙江上的虎跳峡要修大坝，她放声大哭；确定四川一片天然森林因阻止乏术而被砍光烧尽，她放声大哭；看到怒江边上的孩子穷得上不起学穿不起鞋吃不上饭，她放声大哭；听到长江里最珍贵的哺乳动物白鳍豚灭绝在21世纪的初期，她放声大哭；听说金沙江之子萧亮中英年早逝，她放声大哭。

汪永晨同时笨重地相信她是全世界朋友最多的人。她几乎是边哭边开始"召集"朋友来为自然同悲。因此，朋友们往往都是在她的"哭声广播电台"中听到一个又一个残酷的环境灾难在中国上演；朋友们在她的哭声中感觉到了自己的使命，朋友们在她的哭声中义无返顾地聚到了她与金嘉满共同发起的"绿家园志愿者"身边；朋友们在她的哭声中一次又一次奔赴现场调查，化为一篇篇文字，一幅幅镜头，一寸寸声音。

所有认识汪永晨的人都有从她手上买书的经历。全中国似乎只有两个环保人士的卖书行动传为美谈，一是杨欣在深圳卖《长江魂》这样的画册为他所创办的绿色江河筹款，为青海可可西里的索南达杰保护站发动志愿者；如果说杨欣的卖书行动在早期支撑了绿色江河的基业的话，那么汪永晨持续至今的卖书行动，某种程度上已经成了她个人最富特点的一个标志。

汪永晨的书从哪里来？几乎全是她主编或者主写的书籍，当然看到朋友们的书销售得困难，她也会很肝胆地挺身而出，将其买到自己的麾下，然后一一卖出。汪永晨在哪里卖书？用"全世界所有可能的地方"来形容一点都不过分。2000年，汪永晨与张可佳发起了"绿色记者沙龙"，这个每月一次的活动，成了卖环保书的第一阵地。然而，这个地方远远不够，在绿家园办公室，在所有邀请她去讲座的地方，在绿家园生态游的车上，在与朋友们一起吃饭的隙间，所有的场合都是卖书的场合，所有的时刻都可以成为卖书的时刻。汪永晨心甘情愿地把自己与环保书籍用无数根细丝缠绕在了一起。

她卖书的目的是什么？当然第一个是传播环保理念。她认为一个人口头上宣称愿意关注环保的时刻，就是引导其读环保书籍的时刻。而购买这样的行为，属于主动消费，书非买不能读也。送一本书给人，她认为太过轻巧，买来的书，尚且不读，送予的书，绝大多数都会被扔进历史的垃圾桶。因此，书就像一个功德，要刺激陌生人积极去翻阅之。

当然第二重目的是为了公益，卖书给怒江的小学建设阅览室、放映室，卖书给祖国的未来开阔眼界。如果说第一点还不足以让人心动的话，那么这个理想显然符合了所有人的愿望。在中国，一个人可以不关注环境，但一个人绝对会关注教育、孩子、弱势群体这样的人类自身同胞命运的绩业。环境保护当然也是对人的保护和协助，因此，汪永晨这个高级知识分子，这个中国最著名的民间环保人士，宁肯放弃其他所有的轻盈性的可能，每天拖着沉重的书箱，出入于各种传播环保的场合，一本又一本地销售着在中国颇为罕见的宣传正确环保理念的书籍。与卖书行为类似，她的演讲、写作、调查、感应、管理，似乎都是笨重的，但她笨重得让所有人心服口服，敬佩备至。

再遇之时的味道：多情

要关注与自己毫不相干之事，就得多情。薄情寡义的人，不可能关注环保，也不可能关注他人。

2009年8月22日，一辆坐得满满当当的大巴缓缓从成都驶向彭州通济镇大坪村"乐和家园"。"乐和家园"的极力推进者廖晓义，站在大巴车的"导游"位置，突然谈起了"农村留守儿童"。她深深地感觉到农村留守儿童是"社会制造的孤儿"，是中国社会发展让农村付出的惨重代价，是中国的耻辱和罪恶。她颇为激烈地说："连我这样的工作狂，成天只想着环境保护的人，都很少离开我的女儿。仅仅在我女儿四岁的时候离开过她一年的时间。当时是为了拍'环保时刻'纪录片，我没有看到我的女儿，为此我都快疯了。我每天都想快快结束工作，赶紧回去和我的女儿守在一起。那一年之后，我就把女儿带在身边。直到她现在上大学了。可我们的农村，有多少父母，在子女一出生时，就离开了他们，到城市里打工、漂泊？有多少孩子，是在一年最多只见到父母三五天的情况下长大成人的？那些远离子女的父母，来到城市，过着低贱的生活，当城市人的'侍服系统'，目标，仅仅就是为了得到一点点人性的尊严。这样的社会现象，在全世界也是极为罕见的。这样的社会现象，不是极端发展造成的社会伤痛又是什么？这样的社会现象，不是全得由我们来共同承担又由谁来承担？这样的社会现象，在座的各位媒体记者，如果不去关注，谁去关注？这样的社会现象，中国任何一个良心的人，不去关注，谁还会去关注？"

车上的十几家媒体，开始时多少显得有些惊愕。不过惊愕很快就平息了，大家都很了解廖晓义，知道她总是非常敏感地发现社会中存在的问题。她的直觉、敏感、纯洁和善良，让她总是能够"超前十年"感觉到中国环境保护中存在的种种亟待改良之处；她总是忘我地身体力行，边尝试，边呼吁，想要让自己的发现，成为全民的"共同意识"。有些猛一碰见她的人，会恍惚想用"极端"这个词去形容她；但当你真的了解她之后，才发现，她只是积极地把人的职责、知识分子的职责挤压到世上而已，才发现，廖晓义这样的民间环保人士，是中国最为多情的人。

1996年，廖晓义放弃美国，到北京成立北京地球村环境教育中心，并想要推进生活垃圾分类的时候，她的多情显得极为孤单。2008年，廖晓义来到四川，想以民间环保组织的眼光和价值观，为地震灾区恢复元气和理想做一些尝试的时候，她的多情也仍旧显得孤单。2009年8月份，当她在大坪村的"乐和家园"做得风声水起，小有成效，完全可以结题走人的时候，她代表北京地球村与大坪村签订了15年的合约，这时候，她的多情仍旧是孤单。我坐在她的身边，看到的发丛里夹杂着的疲倦，觉得她真真的应了宋人苏轼那一句："多情应笑我，早生华发"。

1986年，著名诗人徐刚开始写环境文学并出版《伐木者，醒来》的时候，一些敏感而多情的人，发现一个奇怪的现象，就是中国最早的那一批民间环保人士，往往都是文人。当年，梁从诫这样的颇有祖风的人是多情的，当年，梁晓燕这样的年轻新锐也是多情的，因此中国有了以文人为基础的第一个民间环保组织自然之友。当年，唐锡阳这样的持重老者是多情的，因此有了他与夫人马霞等共同发起的全国大学生绿色营。汪永晨这样的广播电台记者是多情的，因此，她一头扎入了中国的环保深渊。奚志农这样的云南林业厅工作人员是多情的，因此他看到各级森工集团砍树以毁灭滇金丝猴栖息地的行为会怒不可遏、奋不顾身。郝冰这样的北京师范大学老师是多情的，因此她会不顾病痛带着羚羊车、野马车全国到处宣传物种保护。吕植这样的北京大学保护生物学教授是多情的，因此她想着从单纯的大熊猫研究跳升至整体的栖息地保护和社区协作。

2004年，当一群中国著名的企业家聚集在内蒙古阿拉善月亮湖"忏悔墙"前，共同成立"中国本土最有钱的民间环保组织"阿拉善SEE生态协会，宣誓要保护中国生态环境，发誓要用自身所凝聚的智慧和财富，参与中国环境保护。这时候，人们发现，中国的企业家们是多情的。首创集团的董事长刘晓光是多情的，他曾经跪在阿拉善沙地上忏悔、发誓，泪流满面。九汉天成的董事长宋军是多情的，为了环境保护他一次又一次出让了时间、金钱和精力，并准备让自己旗下的所有企业都办成"社会企业"。远大空调的老总张跃是多情的，除了环保他几乎任何话题都不再谈，甚至写起了环保科幻小说，幻想"2015年的世界"已经是一个人与自然高度和谐的世界。

环境保护的过程绝对不仅仅是保护环境的过程，而且是释放人类自身美好情感的过程，而这个过程的表现方式，就是"多情"。就是对非人类之物、对无生命之体、对远在天边的河山、对深藏不露的物种，满怀浓浓的情意。如果人类丧失了这些情意，人类就永远是一个深陷于自私泥潭不可自拔的群体，是一个毫无拯救希望的群体。

共处之后细品出的味道：忠贞

做任何一项事业，要想有所成就，唯一的办法是对自己的信念和事业忠贞不二。

1999年，甘肃兰州人马天南在福建厦门市成立了当地第一家似乎也是福建第一家民间环保组织"厦门绿拾字环保服务社"。她一直幻想能够让当地的政府、企业和公众对这个机构形成良性的支持。道理很简单，当地环境需要当地公众共同保护，民间环保组织作为公众的一种必然选择，理应成为政府采购环保服务、企业采购环保顾问、公众委托解决环保疑难问题的"供应商"，因此，也就理应得到相应的"服务费"和支撑费。环保组织是全世界投入产出比最高的机构，因此，以厦门之大，以福建之富有，容纳、滋养十家二十家环保组织应当完全没有问题。

可惜，十年过去了，一晃就是2009年，每次我遇上她，她的机构的状态似乎都没有进入预期的目标。企业承诺的支持往往悔约，政府信口答应的合作往往半途而废，公众在需要时满怀激情、与己无关时绝尘而去。然而，我在她的脸上，看到的是越来越坚毅的神情，越来越乐观的信念。她总是在说："比去年已经好多了，比以前已经好多了。何况，我生来就是做这个的，让我重新回到企业管理咨询业去，我还不想回去呢。"

2009年9月3日，中央电视台著名主持人张越，在央视边的一家宾馆的会议室里，主持了"中国动物保护记者沙龙"第三期活动。中国动物保护记者沙龙2009年7月份才正式开始，预计每个月会针对一个中国现实中发生频率较高的动物伤害事件展开讨论和交流。尽管张越对这个沙龙的背景和靠山、是否注册等事宜颇怀担忧，但她还是毫不犹豫地担当起了主持人的角色。

第三期的活动主要讲的是中国伴侣动物猫、狗被大量偷捕、偷运，贩卖到广东"水煮活猫"、"生剥狗皮"的严重事件。江苏、上海等地的伴侣动物保护者，从2008年5月份起，已经连续20多次与猫贩子作了顽强的对峙，解救了数以万计即将葬身人类口腹的家猫、流浪猫。

这群人经常声称自己是"动保主义者"，以示其与"环保主义者"略有区别。但在我看来，他们身上挥发着所有民间环保人士的共同味道：忠贞。只要是信念所至之处，绝对不肯放弃原则。

几乎每个城市都有这样的一个群体，他们对中国大地上频繁发生的打狗事件也保持着高度的警惕，几乎任何一个发生了灭绝人性地要消灭所有狗族的地方，像陕西汉中、黑龙江黑河、四川宜宾，他们都会组织人马过去营救，调查取证，呼吁当地政府停止这种毫无人性的表面上为保护公共利益，实际上是在做伤天害理之事的"政府公益行为"。

2009年9月3日这一天，在动物保护记者沙龙活动举办前的一个半小时，这群人中的骨干力量，像著名环保人士莽萍、山东大学副教授郭鹏、财富杂志编辑张丹一起与"三国虐马剧组"关键人物进行了座谈。2009年7月份，"三国剧组"导演高希希，在新闻发布会上吹嘘这部戏拍得如何之好、投资如何巨大、场面如何壮观，以至于"死了六匹马，疯了八匹马"。媒体将其抖搂出来之后，中国动物保护记者沙龙马上开始组织记者去深入调查，并对演艺界频繁发生的这类无知无畏的伤害动物事件表达了强烈的谴责。在媒体的频繁轰击下，"三国"剧组坐不住了，于是打电话与张越联络，希望见到"中国动物保护沙龙协会"的"领导"，一起谈一谈双方之间的"误会"。

整个会议下来，《财富》编辑张丹，一直没有怎么说话。她发现，以制片人杨晓明、公关经理王乐慷为基本班子的"三国剧组"，抵死不承认自己在拍摄过程中有虐马、虐待动物的事情发生，相反，还编了一个短片，向在场观众宣扬导演与演员们是如何的爱马、保护马。最后，当杨晓明建议，由中国动物保护记者沙龙起草，三十多家动物保护组织共同签字的"文明的呼唤"一文，由于存在着过多"偏激"的话语，因此应当修改。他认为，这篇呼吁书列举了"三国剧组虐马事件"作为"最新案例"来推论保护动物、尊重生命的重要性，存在着极大的"不可行性"。他建议要对这篇呼吁书进行修改，否则，他担心三国剧组以及演艺界的其他人士和明星，不太可能在上面共同签字。

张丹等人试图与他们辩论。后来她们突然明白了，环境保护不是一个杀死敌人的过程，而是与对手一起上路的过程，因此，在座的所有人都同意，三国剧组可将"文明的呼唤"文稿带走，按照他们认为合适的行文进行修改，然后大家再共同讨论一个多方认可的方案，实现"减少在拍摄影视过程中对动物的使用，拍摄过程中努力保护自然环境"。

山东大学副教授郭鹏一直坚持不懈地呼吁中国应当加紧出台"动物福利法"，至少是"中国伴侣动物保护法"。她发现与三国剧组形成共识并让演艺界认同保护动物、尊重生命的最好办法，就是由演艺界的人士自主出来进行"文明的呼唤"，而环保组织或者说动保组织在其中起监督作用。"以前，我看到伤害动物的事件，总是深深的忧虑，甚至为此患了长时间的忧郁症。现在，我发现，摆脱忧郁症的唯一办法，就是出来与伤害动物的行为作斗争。我们都愿意为保护动物而付出所有的代价。今后，再出现巩俐穿着裘皮谈环保，倪萍为蛇类化妆品做广告，赵本山在春节晚会上慷慨吃鱼翅，周立波每天早上三颗虫草、晚上一碗燕窝的事件，都应当及时作出谴责。这样才可能在社会中形成保护自然、尊重生命的良好气氛。"

每人都在努力追求的味道：平等

环保组织最倡导的是"众生平等"，在自然面前人人平等，在社会面前人人平等，在机构内部人人平等，社会各阶层人士都平等。只有平等才能开放，只有平等才可能民主，只有平等才可能公益。

2009年1月1日，李波到自然之友担任总干事。对他来说，把"文人催化为商人"是自然之友未来发展的重大使命。因为，对于一家环保组织来说，有正确的知识的宏伟的理想，远远不够，需要的是执行力与战斗力。因此，他在想，自然之友作为一个基于城市的环保组织，"关照城市环境风险"应当是其今后的重要使命。

李波的思路某种程度上是环保组织回归本位的现实反应。中国有无数的环境灾难，环保组织理应成为解决这些环境灾难的先锋。然而，有很长一段时间，有太多的环保组织陷了入漫无目的的"环境宣教"中，而教育的过程实际上是"责任推卸"的过程，是"困难转移"的过程，无论是教育志愿者还是启蒙普通公众，环保组织如果把自己悬挂于社会困难之上，成为指挥员而不是攻击战士，那么，环保组织很容易就会被公众抛弃。

有时候，环保组织确实是奇怪的。他们倡导环境正义、呼唤公民社会，但机构自身却时常陷入专制之中；他们希望改良中国的环境危困，但在具体执行项目、运营工作团队的过程中，却经常屈服于利益集团的引诱、暗示，以至于其机构运营的时间越长，机构越丧失执行力，表面上虽然不承认，实际上已经发生了"目标偏移"。

好在环保组织是一个使命感颇强的群体，他们时常会从内部产生自我纠编的冲动和行动。中国的所有环保组织都与自然之友一样，都要"从文人回归到商人"，到现实中解决实际问题，到社会中"销售"产品和服务。而这，是环保人士自觉追求平等的基础。

对于一直想当作家的河北沧州人鄢福生来说，连续两个环保项目的运作让他产生了"圆桌对话"的冲动，他从此想做一个"环保圆桌公民"。几年前，他参加了国家环保总局宣教中心举办的"环境圆桌对话"培训班。圆桌对话的基本思路是让一个环境事件的所有利益相关方都坐到一个无中心无层级的圆桌面前，一起讨论解决"当前困难"的办法和出路。现在，鄢福生不知道他的同班同学如今还有几个在坚持圆桌对话的理想，反正他从2008年底开始，就在河北唐山市古冶区王辇乡甘雨沟村，开始了艰难的社区尝试。

甘雨沟以前很少下雨，真正的名字应当是"干雨沟"。后来为了讨个吉利，也为了字面上的好看，当地的民政部门在村名登记时，协助改成了"甘雨沟"。这个村庄本身完全可以过上甘甜如雨的日子，可惜，1978年，他们旁边的李家峪村，被大唐集团的陡河电厂征去当了"灰库"。火力电厂的粉煤灰，从烟囱口拦截下来之后，由于没法利用，只能把其与水混在一起，通过管道运输到几十公里之外的某个地方，在那个地方修一座坝，像水库存水一样，用灰库来存粉煤灰。

1995年，灰库渐满，问题开始出现。粉煤灰很细，如果没有水覆盖，表面就迅速干燥，秋天冬天春天，大风小风一刮，扬得满天都是，落满庄稼果树，沾满农家。灰库的水，穿过甘雨沟村后的那座小山，直接渗入水井，导致村民常年喝着"粉煤灰水"。村子的房子也经不起地下水涨落所带来的地质变化，纷纷出现裂缝，想要倒塌。村民自然很生气，于是就到陡河电厂去闹，到政府部门去上访，唐山、石家庄、北京都结队去过了，中纪委、河北环保厅、河北检察院也都留下过他们的身影。鄂福生就想在这个因为环境恶化而多方结怨之处，尝试圆桌对话。2009年7月18日，他在唐山，艰难地做成了第一次。他认为，中国有中国的特点，在环境灾难中，其实每一方都有一种"平等权"，因此，大家一起面对困难，应当是协力解决环保问题的理想途径。接着，他准备做第二次，这一次，他想由村民组成的环保协会，作为举办圆桌对话的主体。他相信，环境保护的过程，是推进公民权利回归，实现各方权益平等的过程。他相信在环境面前人人平等。

2004年，阿拉善SEE生态协会成立的时候，由于有太多的会员是中国著名的企业家，财富雄厚，智慧超群，见识宽广，因此，难免对中国的民间环保组织心生鄙意，以为自身发念涌入环境保护界，要么是为了资助环保组织，要么是出面教育环保组织，一直没有发现自身也是民间环保组织的一员。

直到五年之后，这家协会在内蒙古阿拉善盟做了五年的"荒漠化治理"；直到五年之后，这家机构成立了NGO合作部，阿拉善的企业家理事们才发现，衡量这个世界的基本方法，是社会价值，在中国新生不久的民间环保组织的价值，未必弱于在全世界已经生成成百上千年的企业的价值。一个社会有许多营地，一个电视台有多个频道，每个频道各有其运作方法，每个营地各有其生活规则。就像衡量一个人的幸福，无法用金钱作标准一样。一个成功的企业家未必能做成一个成功的环保人士；企业经营的"利润导向"或者说"产出导向"，也未必适用于环保组织的"经营目标"和经营手段。因此，万科集团董事局主席、阿拉善SEE生态协会第二任会长王石开始这样说："我们在中国民间环保组织身上，学习到了非常多的经验。这不仅仅对阿拉善SEE生态协会有益，对各个会员企业家考虑如何可持续经营其企业也有很好的益处。"每一个行业都有其社会价值，一个良好的社会，在于各种价值得到自由体现，在于各种价值互相尊重，在于各种价值互相认同和学习。

一个更生动的例子发生在"淮河卫士"霍岱珊身上。2007年前，霍岱珊喜欢谈论的是对政府和企业的监督和批判，2008年之后，他开始喜欢谈论"莲花模式"。莲花味精厂作为河南周口地区的利税大户，作为淮河的重大污染源，一直是淮河卫士的重点"督察"对象。随着全国环境保护形势的变化，双方由敌对关系慢慢地转化为了"合作共赢"关系，莲花味精厂开始转变经营模式，开始主动治污，并"污里寻宝"；淮河卫士开始体味到了企业的苦衷和政府的艰难，明白发挥环保组织的能力为当地区域可持续发展贡献智慧才是当地型环保组织的生存之道。

相对于"中年环保革命家"霍岱珊，"公众环境研究中心"主任马军，被视为中国环保新锐力量的代表。他们聪明地从全国各地环保部门的"公示栏"里收集到了污染企业的信息，并将其制作到一张电子地图上，因此有了"中国水污染地图"和"中国空气污染地图"。后来，他们又发现，仅仅悬挂在网上让公众瞧见，仅仅对企业、行业甚至区域政府进行"污染排名"，似乎都是不够的，需要聪明地"利用供应链的力量"，把污染企业的数据库，平等、和谐地提供给所有的厂商，让他们自己去数据库里检查企业的原料供应商，是不是存在着环境违法问题，如果存在，可以以消费者的名义，对供应商发出环保达标申请。马军相信，这种平滑无声的"绿色选择"以慢慢替换掉污染企业的方式，是未来中国最平等、最聪明的环保改良方式，在这样的方式中，每一个行业都平等地尽到了其职责，履行了其义务。发展权回归的过程，就是保护权生成的过程。世界上所有的人，不仅"在自然面前人人平等"，在环保面前也人人平等。环境保护的过程，就是实现人与人之间平等的过程。（2009年9月9日）

让民间组织来当"环保审计员"

正当环境保护部在沈阳举办"全国首次饮用水保护工作会"的时候，审计署亮出了他们最新的核查成果：环境保护系统天天念叨要保护好的"三河三湖"，居然有数亿元的资金被环保系统胡乱花费；同时，有几十亿元的"企业应交纳排污费"，没有由环保部门"收归国有"。中国大地上，正出现一批公然花销公众环保财富的"环保蛀虫"。

水的污染和空气的污染是最容易被公众察觉其风险的，水的受伤与空气的肮脏直接伤害着每个人的生命，因此，政府有责任为了保护公民的健康而保护中国的江湖和"气场"。政府之所以成为政府，就在于公众相信他们能够替公众完成其不易完成的公益使命。

中国的公众早都相信我们的政府是有能力成为公共服务集团的，我们的社会相信政府能够出面帮助解决公众所最盼望解决的环境污染问题。于是，就在社会的殷殷期望中，国家投资了大量的"公民财富"去治理中国的江河湖海。

但社会在变化，也许在中国大力发展生态文明的今天，我们该试试让民间环保组织来当社会的"环保审计员"。也许这样，公共财富的有效率，会提升一两个百分点。

1994年以来，中国最早的民间环保组织"自然之友"、"北京地球村环境教育中心"如久旱后的蘑菇一般，零星出现在生态退化的社会土壤中的时候，民间环保组织难以突破的最大困境，就是无法从中国的土地上汲取到环境保护所需要的各种能量。这能量包括金钱，也包括智慧和精力，更包括美好的愿望。2009年，当中国大地上如时雨后的蘑菇一般，出现了数以百计的民间环保组织的时候，他们仍旧感觉到很难从中国的土地上汲取到所需要的各种能量。这能量无外乎还是资金、人才、智慧、美好愿望。

主要的原因，是中国公众把资金、人才和智慧过多地委托给了"政府相关环保部门"。因为他们相信，政府作为这个地球上最大的公益组织，有能力帮助公众实现各种美好的愿望，有能力保护公众的环境权和健康权。

但有时候，我们会惊讶地发现一个奇怪的现象：贫穷而弱势的民间环保组织固然做不好环保，集所有能量于一身的政府环保组织似乎也做不好环保。

于是我们该想一想，也许是我们的委托机制出了问题，我们该在高度信任政府部门的同时，也高度信任本国的民间环保组织；我们应当在高度支持政府环境保护事业的同时，也顺手支持一下中国的民间环保事业。我们在由审计署来审核中国环境保护效率的同时，也让民间环保组织来审核、把关一下中国的环境保护效率。

按道理，从保护环境这个人类最基本的愿望来说，财富和能量交到"政府组织"还是"非政府组织"的手中，是没有多大区别的。唯一的区别只是你是否把财富花到了该花的地方，唯一的区别是你以什么样的效率把改善环境的能量花到该花的地方。无论是政府组织还是非政府组织，天生就是帮助社会花费"剩余价值"的。人类社会之所以伟大，就在于总是有人能够制造剩余价值，并愿意把剩余价值用于增持人类公共利益。因此，我们永远不要担心社会财富会消失，或者没有人去创造，我们需要担心的是这些财富是否花对了地方，是否产生了正确的利益。

倒不是说民间环保组织的投入产出比就一定比政府组织要大，也不是说非政府组织就一定比政府组织的公信力来得先天纯正，但我们可以想像，这5亿多元的巨额财富，假如有那么一部分能够用到支持民间环保组织的生长，让这些草根组织、有良好愿望的人群，成为污染治理的有生力量；或者让他们以社会第三方的身份，成为监督治污者的力量，那么，我们就可以相信，也许有些钱，不会被花得那么扭曲、错乱和冤枉。

一个健康的社会是多元生长的社会，就像一个健康的生态系统是生物多样性丰富的系统一样，社会多样性、文化多样性、生命多样性是衡量一个社会是否健康积极的重要标尺，也是一个社会有没有能力消解内部毒害、纠偏除错的重要标尺。环境污染既然是全社会的责任，治理污染完全也可以成为全社会的责任；"政府环保组织"能够有所担当，民间环保组织也能够有所担当。

如果从现在开始，把手头、身边的一些多余财富，资助给中国的民间环保组织，那么，无论对于环境信息公开，还是对于公众环境知情权，无论对于河流污染治理的效率，还是对于空气污染治理的效率，也许都会产生一个新的气象。

（2009年10月28日）

中国环保"自助时代"来临

一个国家无论大小，都要保护自己的环境；一个国家的政府无论强弱，都要积极鼓励民间社会参与环境保护。2009年，一些越来越显著的迹象表明，中国环保的"自助时代"正在到来，中国人的能量正大量往环境保护方面倾注，过去阻碍中国民间环境保护发展的诸多障碍，正在逐一打通。

中国有能力资助本地环保事业

2004年，阿拉善SEE生态协会成立的时候，王石、冯仑、刘晓光、张树新等100多位"企业家理事"，想得更多的还是在内蒙古的阿拉善盟，治理荒漠化。2009年4月22日，五年之后，细心的人们发现，SEE的使命悄然发生了转变，变为"缘于阿拉善，不限于阿拉善"；不仅要治现实之沙，更要治心灵之沙；不仅要亲身实践"治沙"，而且要奖励、资助、支援那些在全国各地默默"治沙"的环保英雄。

2008年12月，第三届SEE·TNC生态奖开始进入申报流程。从那一天到2009年4月22日，美国最重要的环保组织之一大自然保护协会（TNC）中国区首席代表张爽，就一直在关注着中国民间环保的表现。申报上来的100多份项目，把他震动了："大自然保护协会算是在世界上做得比较出色的一个自然保护组织，因此，当2007年我们开始参与生态奖的时候，我们多少有一点点要'教育'中国民间环保组织怎么做自然保护的心态。但现在，我们已经收起了这份心，因为我们发现，大量环保人士所运行的保护项目，资金可能很少，人手也不是很足，但态度、过程、方法、效果，都让我非常的惊讶。因此，我们觉得，今后TNC的使命，是全方位地与中国这些出色的环保人士合作，从这些环保能人及其团队身上，学习'中国式民间环保'的工作经验。"

阿拉善SEE生态协会也觉察到了这个现象，2008年底，这个协会调整机构，成立了"环保组织合作部"，其目标就是对中国的民间环保组织进行全方位的立体资助。2009年8月1日，北京市企业家环保基金会正式成立，基金会与阿拉善SEE

生态协会合署办公。协会秘书长杨鹏说："基金会的成立意味着我们今后资金的来源更加的宽广。此前我们的资金来自100多位中国企业家的捐赠，今后，社会上所有愿意资助环保的人，都可以把资金交给我们管理。我们一定会把这些钱用到最准确的地方。因为我们已经建设起了一个专门针对中国民间环保组织的资助平台，包括资金上的支持、能力建设上的培训、项目思路上的引导等。阿拉善SEE今后的使命就是要当中国民间环保事业的催化器。同时，我们也想由此告诉世界，中国社会的能量有能力资助中国本地的环保事业。"

只要专心做保护，一定会有人资助你

其实，1994年3月31日，中国第一个民间环保组织自然之友成立的时候，中国就开始了民间环保的自助与孵化之路。从那一天开始，中国社会就在探索一种可能性：如何把中国民间潜藏的能量，转化、提纯、引导为中国环境保护的能量？

环保组织有意愿，有想法，有核心成员，缺少的是持续的资金、高能量的人才，以及更多的社会资源的协助。很长一段时间以来，在本地资源资助本地民间环保事业方面，许多无形的障碍一直没有消除。

十五年之后，无论是自然之友，还是达尔问环境研究所，无论是在昆明的城市环保组织还是在青海的村庄环保组织，大家都发现一个显著的变化正在发生：社会资助环保事业的意愿越来越明显，方式越来越丰富，本地化趋势越来越明显。

这一现象的出现，某种程度上是环保组织自身进步的结果。十多年来，一向以勇于监督当地污染企业著称的"淮河卫士"负责人霍岱珊，获得第三届SEE·TNC生态奖项目奖的原因，却是互利互惠的"莲花模式"——"淮河卫士"与淮河流域曾经的污染大户河南周口莲花味精厂，由敌对方成为合作方，由怒目相视走向互相尊重，最终实现"合作共赢"。莲花味精厂因为有了民间环保组织的善意监督和提醒，而在治污能力上大大提升，提高了企业的竞争力；淮河卫士因为有了当地企业的尊重的认同，而从此有了宽松的发展环境，为未来在环境保护事业上的更多作为奠定了坚实的基础。

公众环境研究中心的"中国水污染地图"项目也让研究中国民间环保组织进程的专家们赞叹不已。"中国水污染地图"项目表面上做的工作非常简单，就是收集分散在全国各政府机关网站上及媒体上的被处罚的污染企业信息，通过网络技术和电子地图技术，将这些信息汇总到一张"地图"上，进行分析和标注，界面友好，使用方便。任何打开这张电子地图的网友，对哪些企业在污染中国的环境，能迅速了然于胸。这种依托政府权威信息，以公众参与的思路，把污染企业集中置身于全社会雪亮的目光下的做法，对引导企业兑现自身环保诺言，鼓励公民成为环保监督专家，促进中国环境的改善，有着显而易见的效果。而依托这份数据库所开发出来的"绿色供应链查询系统"，更是让许多致力于担当"企业环保责任"的机构在采购产品时，有了一个非常可靠的污染企业信息查询平台。只要他们愿意，完全能够在决定"供应商"时，把那些污染严重的企业以"绿色选择"的方式排除在外。

自然之友总干事李波说："民间环境保护非常重视内生性和合作能力。内生性是指作为一个公民，你有责任关注当地的环境，并起而行之；合作能力是考量你在运行项目的过程中，与社会各种资源的对话能力和匹配能力。环境保护是一个共同的事业，那么你就要有能力在过程中把社会有效能量融合到你的理想中来。用这两个指标去衡量，我们发现，中国内生的环保项目的合作共赢能力越来越强。我可以很确定地说，今后在中国，你只要想做环境保护事业，你不需要再担心资金啊、人才啊、管理方式啊这些元素。只要你想做，肯定会得到社会的资助，而且这种资助来自当地区域的会越来越多。"

越来越多的公众成为"环保专家"

北京延庆著名的护林英雄张姣，最近正准备筹办民间环保组织"大自然家园协会"，让一个人的保护力量提升为一个机构，来更便捷地与全社会对接。她准备把自己保护起来的那片森林，以"自然书院"项目的方式，建设成为北京市的公民环保教育基地；而刚刚结束的哥本哈根大会又让她看到了森林的另外一个效益：固碳。她准备与光华科技基金会"绿色和谐专项基金"合作，把自然书院建设成所有公民都可参与的"固碳书院"。"大家只要愿意学习环境保护知识，大家只要愿意参与环境保护，自然书院就能够满足你的需求。"

网络时代帮助一些关注本地环境的人成了"公民环境记者"。居住在厦门的市民连岳，在自己的博客上，持续记载了2007年PX事件的全过程；在深圳工作的李清平，偶然回湖北黄冈老家探亲，发现家乡的森林有被砍光的危险，在充分调查之后，撰写了大量的文章，发布在门户网站的论坛上，引发了全社会的共同关注，直接遏制了毁林的势头；家住北京柏林爱乐小区的业主赵蕾，深夜探访垃圾填埋场，写下了一篇"探险记"，贴在小区的"业主论坛"上，把困扰小区多年的恶臭来源告知了左邻右舍，促使政府下决心治理垃圾场的恶臭问题。

一直在研究中国民间公益组织发展的北京大学社会学系教授张静认为，随着环境保护事业日益得到社会的关注，公民环境专家和公民环境记者的出现已经成为必然潮流。环保组织本地化、公民环保专家化、环保事业资助就地化，将是今后一段时间中国环境保护事业的重要特点。而这个特点，恰恰是"中国环保自助时代"的最佳呈现方式。

中山大学公民社会研究中心主任朱健刚说："帮助环保组织成长的各种培训机会越来越多。几乎稍有实力的机构都在做培训，北京大学、中山大学也在积极参与。实践经验加上理论滋养，越来越多的环保组织负责人会成为'环保项目管理专家'。我发现，各类培训课程中，选用了不少中国本土的案例。这从另外一个侧面证明，中国环保自助的时代悄然来临。"

美通无线公司总裁王维嘉是阿拉善SEE生态协会的发起理事之一。他对中国民间环保组织的未来前景非常看好。他说："三十年前，中国的民营企业刚刚起步的时候，没有人想到会成就今天这样的规模。同样的道理，十五年前，中国民间环保事业起步的时候，没有人知道它们会发展得怎么样。我相信，不需要等待很长时间，世界上最优秀的环保组织一定会在中国出现，就像各种各样的经济奇迹在中国发生那样。"（2009年12月19日）

环保组织纷纷打起社会企业主意

不知道有没有文字算命师给"社会企业"四个大字占过卜看过相拆过字，当对公益有热望的人们，眼巴巴地盼望着社会上的各种企业有那么几家转型为"社会企业"的时候，查遍中国的国企私企民企党企乡镇企业村办企业，似乎尚未有一家去闯这道天关。

倒是环保组织们的屁股坐不住了，既然无法让大山走到跟前，那么我们就走到大山前面去；既然搬不动石头，那么我们就揪着头发，试试能否搬动自己。

著名环保人士廖晓义踌躇满志地坐在北京地球村的办公室里，与来宾们畅想地球村成为"公益投资公司"的可能性。她相信北京地球村是个有足够品牌知名度的机构，而品牌在这个社会是值钱的，既然值钱，就可以用来投资。

她的经验或者说源动力来自于2008年6月份起在四川彭州通济镇大坪山建设"乐和家园"。廖晓义把"乐和家园"叠加在大坪村时，一开始想到的只是趁受灾房屋重修之机实现一下哲学理想；时间长了，不知道是由于项目太成功还是由于项目过度"计划经济性"，导致大坪村村民表现出了一种外形上的依赖，让廖晓义百般难舍。于是就想在村庄未来的产业发展上施展一下拳脚。

"乐和家园"是廖晓义参与民间环境保护以来舍身投入资源最多的项目。所有认识她的人都知道，虽然做任何她认定的项目她都会舍命投入，但为了乐和家园，廖晓义把几十年来积累的所有资源全都激发起来参与了"乡村建设"，偶尔在夜深人静时还抚额幻想"乐和家园模式要为新城乡生态文明建设提供切实的经验"。

廖晓义此前几乎没有农村生活经验，更很少有实质意义上的"乡村社区工作经验"，但她相信自己正在建设中国历史上最好的理想乡村模型，她确实也是历史上为数不多的勇于投入乡村建设的知识分子。

正是因为有了这样的自我信任，廖晓义或者说北京地球村像照顾一个没有任何能力的人那样持续扶持大坪村。村民要发展产业，廖晓义就为此配套了绿手绢项目，村民加工手绢，北京地球村负责销售，这些手绢从四川运到北京，大量库存在地球村的北京办公室里，用出了几乎所有可能的办法将其"高价出售"。她又想帮助村民发展"绿色土鸡",花了4.6万元的成本,雇了一群年轻人加工烧鸡,最后卖回来了四五万元,"基本拉平或者稍有盈余"。

绿手绢和绿色土鸡的经验并没有被当成教训和警示,而被当成迈向成功的第一步。北京地球村发现,如果在中国红十字基金会授权做的项目结束后如期撤走,大坪村民将可能像没娘的孩子一样成为无着无落的生态孤儿,在残酷的市场竞争中丧失站稳脚跟的机会。因此,带着极大的"不忍之心",地球村与大坪村签订了一个为期15年的经济发展合作协议。这一次,北京地球村用的不是红十字基金会的钱,用的是自己的国际声望和社会资源。北京地球村与大坪村之间的协议中,北京地球村占有51%的控股的份额以成为经营主体,同时把其中3%让给村民做公益基金,村民成为实际上的利益主体,双方经营所获得的收益会如数分配,北京地球村所得的利润将用来投资"其他的公益事业",因此,北京地球村实质上是家"公益投资公司"。

想得很美很顺畅,甚至乐和家园项目已经无法满足北京地球村的野心。廖晓义渴望北京地球村部分转变"经营性质",她开始要求员工转变业务方向,按照"社会企业"的思路去考虑北京地球村的未来,经营北京地球村的现在。当然,地球村原有的业务,尽量保持延续性。今后,将可能出现两个相辅相成的地球村。

于是,一个叫"公平贸易联盟"的项目雏形出现了。"我们致力于中游服务——为诸多上游乡建项目苦于无路销售而导致的项目持续性降低进行服务,当然也包括消费者服务。联盟核心成员中我们负责上游产品的选择和要求,原乐施会公平贸易官员李艳负责中游组织,原绿网成员、乡土乡亲公司老板赵翼负责将产品搭接在他自己的渠道内销售。我们仍在不断探索和修改,现在只为地球村大坪山的鸡猪手绢、戴特芒景的古茶、彩禾家李艳的工艺品进行代卖,可能今年会开拓糯稻。我们希望能够将市场做得稍微稳定一些再推出更多的项目。"

虽然当着廖晓义的面,阿拉善SEE生态协会专家委员会主席杨鹏仍旧直率地指出,北京地球村根本算不上社会企业;做社会企业,也许是其他人的事。北京地球村的长处不在经营企业,做失败会制造危机,做成功也可能暗藏着风险。当前,中国缺乏社会企业方面的制度,北京地球村应当利用其自身在中国社会的影响力,去倡导一些政策建议,以便注册、工商、税务、监管、公众参与等方面的制度建设能够有所突破,否则,盲目投入,有可能适得其反。廖晓义的价值不在于经营企业,她的才能也可能不适合经营企业,以短搏长,肯定潜伏着危机。

著名环保人士汪永晨与廖晓义几乎同一年创办环保组织,也几乎在同一年涌出了类似的理想。2010年1月17日下午，她在达尔问环境研究所公众环保课堂主持一个乐水行的讲座。来讲的人是从河南沈丘来的著名环保人士"淮河卫士"霍岱珊。霍岱珊讲的是"莲花模式与环保组织的出路思考"。整个讲的是淮河卫士十来年间与莲花味精厂之间的爱恨情仇。霍岱珊感叹环保组织要具备与社会各界合作共赢的能力。环保组织要监督污染者，但一味的监督可能不够，更重要的是要提出能让污染者动心的改良建议。他盼望淮河卫士苦心冶炼出来的莲花模式能够扩展为沙颖河模式，能够推广为淮河模式，能够成为中国民间环保组织推进企业走"绿色诚信"之路的通用模式。

霍岱珊讲完，汪永晨生怕注意力像泼在地上的水一般分散，紧急邀约大家讨论一个核心问题：像淮河卫士这样给莲花味精公司做了如此重大贡献的环保组织，应当从莲花味精公司中得到什么样的回报？

自1996年以来，汪永晨一向是以"环保斗士"的形象被媒体广泛描述。此前她对环保过错企业一向抱坚决抵制的态度，金光集团想买她几本书，她都不卖给人家；她可以说很少与企业有过利益瓜葛。而中国的环保组织此前也很忌讳与企业来往，哪怕企业无偿捐赠的公益资金也要掂量再三，生怕里面夹带着"为企业洗绿"的清洁剂。而虽然环保组织很希望影响企业，但又不想沦落为企业的"环保服务商"，成为了挣几块工资而在企业面前低三下四的"环保公关公司"。

因此，汪永晨提出的动议让满座听众疑虑重生。大家不知道是该依照老风格坚决反对"淮河卫士"从莲花味精公司收受一定的环保服务报酬——还是该摸索新角度，努力探讨环保组织的公益行为帮助企业获得新生和良好经济效益之后，应当获得多大比例的提成或回扣。

有人说，公益组织就是帮助社会花钱的，但问题是钱的来源不能那么直白和短距离，至少应当拐上几个弯，潜上几次水，把钱身上所有的身份标记全都洗清了再纵情使用。环保组织之所以需要向公募或者私人基金会申请项目，就是要让钱的来源"无法查到源流"，面相上公益十足，从理论上根除了某笔钱控制环保组织逼迫其为"本姑娘"淫威提供义务服务的可能。因此，无论淮河卫士给莲花味精公司谋得了多少利益，它都不能向莲花味精伸出"碧绿的双手"。

但也有人说，莲花味精在淮河卫士的催化下，肯定也会想做点超出企业公益之外的环保活动，而他们又高度信任淮河卫士的能力，双方合作做一些项目总是可以的。尤其是做一些与莲花味精公司直接利益不太相关的项目，比如森林保护，比如野生动物保护。但是，淮河卫士如何在合作中保持必要的贞洁，仍旧会频繁被公众查验。

为了引导听众往主旋律方向讨论，汪永晨举了可口可乐与世界自然基金会美妙合作的例子。世界自然基金会的专家教授们，帮助可口可乐节约了大量的生产用水，尤其是在种甘蔗这样的高耗水环节，更是抠得非常精细，使得一杯可乐的"水足迹"大大减轻。可口可乐佩服备至，因此也极其大方地拿出一大笔钱，资助世界自然基金会的自然保护项目。

于是有人马上就问：古代人都说"上赶的不叫买卖"，环保组织如果贴身紧逼着向企业要回报，交易能否做成不说，机构的尊严还可能在索求过程中大掉身价。何况，中国有几家像样的环保组织，能够提供像世界自然基金会出手的"高端环保服务"？如果没有，凭什么让企业认同自身经营的武器库里，有你环保组织的几杆刀枪呢？何况，即使真的是环保组织的业绩，难道就一定需要"当事企业"给你回报吗？如果是这样，环保组织与社会上最常见的各种服务型公司有什么不同？

中国最早的民间环保组织自然之友，也在做一个类似于"社会企业雏形"的小项目，这个叫"自然体验营"的项目是要收费的；它的项目负责人甚至设计出了颇为翔实的营收计划。它们希望这样的项目能够为"自然之友"造几滴鲜血。

北京延庆的著名"民间护林英雄"张娇，正琢磨着在乡里成立一个"大自然家园协会"。她刚刚听到"社会企业"这个词，就觉得这非常符合她的理想。"我以企业的方式自由挣钱，但我把我挣来的钱全部投入环境保护事业。我过去其实就是这样做的，有人说我做得不成功，但将来如果可能，我仍旧要这样做。"

多家环保组织想办"社会企业"的原因，也许是中国的民间环保组织一直得不到中国民间社会的高度支持，以至于环保组织一直无法得到与其社会价值相匹配的"经济价值"。许多环保组织的项目申请是非常困难的，申请到的费用往往无法支撑机构的正常运转，于是只能靠压缩人手、降低工资来艰难维持，于是某种程度上让环保组织内心里暗暗涌起了自我生长的欲望。

某种程度上说，商业企业与环保组织完全奔流在两个频道，生活在两个营地，归属于不同的"物种"。这两个营地也许有个中间地带，但这个地带也许生来就是个"停火地带"而不是尚未开发的"商业地产"。因此，当人们发明出"社会企业"这个词，颇有点像希望龙凤杂交，生出一个兼具二者的优美与勇敢，兼失二者的不足与缺憾的新图腾来，似乎有人类野心膨胀的嫌疑。

然而企业的运行思维和方式恰恰又不是环保组织的特长，有人说，如果廖晓义想让北京地球村做成社会企业，暗藏着两重风险，第一重是做成功后，其获得收益的分配和走向会备受社会质疑；而更可能出现的现象是经营失败，因为商业性的种植、养殖、销售、转运、倒卖、推广，都是环保组织的天然弱势。环保组织放弃自身优势，拼命宏扬光大自身劣势，前景如何，估计很容易判知。

之所以世界上有非常少的社会企业，就是企业主们也在担心，如果一家企业一门心思想着做公益，那么企业身上与生俱来的创新能力和无孔不入地钻营的竞赛基因就会被格式化。而社会需要企业的原因恰恰就是因为企业有着无所不为的能力。因此，当数量最庞大的企业主都不敢涉足社会企业，而数量远不到企业量"九牛一毛"的环保组织，居然想率先在"社会企业"的招牌下勇于成事，确实除了让人心生敬佩，还是让人心生敬佩。

不是说环保组织不能去收费和挣钱，也不是说环保组织不能去自由地设计自身的运营模式，我唯一担心的就是环保组织会在社会企业的悄然引诱中，丧失了原先的立足之石，而此时，它可能发现，这边失足落水之日，正是那边沙雕垮塌之时。（2010年1月22日）

花钱消灾

这两天我算想明白了，公益组织或者说环保组织，生来就是替社会花钱的。他们与生俱来的本领，不是经营，不是从政，更不是贪污腐败，而是替社会消耗多余的能量，以替社会疏导偏颇的神经系统，以帮助社会梳理错乱的能量流向，以让社会和自然变得更美好，以让人类的自私和幸福变得可持续和更宽广、更彻底。

于是，从社会能量学的学术视野来分析，公众不仅仅要积极地资助环保组织花钱，甚至要感谢环保组织替社会花钱。

全世界似乎只有两门学问，一门是花钱的学问，一门是挣钱的学问。要想掌握这两门学问，都需要遭受同等的苦难。如果全世界只有一个家庭，而这个家庭里只有两个人，一个人负责挣钱，一个人负责花钱，那么大家一定会想，挣钱的人一定会满腹怨气，觉得一辈子过得太辛苦；花钱的人也成天惴惴不安，觉得自己一辈子都在不劳而获。

现在，全世界大约有20亿个家庭，每个家庭都在挣钱和花钱，每个人也似乎都要挣钱和花钱。更有意思的是，几千年来这成万上亿的家庭给世界积累了大量的财富，社会每天的运行本身也生长出了大量的新财富。这些财富都需要人们去帮助消耗，否则财富本身也就失去了价值，甚至发出难闻的恶臭。就像一座房子，如果盖起来后没人住，时间长了，就成了危房，摇摇欲坠，让人看着害怕；就像一桌饭，如果做好了不找够人去吃完，那么剩余的饭菜只能拿去喂猪。

如果幸福要靠财富来得到，那么生活在当代的人是比较幸福的，因为前代的人积累比较丰厚。就像中国20世纪80年代出生的小孩，他们的父母至少攒足了不需要他们在很年幼就去挣钱养家的资本。更像现在纷纷涌现的富二代，对他们来说，最重要的精力，是如何骑在父母的头上，把父母的血汗钱，殚精竭虑地花出个道道来。

如何把钱体面地花掉？人类大体总结出了几套办法。

首先当然是尽情地放纵个人的欲望，吃了，还要再吃；睡了，还要再睡；结婚了，还要再结；有房子住了，还要再买上几套房子；有一辆车了，还要再买上十辆；生了五个子女无法把财富花光，就生上五十个子女来帮忙花销；读书工作太麻烦了，就全世界各地去赌博和酗酒。

这一类人，在中国是最多的。

其次的办法是劳筋伤骨地亲自做些文化研究。有钱的人有钱到一定的阶段，就会成为贵族；贵族一旦有了传统，形成了风气，就会作出贵族气派。具备贵族气派的人，都要干些什么呢？那当然是为了人类公共利益而牺牲自己的聪明才智和千万资产。你如果觉得法律有问题，那么你就想办法去修正法律；如果你觉得世界上仍旧有许多物种还没有被人类发现，那么你就可以去研究物种；如果你担心某种语言濒临灭绝，那么你可以去学这门语言，并利用自身的影响去把更多的人拉进来学这门语言；如果你觉得地下墓室里还躺着许多考古材料，那么你可以带着一大批人去挖墓，以帮助人们看清过去的名义；如果你觉得时人有许多病需要攻克，你可以去研究医学，并争取成为一个专治疑难杂症的专家。当然，你更可以把自己的家盖成艺术馆，装修成博物院，举办成诗歌活动中心，讨论世界上各种各样的重要文化议题。总之，你完全可以让财富化为文化和艺术，让自己成为思想家和学者。

这一类人，在中国几乎没有。

再次的办法，当然是拿出些余钱，做些慈善。有了钱是一定要做些慈善的，即使不是为了把自己洗白或者洗绿，或多或少都会往慈善的坛子里扔点钱，否则会被公众瞧不起。慈善这东西很简单，孩子上不起学，那就给垫个学费；母亲看不起病，那就给支个药费；有人家里穷吃不上饭过不好年，那就给点钱帮其渡过难关；有人在路上被抢了赶不上回家的车，那就给点车费路资，以助其回家团圆。

这样的好事，中国人比较爱做，或者比较愿意去做，因此，中国与慈善有关的基金会，相对比较容易从社会募集到资金。

还有一个比较容易归类的就是资助环保组织。据说美国的"社会余财"中，绝大部分都流向了"与人直接有关"的公益事业，比如宗教、文化、教育、艺术、医疗等，流向环境保护的大约只有3%左右。中国最理想的情况，估计也就在这个水平上下。

那么我们就纵情想像一下，所有中国人愿意拿出来的余财，估计不到余财本身的亿万分之一；也就是说，假如你有1亿元，可能也就拿出一两块钱来支持公益。这亿万分之一中，最多又只有3%的比例，有可能会流向环保公益事业。

不管怎么样，环境保护是被社会认可的一种公益表达。用纯商业的标尺去衡量，你可以认定环保组织获得公众资助的过程是向公众出售环保服务的过程——这可视为社会公众采购环保。世界上最为发达的商业网络，居然无法生产出公众满意的环保服务，而要委托最不擅长经营的人去制造和生产，想一想也颇为滑稽。用纯政治的标尺去衡量，你可以认定环保组织是在协助政府完成其本该完成的任务——这可视为政府采购环保服务，因为，政府本来就是人类最早推出的"公益组织"，各个国家组合成的地球，实际上是全球最庞大的公益组织联盟。最大的、最先天正确的公益组织居然要向最弱小的、后天肾虚的公益组织购买服务，有时候想一想也颇为滑稽。

上升到采购和服务，环保组织就很容易动摇和迷茫。从能量获取学的立场上来说，有时候环保组织就担心地问自己：我到底是不是在"提供服务"的时候，顺便也把一些公益良知给出卖了？

为了保持绝对可控的贞操，环保组织最愿意做的事还是向基金会申请项目经费。基金会的钱本身就来源于公众，就像一座水库那样，无数的水都往里面汇流。大家都搅和在一起了，这些水就成了公益之水，哪怕你原来的河流流量再大，哪怕你原来蓄积的能量再凶猛，哪怕你原来再脏污，只要这些水被入了库，在水库庞大的身体里随波起伏时，所有的水都成了"无源之水"，都成了清纯透明的公众之水。它将被用来浇灌那些最为饥渴的土地。

这时候，有人就会惊奇地发现，原来环保组织"挣钱"如此容易。你只需要写几页纸的项目申请书，几万、几十万元、几百万元，就会很快打到你机构的账号上。基金会凭什么相信你？公众凭什么相信你？

更为要命的是，对于那些基金会来说，如何把钱花出去，是最让人头疼的事。就像对于水库来说，如何把水浇灌到合适的地块，需要精准设定的渠道去引流一样；就像那些浑身是力气的人，要考虑把拳头打到最欠揍的人身上一样；就像那些脑子最聪明的人，要把小把戏要到最费心机的地方一样。

假如你是一家善于做项目的环保组织，你总是能够面对现实的环境苦难找出诸多求解的药方，你总是能够让每一个项目都实现所有利益相关方的多赢，你总是敢于关注那些其他环保组织绕着躲着的现实环境灾难，并把这所有的灾难缓慢但如实地消解，就像一个人身体的肿瘤无声无息地给消解了一样。那么，也许，你就成了最受公众信任、最被资源追逐的机构。

其结果是什么？如果一家环保组织长袖善舞，帮助基金会把钱花得服服帖帖，帮助基金会把钱花得雪中送炭，帮助基金会花小钱办大事，帮助基金会消解了许多社会灾难，那么，万一这样的名声传了出去，那么，环保组织门口，第二天开门营业时，必然会发现门口将排队站着无数资金雄厚的"资助人"，手里高高地举着成捆的钞票，沙哑的声音问道：说吧，这次你想要多少钱？要多少我们都可以给你，我们一家给不起我们还可以找其他家来匹配；赶紧替我们花出去吧，我们已经被钱困扰得太久，钱多得让我们百病缠身，钱多得让我们心生恶念；钱对我们来说，就像灾难一样可怕。

　　放眼全国，有谁，在哪个地方，在什么时间，把环保组织做到了这个境界？

（2010年2月9日）

让民间拾荒者获得"职业尊严"

让民间拾荒者体面地在城市里从事再生资源回收业和垃圾分类业，不仅有利于解决垃圾围城所造成的环境污染和社会伤害问题，而且有利于解决就业问题和资源粗放利用问题。

当前，城市垃圾问题成了社会公害，几乎所有城市都遭遇了垃圾危机及政府信用危机。北京、上海、南京、广州、郑州、武汉、长沙、青岛等城市都在2008年、2009年、2010年爆发了群体事件，对城市垃圾管理者的能力和公信力提出了非常尖锐的挑战。

中国城市垃圾问题长时间找不到合适的突破口，过去是粗放的"卫生填埋"，现在是想要"把垃圾扔到空中"，大量上马污染转移型的垃圾焚烧炉。而这两种方式之所以长期成为主流方式，有一个很重要的原因是对公众的垃圾分类能力和民间拾荒队伍的垃圾分类力量重视不足、发挥不足导致。

自从20世纪80年代以来，大量的农民工进城寻找工作，有很大一部分人就开始在垃圾场、垃圾堆、垃圾桶里谋生。近三十年来，这种自发的"民间垃圾分类体系"充满活力，他们在没有得到任何政策鼓励的情况下以奇迹般的活力顽强地发展壮大。按照北京市政府参事王维平、中国环境科学研究院研究员赵章元的统计，全国至少有几百万人从事"民营垃圾分类产业"，仅北京就有15万人左右。他们是真正的垃圾分类专家，他们是真正的垃圾减量专家，他们是真正的再生资源利用专家。在全中国，没有一个学院出来的专家能够达到他们的技术水平，没有一个谋生者能够比他们工作更加辛苦，没有一个人比他们的地位更加卑贱、更加容易受人欺凌。城市各种类型的管理者们总是把他们当成非法小贩、破坏市容者、井盖偷盗者，进行诬蔑、打击、敲诈和边缘化。

浙江嘉兴学院副院长杜欢政教授长期从事循环经济和再生资源利用的研究与试验。他发现，假如让这些从业者获得足够的职业尊严，让他们稳定地、明确地服务于城市的各个小区，让他们成立自己的协会，让他们穿上自己设计的职业装，让他们获得这个行业本应得到的利润，那么这个行业将会非常的强大。困扰城市管理者和居民的垃圾问题将会在他们精心的分类下，实现"垃圾零排放"的可能；城市垃圾管理者将在他们每天辛勤的工作下，大大降低垃圾产生量和运输量，降低城市环境风险、减少垃圾处理投入，减少社会冲突发生率。

北京师范大学环境史专家梅雪芹教授研究后发现，城市垃圾管理者还可以考虑把垃圾减量的费用直补给民间拾荒队伍。因为他们的贡献是非常清楚的、可量化的。现在的北京每天产生1万8千吨垃圾，假如在他们的勤奋工作下，垃圾产生量能够减少到8,000吨，那么，这少出来的1万吨的垃圾处理费就该直接补贴给这批强大而坚韧的民营拾荒队伍。（2010年3月10日）

让民间拾荒者获得『职业尊严』

生态英雄的"顺流"与"逆流"

写这些文字时，我正坐在内蒙古巴林右旗，坐在"治沙老人"苗玉坤身边。

房子很小，几平方米，苗玉坤坐在椅子上，时不时探身看看台式机的显示器，他的网络好友们，正在"歌房"里，一首接一首地用美声唱歌；唱得好的，他就点击鼠标，献上几朵花。他的爱人，坐在隔壁房间里，看电视，一个节目接一个节目地看着。时间和季节，像房前屋后的沙子那样，静静地沉积在那里。

苗玉坤是"原内蒙赤峰市绿色沙漠工程研究所"的所长，这是一家由他发起并带动的民间环保组织。然而现在，他什么也不是，就夫妇俩孤傲地坚守着。房子还是原来的那些房子，房前的空地仍旧是当年的那些空地，大门上挂满了各种牌子，证明这地方曾经是诸多大学的社会实践基地，证明这地方是诸多治沙志愿者的念想之地。

"赤峰绿色沙漠工程研究所"虽然早在几年前从当地民政局注销了，但牌子仍旧舍不得摘下。苗玉坤的内心，其实仍旧涌动着渴望。1998年，他来到科尔沁沙地的时候，他想的是，此后一辈子用来治沙。"后来发现，这太难了，于是就对自己说，我将目标改为十年。坚持十年，我上对得起天，下对得起沙子，中间对得起我自己。现在，12年过去了，我的目标似乎达到了，有时候觉得一身轻松，但有时候又觉得，这是卸了劲的表象。"

因此，他没有回到家乡辽宁盘锦，仍旧继续在"研究所"里静静地捱着时光，等待能量的再次聚集与爆发。这个擅长钻研的男人，三十年前出名的猎手，只要想做什么，就能够马上搞懂；几年前他还不会电脑，如今已会自己装机；许多人认定沙地里不能种树，而他却发现，其实可以种，只要种起来后，人们不去祸害，树多半都能长成。

他害怕人们再称他为"英雄"，他更希望人们继续八卦似地暗中称赞他是"中国第一男人"。即使你说他是"失败英雄"，他也觉得最好不要往是非成败上讨论。他相信人生还长，他也发现方法可以改变。他更明白，要想让沙化的土地不再沙化，需要有更多的人超越自己，成为苗玉坤，或者成为廖晓义，或者成为李鹏，成为运建立。

　　苗玉坤身外的社会正在悄然进化。中国的生态英雄正以极其多样化的形式萌现于大地的每个角落。几乎每个人都能够活跃于本职工作之中，能够插手于"正常业务范围之外"。几乎每个人都在超越。

　　一个人要在环保上做点事，多半有两种可能。第一种，是在给定的人生方程式里不停地求解，我姑且将此称之为"顺流超越"，超越自己，同行不可能的事在他身上成为可能；大家都在跑步，跑得比别人快一些，顺流而下，随风而行，势不可挡。比如我们的市长们让自己的城市成为绿色城市，比如我们的厂长让自己的企业成为环境友好企业，比如我们的科学家们研究出一件又一件的绿色环保产品，比如我们的艺术家们设计出一品又一品的"生态建筑"。有时候我们觉得这样的人是不需要过多地褒奖的，因为他们在完成"本职工作"，而且他们手中的资源和权力，都有利于他们完成这样的工作。但如果你细细琢磨，他们也很需要褒奖，因为市长完全可以把城市搞成黑色，厂长完全可以让企业肆意排污，科学家完全可以毫无罪恶感地违背人类伦理，建筑师们完全可以继续设计高能耗建筑。往这方面一靠想，我们似乎明白，如果一个人要想在本职工作之内，要想对某些信念、某类理想忠贞不二，同样需要极强的穿透力和超越力。否则，任何人都完全有可能在本职工作之中沦落。即使结不出恶果，但也很可能做不出佳绩。

　　好像"顺流超越"的人还容易在本流域内获得好的奖励，市长因为成为绿色市长，很可能在全国所有的市长中被评为先进、树为模范，建筑师因为成为生态建筑师，也很可能在建筑师才艺大赛中一次次登顶、夺魁。但像苗玉坤、李鹏、廖晓义这样的人，似乎就再也没有原地超越的可能，他们似乎从一开始，就溢出了正常的轨道之外，他们需要新修一条轨道，他们要在这条尚未修好的轨道上开动生命的机车。没有人知道他们会撞上什么，也没有人知道他们会被什么样的烦恼丝缠绕。

　　几年来，苗玉坤已经很少再进入公众视野，大家似乎把他忘记了，他也似乎存心让大家把他忘记，他想让过去门庭若市之地，成为"人迹罕至"之所。他没有进入生态英雄视野，完全符合"时代所需"。他的冰静，与廖晓义、李鹏、运建立、李冰冰等人的热涌，其实是环保人生的不同表现形式。

　　廖晓义如果按照大家认为"正常"的河道滑行，她应当是一名哲学家；李鹏如果按照原先的美好生活设想，他应当是一位药材商；李冰冰完全可以做一个每天只钻研演技的"表演艺术家"，但奇怪的是，某年某月某日的某个时刻，他们或者缓慢，或者突然地，超越了自己，溢出了河床之外，或者在河床之内而滑出了原有流道而跳出了原先没有的浪花，闯入了动荡的险滩。

他们也是一种超越，超越自己，超越人类，我把这第二种超越，称为"逆流超越"，大家都在往前跑，你突然拐了个弯，甚至跑向反面。逆流而行，时常被社会讥讽、迫害和戏弄。

我认识最多的是这样的人，出于个人的固执，我佩服得最重的也是这样的人。比起所有的超越，我更加佩服他们这种弯道转向甚至逆流而行的跃升。舍弃原先的轨道是需要勇气的，而中国人从古到今，最为缺乏的，大概就是这种拿得起放得下的勇气。没有什么值得留恋，因为只要你想追求你的追求，你完全可以上马就走；没有什么可让人担心，因为只要你往前走，你一定能磨出一条人生新路。

我们有太长的时间，浸淫于人类之间的事物而不可自拔，我们长时间处于人与人的时代而不自知。过多强调"人类自私"的后果就是自然界在人类的践踏下一天天健康恶化，百病缠身，百毒驻体。正是自然界无数未被识名的花草一次次地让那些想"格式化自然界"的暴君梦想化为泡影，正是人类社会诸多生态英雄及时的反转和绽放，让我们有可能进入"人与自然时代"。在这样的时代里，与自然友善来往，是每个人的正常言行；在这样的时代里，人能够像一棵树一丛草那样富有"自然尊严"地活着。当这个时代来临，我们会幡然悟证，原先我们认为是逆向的，正是我们的新方向；原先我们当作反动、落后、疯狂、偏执、躁动的旋律，正是你我的合唱与共鸣。于是你就很释然，生态英雄，正在超越你我，度化自身的追求，成为时代的共同追求。（2010年3月12日）

什么样的环保组织最好卖

这个世界还有什么能比做环境保护更有市场的呢？如果你把全国所有的环保组织都视为"环保服务公司"；如果你把所有这些环保组织的活动都视为可被社会购买或者政府购买、企业购买、私人购买的环保产品，那么你就一定会得出结论：民间环保产业是当今世界上利润回报率最高、市场潜力最好、同行竞争力最弱的朝阳产业。

有必要让一批人装扮成市场分析师，像所有以梦为马的人那样，像所有制作假冒学术产品的人那样，去修订个"国家标准"出来，告诉所有想要投身这个产业的有钱阶级、有闲阶级、有能量阶级，告诉所有想要进入这个产业的热心、热钱、热量，告诉所有的人和他们的父母，在风头甚劲的中国，什么样的环保组织最好卖，什么样的环保产品最有可能畅销。

于是我在布满阴霾的八十层楼的楼顶上仰望星空，天上一粒星星也看不见，月亮也都失去了一百年前透亮的脸色——当年我骑马赴京赶考，一路上全是这透明清亮的月娘给了我最粗暴的信心。当年的月亮是如此的清亮，以至于它是所有人夜晚最好的光源，有书的拿着书在外面闲读，没书读的就挥着蒲扇在果树下打蚊子。我从撒满粉尘的天空中得不到任何来自神灵的开示，但我从中看到了世界上最伟大的商机。因此，我要在这个灰暗的夜晚，写下这些引诱人们投身环保大业的文字，并渴望这些文字能够成为未来一百年的环保行业投资宝典。

要想知道什么样的环保组织最好卖，首先要知道社会为什么会想要购买环保组织或者环保组织的产品。

所谓的环保组织，其实就是花着公众的钱去替公众行使环境正义、帮助公众保护身边环境的组织。保护这个事情，早做可以，晚做也可以；横着做可以，纵着做也可以。早做，是预防型，在一片天然森林尚未被砍的时候，你出钱把它买下来，发誓永不砍伐，这当然是好办法；在一片天然湿地尚未被城市填平的时候，你呼吁城市管理者把它留存给自然界，让住在四围的人，有一点接触自然的可能性，这也是好的。晚做是补救，在一片天然森林被砍掉、炼山、整地、种人工林的时候，你去发现这个行为的违法之处，让种下的树木能够在未来几十年内重新走上天然次生林的演替之路，也是好的。在一个村子被工厂的污染淹没，全村人都因此患上怪病的时候，你出面去调查真相，你发动律师去替村民讨还被伤害的尊严，也是好事。你觉得某个城市的人太需要环境基本知识的教育，你于是组织大家去观鸟，去乐水，去认识草木，去登山，去捡垃圾，去过低碳生活，以全面的、横向的方式推进环保理念的普及和践行，当然也是好事。你觉得某个地方的环境被糟蹋得太甚，你像一把刀子一样插到这个被侮辱和被伤害的社区中间，顽固地想要为这个无望之地找回些希望，这种纵向的干预方法，也是好事。

既然都是好事，就需要有专门的机构来担当。普通公众们当然也不能甩手离尘，不出力的人当然就得出钱。于是，无论是基金会掏钱，政府出资，企业施舍，还是个人捐助，其实都是委托环保组织去担当环保责任的方式，其实都是社会需求环保组织的市场缘由。

结果当然就已经有一点清楚了：有能力替公众解决问题的环保组织，才是好卖的环保组织，才是有造血能力的环保组织。

所谓的公众，其实就是那些不想也不需去投身环保行业的人，这个世界有无数的产业需要无数的人去经营，因此，全世界只有极少的人可能从事环保产业。从事环保产业不比从事别的行业高尚，也不比别的行业卑微。行业与行业之间，唯一需要比拼的就是解决问题的能力，而同行之间，比拼的则是"开拓市场"的能力。我需要一个杯子喝水，做杯子的人把杯子做出来了。于是我拿钱给他，以示感谢。如果我需要一个环保咨询师帮我提供一些环境健康方面的知识，而他支支吾吾半天拿不出一个合意的方案，那么这个环保咨询师就是不合格的，我不可能购买他的服务，他也就卖不出去了。我因为受到了某个企业和某个失去了贞操的政府的欺负，村庄受到污染，身体受到伤害，我求告无门，跑到环保组织去求助，而环保组织却告诉我，这项业务"不归他们管"，或者告诉我"年初就已经制订了全年的计划，你的事在我们的预算之外"，那么我就会失望而归，从此不再对环保组织抱有解决环保问题能力的幻想。

中国有太多的环保组织，属于不敢直面市场需求的组织。当前污染事件频发，环境伤害随处可见，而受命于公众的委托，慢慢地随商机而凝聚出现的"环保服务公司"，却迟迟拿不出帮助公众和环境解决这些环境苦难的解决方案。涉及政策的单子不敢接，只涉及一个村庄的单子也不敢接；环境维权的事情不敢接，信息公开的事情也不敢接。经常出现的现象是：涌到环保组织门市部想要得到妥帖环保服务的"环保顾客"，几乎每一个都只能丧气而归，久久无法理解为什么在环保商店里居然服务员态度冷淡，货架上空空如也，生产车间结满了蛛网。

环保组织其实没什么稀奇，这个世界上任何组织形态都没什么稀奇。政府机关、宗教团体、企业单位，其实与环保组织一样，都是试图为解决社会需求而生，只是社会需求的来源稍有不同，解决之后社会提供的能量供应方式稍有不同。环保组织要想让社会购买自身的产品，唯一的方法是面向社会需求，设计、制造、销售"公众喜爱的环保产品"。

其实就是那些首先与大家生活息息相关的东西。我是个环境污染受害者，环保组织如果能够帮我提供法律服务，那么这个环保组织就可能是合适的。我是个环境新闻受害者，环保组织如果能够在新闻方面对我有所启发，那么这个环保组织也可能是合格的。我是个对身边电磁环境心存疑虑的人，环保组织如果能够帮我排除疑虑，那么这间环保公司也是合格的。我是一个自然细节爱好者，环保组织如果能够帮助组织更多的自然细节爱好者一起出动，那么这间环保组织也算得上是合格的。

但仅仅是合格还不够，合格的产品未必好卖，要想好卖，还需要针对当前最广泛的环保问题，设计最通用的环保产品。

要勇于接应的环保需求，会是些什么呢？

当然是来自于社会苦难和自然苦难。中国当前是环境苦难高发期，即使用救灾的眼光去看，如何帮助环境苦难受害者得到赔偿，如何帮助那些准受害者不再受害，是环保组织生产所有产品的设计灵感所在。

勇于接应，永不拒绝，是很难实现但却必须实现的"环保商业能力"。你是一家卖食品的店，一个人进来想吃包子，你说对不起，我这里只有饺子，因此无法让你吃上饭；又有一个人进来想吃热饺子，你又告诉他说，对不起，我们这只有凉饺子，因此也无法让你吃上饭；又有一个人进来想吃上鸡蛋韭菜馅的饺子，你还告诉他说，对不起，我这只有猪肉大葱馅的饺子，因此还是无法让你吃上饭。结果是，食品店开了满街，想吃饭的人挤爆了巷口，而没有一家食品店在正常营业，没有一个人能顺利吃饱，整个产业一片对不起的声音，一片死寂的冷清景象。

真正的环保组织应当是这样的：你是一家卖裤子的店，来了一个人要买衣服，你要想办法稳住这个顾客，然后赶紧向卖衣服的厂家紧急订货。你是一家卖刀具的店铺，却来了一个想买酒喝的人，你也要想办法稳住他，调动你一切所有可能买到酒的资源，帮助这个客人买到他想要的酒。你是一家卖某某品牌的鞋子专卖店，来了一个想蛋糕的人，你就要想起自己曾经在生日时吃过某个烘焙店的蛋糕，你要想尽一切办法帮助这家烘焙店与这个顾客对接。

所有的这一切，其实都叫呼应需求，都叫面对市场，都叫商人本色。所有逃避市场、不感应时代苦难的环保组织，所有面对订单不敢签字的环保组织，所有来无法满足顾客需要的环保组织，所有雇了员工却生产不出合格产品的环保组织，迟早要被淘汰，或者已经被淘汰——你虽然开着店，却没有客源，也不形成正向现金流的销售，那么你开着门其实就是关张。

有能力直面社会苦难，又有能力推进社会苦难的解决，那么这家环保组织就一定充满了造血能力。有很多人在为环保组织担忧，因为环保组织需要不停地去筹资，而筹资的项目大体都只能经营一两年，似乎短命得很。一两年之后怎么办？难道要让员工走上街头去乞讨？

于是就想着去办公司，想去建"社会企业"，以为挣钱是环保组织的造血之道。其实这恰恰是放弃了环保组织自身使命的表现，是衰减自身优点的最有效的办法。要想成为可持续发展的环保组织，唯一的办法，就是持续地生产公众喜爱的"环保产品"，只要你永远站在社会需求的大本营中，你的造血能力就会越来越强。

环保组织是替社会花钱的，你把钱花得越好，出资方越喜欢。一个项目虽然只能做一两年，但一百个项目连接在一起，就是一百年，一万个项目连接在一起，就是一万年。一个项目虽然只能支撑一两个员工，但十个项目拼合在一起，支撑十个员工就不在话下。

所以员工是环保组织的最好造血细胞，为了让这些细胞能够富有尊严和朝气地生活着，必须给这些细胞以最好的待遇，给予相对高的工资，给予相对自由的工作排场，给予相对宽容的评价，给予更加符合人性化需求的办公方式，给予世界上最美好的人际关系，那么，员工生产出好产品的概率一旦高起来，环保组织就有可能长久地让所生产的环保商品卖高价，而环保组织把产品卖到适合价位的时候，也就意味着这间环保组织被社会彻底购买了，也就意味着这间环保组织从此扎根于社会，浑身上下元气沛然，能量随消随涨，江河源远流长。

可惜的是，许多环保组织虽然表面上是涌动于环保前线，也摆出一幅愿意替社会消除环保苦难的姿势，然而任何道德都害怕考验，任何能力都害怕追问，任何商业行为都害怕消费者。你一旦走上近前，以"顾客"之形要求提供服务，这时候，要么发现有的组织在百般推诿，要么发现有的组织毫无斗志，要么发现有的组织其实是在做旅游、做"管理咨询"，做诗赋文章，做哲学先生，对中国当前的环保苦难缺乏一点点的诚意，见死不救，遇难即馁，要么有勇无谋，要么有谋无勇，要么谋勇俱无，既不敢接应，更无能去解决。每天忙得不可开交但形同虚设，成天教育公众其实是把责任推卸给公众。

　　此时，作为一个公民，无他，就是继续担当你的顾客角色，排队等候在环保组织门前，催促他们猛醒，强迫他们转型，引导他们直面血淋淋的事实，教导这些小作坊业主们，从手工环保产品开始尝试制作有效产品，从沿街叫卖开始做"销售"。（2010年6月1日）

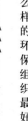

不是造血，而是变性

———————————————————————

一个很是值得我信任的朋友，最近向我颇为得意地说他所在的环保组织要办"社会企业"。他甚至更为得意地说他所在的组织手头经过长时间的积金攒银，有了200万元的资金，而且经过专制领导人的创意和规划，也早早地预备好了项目思路。有这200万元作股本，有了高精尖的"技术方案"，投资、孵化、壮大、发展一家社会企业，应当不成问题。

我忍不住多嘴多舌地回问了一句，对投资市场来说，200万元算什么呢？难道你所在的环保组织已经到了无以维生的地步了吗？他说没有，随着这家环保组织名声的越来越大，送上门来的资本越来越多，排队在门口等候接手的项目也越来越多，因此，筹资对于这家环保组织，过去不是问题，现在不是问题，未来也不会是问题。以前是看资金方脸色，估计现在资金方要看这家组织的脸色。

于是我又忍不住又绕嘴绕舌地问了一句："既然如此，那么就有了第二个问题，你敢相信环保组织有运作企业的能力吗？"他说这我没敢想，我敢想的只是也许这样可以给NGO杀出一条血路，让他们再也不用为筹资而犯愁，让他们不再想做事时为资金所困扰。他很是慷慨大度地说，过去我们是深受筹资之苦的，我们不想今后这些NGO小弟弟小妹妹、NGO子子孙孙们，再遭受我们的艰苦。

我说那是你把心愿当现实，我说那是你把弱项当强项，我说你是把少数人的尝试当成绝大多数人的必然。

于是我开始给他讲我的道理。我说得苦口婆心，口干舌燥，眼冒金星。最后，他一句也听不进去。他说，我刚刚去过欧洲，那边就有人开社会企业，他们做得很成功。他又说，我做过市场调查，很多人都对社会企业有创办的渴望，很多人都有购买社会企业产品的渴望。

他甚至给我举了某个远在天边近在眼前的环保组织的案例。说他们现在其实就是在做社会企业，他们每组织一次活动都要收费，每次收费都考虑到了赢利空间。

我很生气地不理他了，像个独裁者一样回到家里，开始写下我所有反驳的理由。最后，我发现，千言万语汇成一句思想核心：NGO创办社会企业不是为了造血，而是为了更好地逃避，为了逃避，不惜改头换面，改性整容。于是我把这篇文章的标题，审定为"不是造血，而是变性"。

容我细细向你道来。所需要的文字不多，大概也就千八百字。所蕴涵的精妙处更不多，最多只有三五小句。但是，不管怎么样，你得允许我把话说完，就像我允许你把我的文章看完一样。

环保组织之所以会在中国出现，是因为中国有大量的环境真相无人理睬，有无数的环境苦难无人去担当。因此，在积贫续弱的政府环保部门之外，势必需要在每个有足够公众的地方，凝聚出一家甚至数家敢于替自然苦难代言、替环境社会苦难代言的机构。这些机构的价值就在于把社会的能量引导、汇流到自己身上，然后化用为解决自然苦难和社会苦难的药方，进而促进问题的改良和社会的进步。

因此，环保组织一定得是一个面向问题的解题高手，得有解决现实问题的勇气和智慧。也因此，公众才可以放心大胆地把自己的生命、学识、胆量、智慧和财富推送到环保组织的门庭之内，任其肆意调度和发挥。因为，大家相信，每个人的零碎付出，通过环保组织的整合和加持，都对整体环境的改良有助益。

也因为如此，在中国，在世界，任何一家环保组织，只要他有能力去面对现实问题去尝试解决，那么，社会能量一定会呼啸着如影随形而至。

这意味着，环保组织的"筹资能力"，体现在其解决问题的勇气和能力。只要你有能力解决问题，就一定会有大量的资金、场地、人员、物质供你支配。这意味着，很多环保组织筹资困难，是因为他们无论年纪大小，都没有好好地想要去解决现实问题。因此，很容易就遭遇社会能量的冷眼。想要筹资，是不可能的。

环保组织根本不需要造血，环保组织生来就是一个"耗血组织"，他生来就是帮助社会花费多余的血量，并让这些血重新焕发生机，输送到最需要血的地方。环保组织根本不需要去通过创办企业挣钱，他需要的恰恰是帮助社会大量的企业花掉其"剩余价值"。环保组织恰恰不能去创办企业，他恰恰要坚定地让自己成为自然利益的忠实代言人，做环境永远的仆人。

如果说你觉得这个道理很浅显，容易接受，那么，我再告诉你，环保组织没有能力创办企业，环保组织一旦创办企业，其结果只有两个，要么速亡速朽，要么变性。

这个社会不是分为阶层，而是分为"营地"或者说"聚落"的。每一个人多半都只有一两个相对比较独特的价值。有着共同独特价值的人聚合在一起，形成一个区域小气候，大家内部互相影响，对外一致发力。于是，这个聚落的稳定性和有效性就在社会生态链中形成了，这个聚落的价值也得到了其他聚落的认同和期待。

作为无数聚落中的环保组织，也是这样的一个聚落，生存在这样聚落里的人，身上最缺乏的，就是挣钱的才能，身上最突出的，是花钱的才能；身上最缺乏的，是追逐私利的才能，身上最突出的，是追逐公益的才能。从才能学或者说社会生态学来说，追逐私益与追逐公益具有同样的价值，如果一个社会生态系统是健康的，那么，大家各安其位，互不侵犯，互相协作。而如果让一群只擅长追逐公益的人，去追逐私益，实际上就导致了社会生态系统的紊乱，参与者不得好果，还把社会生态系统的基本态给搅得丝麻不分，头绪无措。

当然也可能不会出现局面失控的后果。因为，有很多组织，开始搅局之前，其实已离开了原先的聚落，纵身跃入其他看上去更美的聚落中。尽管面目似曾相识，但身体的本性已经发生转变。既然频道已经变换，原本踢足球的人去演了电影，那么，从他步入影坛的那一天起，我们就要忘记他过去的脚法，而只需要用演技去衡量即可。

环保组织去办社会企业，与企业去办公益组织，官员去当公益专家，与公益专家去当官员，其实都有一个换情变性的过程。有些人变得彻底，因此，其乐融融；有些人变得不伦不类，结果，男不男女不女，官不官民不民，商不商善不善。

现在，有些环保组织不像环保组织，有些公益组织不像公益组织，有些基金会不像基金会，要么是一开始就在变性，要么走了几次台步就开始变性；要么就是走了一段后，觉得此生太艰难，早早变性以连夜脱逃——为了逃得遮人耳目，难免要披上一方原来还戴的头巾，以示忠贞，以益迷惑。

而已而已。环保组织的造血能力根本不需要通过办社会企业获取，你只需要锐利地做你所能做的环境改良事业，一定会有资金追着你的影子跑，你能发1亿元，一定有10亿元等你的召唤。办企业的人也没有必要创办环保组织，你只需要把钱捐给基金会就好，你能捐得出去，就一定有人能帮你花得精妙。

变性也没什么不好。因为社会本来就允许所有的人变性，从金变成铁，从钻石变成玻璃，从草变成木，从水变成泥，从湿地变成沙漠，从可生存之林变成死亡之海。你可以变性，你可以面对现实问题不敢作声，你可以去追逐你所有想追逐的轻巧事业，但你不要对我说，你要创办一个社会企业，"以帮助NGO自身造血"。我所担心的不是你不可能造血，而是你换心改性"变革"得不成功，最终落个左右为难，妖不妖鬼不鬼。（2010年7月11日）

环保组织的气场

世事果然不出我所料，我去年就写过一篇"给未来算命"的文章，说环保组织一定会成为社会新兴资本、陈旧势力的共同投资热潮。所写的稿件还像老奶奶收藏的古钱币一样压在箱底里，枯待发表它的刊物，静候可能阅读它的读友。一年之后，突然之间，身边有很多朋友，开始试探我的语气，他们总是在说："我有一个朋友，自幼热爱公益和环保。刚刚赚了点小钱，想投资一家环保组织，你知道如何注册，如何运营吗？"

想投资的热钱和热人，绝对不仅仅是有钱有势有能有量，他们多年来也在冷眼围观中国环保组织的发展状态，对环保组织应对问题、解决问题的能力做过很中肯的评估。评估之后的结论往往让他们欣喜若狂。他们用商业的眼光和方法，证明环保组织制做环保产品、销售环保产品、推广环保产品的能力严重不足。能力不足而市场需求庞大，足以证明投资这个行业的商机无限、利润无穷；如此这般的可行性投资报告看得投资商血脉贲张。

趾高气昂的投资者这时候又遭遇了环保组织的弱气场。于是乎误会的迷雾就飘落开了，有钱的人以为用钱能解决一切的环保问题，环保组织也相信没有钱什么事就无法撬动。就在有人向我附耳低问的同时，又有人对我抱怨官员、商人、学者的气场太强，与他们发生遭遇战时，环保组织的职员们总是先输了底蕴。给人打电话时浑身发抖，狭路相逢时浑身发抖，酒会茶馆上对坐时还是浑身发抖。别人请你去做嘉宾，你浑身发抖；你请别人来做听众、志愿者，你还是浑身发抖。做环保的人好像是一批犯了过错的人，他们无法在气势上与迎面之人平起平坐。

不幸的是，我还真见过一些真实的故事。某环保基金会的秘书长，一听说第二天有企业家到机构拜访，头天晚上就开始穿起了西装，第二天更是远道相迎，全程毕恭毕敬、卑躬屈膝、俯首帖耳，唯唯称是；而见了来争取项目、来谈资助合作的环保组织从业人员，连头都不知道点一下。后来有人帮其辩解，说因为其此前只认识企业家，既然认识，就相见甚欢，相看两不厌；不认识环保人士，既不认识，相对茫然，初相见就生疏离之心，在所难免。

于是乎，环保组织暗暗升起两个渴望，一是自己去创办企业以成为企业家，有了钱，气场似乎就能够像气球一样膨胀。二是让企业家多多把钱投资到环保组织，尤其是以企业家的管理经验和社会资源，来帮助环保组织实现产出的明确化和定量化。

我只能搬出我的"社会频道论"和"生态营地论"来对几方势力进行说合劝解。我们这个世界，你可以说是分为不同频道的，也可以说是分为不同营地的。每人都生活在一个自洽的大气场内。如果这个气场适合你，那么你一定在里面优裕自如，如果这个气场不适合你，你一定会想办法逃脱，投身到其他适合的营地或者频道。社会就是在大部分已经找到适合营地，少部分在尝试从当前营地中叛离、试用其他营地也被其他营地试用的混沌状态中，保持着一种微妙的消纳型平衡。

因此，我们不能嘲笑和反感做官的人，因为对这群人来说，他们不会干别的，只会干做官的那套勾当，他们如果不在官员营地，他们会过得更加悲惨，世界会被他们搅得更加悲惨。因此，我们要敬佩经商的人，对这个庞大的群体来说，他们牺牲了太多的人格，但同时也爆发了无限的活力，增强了社会生态系统的丰富性。高估他们是没有意义的，低估他们也是不上算的。有时候，我们甚至要相信，官员和商人，是世界是最艰难的两个行业，他们要忍受对内心最强大的摧毁，忍受生命最刺骨的煎熬。因此，遇上这样的人，我们要施于强大的同情心，释放柔和的怜悯。

因此，我们也不要高估或者低估文学家、哲学家、物理学家、农民、军人，他们都在自己营地聚落、公众部族里保持着社会生态系统的相对稳定性和互助性。我们同样也不要高估或者低估环保组织这个行业的从业人员。他们有自己的品性和行业特征，只有符合这个行业特征的人，才可能把能量发挥得很好。否则，你的热钱越多，越可能毁坏这个行业的生态。否则，你的热情再多，越可能扭曲这个行业的钢丝绳。

这个世界是很无情的。你生来不懂的，你可能终身也不可能搞懂，因为你的心从来没进入这块营地；这个世界又是很有情的，你懂的，你一定会成为气势最盛的人，没有任何钱财、权力、知识能够让你卑贱。有钱人想写诗，可以雇佣枪手，但可能终身无法自创作；有权的人想写诗，也可以雇佣枪手，但终身也可能无法自创作。你无法自创作，那么这首诗，其实就不是你的，与其如此沽名钓誉、垂死挣扎，不如把钱和权还给那些能写诗的人——虽然有时候，他们根本不需要你的钱。

环保组织这个行业到底有什么特性？我想，大体可以这样来描述：环保是一个高于人类利益的事业，因此，这个行业的价值就肯定不会局限于为人类谋福利、为子孙可持续发展，而要照顾地自然生态系统、人类无法理解的系统、无目的系统的各种可能。环境保护是精神性高于物质性、高贵性显著于低贱性、勇气和智慧大于金钱和房产、感染性先于逻辑性、混沌性优于清晰性的事业，因此，这个行业的评价标准本来就不该用企业评价体系、官僚评价体系。企业家可以是奸商，官员可以无恶不作，企业家可以无情无义，官员可以八面威风。但环保组织不行，环保组织强调的是与社会协同进化，因此其只能成为支撑、服务平台，其只能成为合作、共赢的源出地，其只能成为互助、友爱的传播体，其只能成为人格、道德的辐射场。

因此，企业出身的人如果继续想用企业法则去经营环保组织，必然失败。钱多多人士以为有钱就可以把环境保护做好，就像有钱的人以为就能够买来诗歌的灵感一样，是个误会，而且其盲目投资越欢畅，越会被那无处不在的巧取豪夺之士骗得倾家荡产；产出焦虑之士如果成天盯着环保组织要量化产出，最终也只会把自己逼上偏执的悬崖。

那么，既然环保组织有着寺庙般的特性，那么现实中的环保人士为什么那么焦虑，为什么那么气场压抑？为什么那么自觉亏人一等？

我想，这主要还是环保组织不够锐利，很多人进入这个营地，却尚未磨出这个营地的特长，很多人天生就该生长在这个营地但头脑的迷雾和内心的怯懦又阻挡了优势光辉的溢出。有些人指责环保组织所用的词，分明像形容一个阳萎的男人："遇事不举，举而不坚，坚而不久，久却不敢战。"

环保组织当然是多样化的，你可以从任何角度去从事这个艰难的事业。公众和环境对环保组织的两个能力当然是有持续评估的，一是你解决现实环境苦难的能力，二是你接应社会资源的能力。前者是你的价值所在，后者是社会对你的信托与期望。我们的世界从来不缺少智慧和财富，缺少的只是这些智慧和财富正确的使用法。而环保组织的责任，就是把社会 的智慧和财富，用到环境保护最需要的地方，促进原本不可能解决的问题得以解决、让无人关注的问题开始成为社会的共同关注；促进过去频繁发生但一度不被当成问题的现象，成为人类警惕和避免的现象。

也许这样说就明白了：每个人要想这个世界安身立命，多少必须表达一点你能表达的优长之处，并把这优长之处用于社会服务，流通于社会生态系统。一个组织也是如此，你必须核定你最擅长的业务，并把这业务做得锐利和清晰，让社会需要时，随时可以借用和托管。这样，你的能量得到发挥，社会更多的能量就会对你持续信任。

　　能解决问题、敢于去解决问题的环保组织一定是气场强大的。我记得中坤集团的老总黄怒波热爱诗歌，给中国的诗人们捐了大量的财富，但无论他怎么努力，他个人写的作品终究是无法成为入流的诗歌，因此，在写诗这个营地里，没有黄怒波的坑穴。这时候，一个真正的诗人站在黄怒波面前，双方在诗歌频道里进行气场交互的时候，一定是诗人的气场笼罩住了黄怒波的气场。

　　同样，一个想投资公益、慈善、环保的某个老总，身家亿贯，在官场商场行走如飞，但当他进入环保这个营地时，他的气场应当是最微弱的，吃多少保健品壮阳药都无法提升的，唯一的补给源是环保营地里那些命中注定的环保人士，他们的出场和协作才可能帮助这些财富英雄摆脱弱势群体的地位。

　　话已至此，事已至此，要说的意思非常明白，环保组织的气场无法通过企业家的赞助获取，唯一的办法是自己面对现实环境苦难去勇于参与解决。金钱买不来好的诗作，金钱也不等于你投资的环保组织就能够超越其他表面上中看不中用的环保组织。阿拉善SEE生态协会的六年多来经验证明了这一点。

　　在这个社会多元的时代，在这个气场各自扎营的时代，大家最好搞清楚自身的气场源在哪里。搞清自身适合哪块营地，然后再讨论气场之间的交互与协作，再讨论营地之间的资源共享和能量往来。财富、权力与理想、情感一样，都是这个世界成事的一根桩，你的桩柱定位清楚之后，其他的桩柱才可能过来帮忙。把钱给合适的人，这些钱会助成其事。把钱投资到错误的营地，只会给社会增加骚乱，能量乱流的结果，是骗子满天飞，是气场的自我弱化。（2010年7月13日）

老和尚为何敢收受贪官污吏的巨款

我老是把环保组织或者说公益组织比喻成寺庙。比喻的时间长了，才发现这个比喻有些很对，但也有些不对。

先说不对的地方，不对的地方是寺庙里的和尚不需要高工资，他们六根清净，出尘离世，看透生死，食素饮茶，青灯古卷，因此，用于维持生命的耗费很少，用于娱乐生命的物质依赖也很低。

用句大白话说，和尚是不太需要领工资的，或者说只领最低生活保障费的。而环保组织的工作人员，却最需要领工资。

政府官员的工资单上的数字，可能也很少，但所有的人都知道，政府官员是生命条件最优裕的一个职业，有无数的福利和外水，有无数的贪污受贿的可能，有无数的化公款为私人存款的路径，有无数的资源交易的暗道，因此，政府官员工资可能不高，但收入肯定极高；工资可能不高，支出肯定极少。俗话说得好，叫工资基本不动。

企业工人工资单上的数字，也可能很少，但企业的奖金、福利保障，销售或者购买的回扣，还是有许多变数。获取高收益的可能性，一直存在。商业的从业人员，工资单上的数字，也可能很少，但回扣、奖金、利润，有无数的快速致富的余地。

而环保组织的从业人员，什么都没有，他们没有政府官员的资源控制权，因此他们永远不可能收受贿赂和干股。他们没有企业获取增值利润的余地，因此不可能有奖金和回扣。他们没有商业人员的销售提成，因此，不可能有致富空间。

而环保组织却有着商人、官员、工人农民所不具有的一些才能，比如他们有对自然界的优先关怀本能，比如他们生来具有公益之心，比如他们具有良好的气节，比如他们有直面现实问题的勇气，比如他们有大爱与大悲之心，比如他们有修行者般感人的气度。一个商人可能很有钱，但可能生来就缺乏这些，后天的生活离这些更远。一个官员也可能很有权，但他们可能缺乏这些品质，后天生活的时间越长，离这些美好情感越远。

这样看来，NGO的从业人员被严重低估了他们的工作价值和生命价值，他们的待遇被人为地克扣了。尤其是如果你放眼看中国国内的那些民间组织，简直是在被社会侮辱的条件下试图过上有尊严的生活。

社会如此苛刻对待NGO从业人员的心理，非常简单，"你不是做公益吗，你不是做环保吗，你不是为了环境可以牺牲一切吗？那么你就不要生活费，不要过日子好了。"然后，省下来的钱，继续供社会本体胡乱挥霍。其实这些钱挥霍了也就挥霍了，不但不可能产生新价值，甚至可能造成隐患。而如此社会尊重NGO从业人员的价值，尤其是尊重那些敢于直面现实问题，并以自己的勇气和智慧迎难而上的NGO的价值，那么社会公众应当心理很清楚，自己在做一件多么不理智的事。

于是有人来问，那么你定个价吧，中国环保组织员工的工资到底该在什么样的水平？难道我们要给他们另设标准？让他们高出所有的行业？让他们来拉大中国社会的贫富差距？我想，环保组织的从业人员也没有那么贪婪，他们只需要过上相对宽裕的生活就可以。大体来说，他们的水平在每个城市的平均水平的中上状态，就过得去了，比如北京，新入行的本科生能拿到三四千，工作上两三年的能拿上五六千，到了中层左右的能拿上万儿八千，当上了总干事的能拿个年薪什么的，就很过得去了。

社会可能欣然接受，基金会也欣然接受，但中国的环保组织却可能率先不干了，他们说，这怎么行啊，我们向基金会申请项目的时候，他们总是不给让我们把工资做高。或者做高了之后，又不肯让我们把办公成本，把交通成本，把员工福利成本，把财务人员、行政人员成本打进去，结果，我只能通过压低工作人员的工资，来维持机构的整体运转。

其实这不是基金会的问题，也不是工作人员太多的问题，而是环保组织的项目本身可能不够鲜明，不够有效，不够有针对性的问题。很多机构做的项目属于无目的项目，很多机构做的项目是一个僵化的项目，很多机构做的项目是绕道而行、责任推卸的项目，因此，这样的项目，本来就不可能得到基金会的积极支持。其实对于绝大多数基金会来说，他们愁的不是善款的来源，他们愁的是善款的用途，只要你的项目有足够强大的生命力，别说给你这些基本的支持，给你更长久的、更宽容的支持都是可能的。

话扯远了，现在回到"从前有座山，山上有座庙，庙里有的老和尚"身上。除了要高发员工工资这一点上，寺庙与环保组织略有不同之外，其他方面，寺庙与环保组织有些相像。因为大家拿到钱，大体就是做三件事，一是为众生祈福，二是培养一批在职人员以增加祈福的能量，三是面对社会苦难积极出手相救。

但环保组织还是担心一个问题，善款的来源。环保组织和公益组织特别强调"钱的纯净性"，生怕肮脏的钱让自己也变得肮脏，生怕自己被企业利用，帮企业洗绿；生怕自己被政府利用，成为政府的走狗；生性自己为基金会利用，成为基金会的公关公司。总之，怕这怕那，处处立贞节牌坊，以与各种"黑恶势力"隔绝。

然而老和尚什么都不管，笑眯眯地收受世人所有的功德和捐赠，来者不拒，照单笑纳，一视同仁，毫无忧惧心。如果你要去细心统计，中国寺庙的善款中，绝大部分可能来自贪官污吏"良心发现"后的"布施"，或者来自流氓团伙的"集体随喜"。这些钱说多脏有多脏，说多臭有多臭，说多危险有多危险。然而，老和尚们笑眯眯地接受了，他们相信世界上所有的人都可能立地成佛，他们相信一切众生皆有佛性，他们相信度化苦难远比度化善良要来得艰难。

这其实牵扯到社会需求环保组织的原动因问题。对于社会来说，他们是希望环保组织去扬善，但更希望环保组织去"化恶"——我这里没有动用"惩恶"一词，因为我越来越相信，恶不是惩罚得完的，惩罚甚至可能带来恶念的变种和免疫，但恶却是可能"度化"的。正因为有人是恶人，他才会成为社会问题，才需要老方丈去普度；正因为有人对自然造了恶，环保组织才需要出面去让造恶者"自然萎缩"。

老和尚敢于收受贪官污吏的巨款，是因为他很坦然，他相信自己接恶度恶的能力——他知道这是社会需要他存在的最基本理由，他得帮助社会完成这个最艰难的任务；他更相信自己把肮脏之钱度化为纯净能量的能力。老和尚每天都在对世人说法："不要担心钱从哪来，你要担心钱到哪去。"

环保组织与老和尚一样，是替社会花钱的。环保组织也与老和尚一样，其实无法辨识这些能量、钱款的罪恶程度。环保组织其实与老和尚一样，面临最艰巨的任务是如何把钱花好，如何"以恶治恶"。

环保组织其实应当具有老和尚一样的道行，根本无须担心钱从哪来，钱身上带着什么样的血腥气与酒肉气，他要担心的是如何把钱花得好，让钱花到适当的地方，不仅仅造化了那些受益点的区位和群体，而且度化了钱财本身，度化了那些转移这些钱的人。这样的能力和态度，才叫多赢，才叫大慈悲大智慧，才叫明知不可为而为之，才叫"我不下地狱，谁下地狱"，才叫"我不替你花钱，谁敢替你花钱"。（2010年7月13日）

公益·公众·参与

自私与公益

一、自私维权很容易被拖垮

福建霞浦县溪南镇傅竹村村主任林开吉很厉害，他能够替村民作主张，把村后的上千亩天然林地以极低的价钱转包给商业造林公司。树都砍光了，桉树林都种下了，村民才觉得不对头，开始不高兴起来，就到处讨说法，希望能够为全体村民，也为这片被冤屈砍伐的天然林找回公道。一些年轻村民因此走上了"自私维权"之路。他们能说服村里其他民众的最有力的理由，并不是天然林对生态保护如何重要，而是因为村主任并未将转包收益使用在村庄的公益事业，比如修筑道路上，不知道怎么就让钱款无了影踪。

但事态慢慢地有所好转，村主任换届的时候，林开吉被新的村主任取代了。新的村主任能够上台的理由，是因为他许诺要为村里的公益积极努力。他果然是这么做的，据说到了年底，村里就会修通水泥路，这样，村民的出行难问题、因为出行难而带来的经济发展滞后问题，将逐步解冻。

但是天然林被砍伐的问题仍旧没有着落。可能是官官相护，也可能是没想过"杂木林"有何生态重要性，霞浦县林业局、宁德市林业局都不愿意替村民作主。因此，由于缺乏一场鼓舞人心、刺激进化的胜利，理想上应当以自私维权为契机而发展出的"公益环境NGO"很难在短时间内产生。虽然福建全省和全国许多省份一样，环境NGO很少，随便成立一个，只要运行得法，都很有成长空间。

同在宁德地区的屏南县，村医张长建领头与严重污染当地的榕屏化工厂进行了多年的斗争。他们对该厂进行了持续13个年头的控告投诉、5个年头的诉讼历程。在中国政法大学污染受害者法律援助中心的帮助下，他们打赢了一场官司，理论上获得了68万元的赔偿，但至今村民没有拿到这笔钱，张长建还被当地的卫生部门巧妙地取消了行医资格；又在2006年的10月底，被当地的司法权力部门抓了进去，要求他作出许多承诺才放其生路。而张长建因维权而逐步创建的环境NGO"屏南绿色之家"一直也无法注册成功。

2006年11月7日，屏南绿色之家的1721名环境污染者诉讼团体准备在当地发起一次环保宣传活动，结果，环保宣传活动还没有开始，当地政府就以"策划非法游行"的罪名，扣押并收缴了他们一千份《环保民间组织可持续发展倡议书》和写着"环境保护宣传"大字的一条红布横幅，以及协会的印章，还对他们所雇的车辆扣押7天，于2006年11月13日解除扣押，但不给任何手续，就连原先的扣押清单都被收走。

张长建在当地处境越来越艰难，我担心整个社会舆论对他都逐步不利，原本支持他的少数村民也因为受到迫害而逐步疏远他。一旦他的收入来源萎缩，他将益发的困窘。有人希望看到的就是这种局面，有人甚至以为早已预测到了他的下场。

显然，无论是张长建还是傅竹村村民，都需要一场来自环保方面的胜利，但是，他们似乎永远不可能获得。而且他们很可能（或者早已）成为当地政府的新型迫害对象。

如果没有胜利，他们原本因为"自私维权"而产生的"公益冲动"的有效性和公信力就会衰减。而如果没有受损方的坚定支持，他们的目标就会晃动，其立命基础就会长久的拖延而日益不牢靠。最终，因为疲劳和无望而被拖垮。

显然，他们必须想出其他的战略和战术。

二、公益容易陷入"虚无"

张春山是云南丽江人，多年以前，他发现当地有人大肆盗伐线豆杉。于是他就出来试图"监督政府"，因为政府承诺保护天然林和珍贵林木。结果他发现，环保就像一支行情日跌的股票，现在的市值比他入市的时候还低。他发现自己被套牢了，环保像是泥潭一样吸住了他的双脚。他不可能跳开，也不可能前进。他发现，也许他需要成立一个机构，形成个组织，持续性地做些目标鲜明的小项目，否则你的行为越公益，越容易陷入虚无化。

北京地球村环境教育中心主任廖晓义最近则发现了环保的另一条出路。从1996年以来，她在北京算做了无数的环保项目，如今的地球村无论在国际还是在国内都有一定的威望。她个人也容易受到社会的识别。但是她仍旧觉得，"十年环保，都失败了，什么也没有改变。"（话是这么说，可在北京地球村的办公室里，二十几位工作人员为各自的项目在奔忙，他们做的每一个项目都来源清楚，目标鲜明，策略清晰。不管廖晓义如何评价自己，反正地球村算得上是当前中国运行较顺畅的环境NGO。）

产生这种认识是她从贵州回来之后。她去贵州本来是散心和休息，结果看到当地的旅游发展非常混乱，原住民的文化自尊受到了旅游开发商的强烈剥夺。同时，原住民周围的生态环境和人际关系也在恶化。于是她就出来管，她的办法一是在当地面向领导干部办了几次讲座，反响很大。她因此觉得"帮助领导干部设计可持续发展之路"是重要的办法，她把这种办法称之为"做心"。回到北京后，她又到文化部民族民间艺术发展中心，与该中心主任李松一起，商量在贵州做几个健康生态旅游、文化旅游的示范村，再逐步扭转当地旅游出现的邪恶局面。她认为，环保需要与文化联手。上升到文化的层次，环保就容易做一些。可是，在中国有一个很有意思的现象，环保、文化、文学、科研，像是些个得了病无钱医治的孩子，一直都在呼唤社会献爱心，如果没有了爱心的传递，这些人类最重要的精神产品都可能断代。

有些人仍旧认为廖晓义被哲学局限了，她陷入了另一个层面的虚无。她至今仍旧在强调"西方文明"与"东方文明"之间的区别。实际上，东西方文明之间的差异讨论，早已是个陈旧的话题。如果我们继续把中国的环境问题归之于"西方文明的入侵"，就显得有些肤浅了。中国的许多智慧和美好，是自然经济时代的结晶，而今天，不管你愿意不愿意，中国已经进入了集权化的工业化和城市化时代。这"两化"是需要我们正视的，而且这种潮流带有江河奔流般的主动性。一味地把中国环境和中国人民放在受害者和受胁迫者的位置，试图通过擂鼓鸣冤来拨乱反正，昭雪还原，显然不可能是条通途。

唯一的办法就正视当前的形势，依据中国人的特点，设计出中国的社会行动方式，再"以彼之道，解彼之困"；同时，倡导本地人解决本地问题。

三、和平进军与有限公益化

许多大学生环保社团心存高远，他们要跑到很远的地方去帮助解决当地的环境问题，而对所在城市辐射范围内或者说家乡的环境问题无处着手。最后，往往短短的暑假社会实践活动并没有获得想像中的成就。

运建立所带领的"绿色汉江"显然较为聪明。环保需要"独立的眼光，合作的精神"。这个组织有两个特点，一是"和平进军"。环保最容易与人为敌，尤其与政府和肇事企业为敌。而运建立们却很擅长与当地的社区融洽相处。因为说到底，政府的眼光也是公益化的，他们想的是"为人民，为长远"，只是执行起来出现了许多误差。而如果大家都退回到公益化的状态，先把敌意和猜疑隐藏起来，公事公办，双方对话起来就很容易。政府这一方，觉得环保组织是在"想政府之所想，急政府之所急"；在环保组织这方，是"既为了环境，又发动了群众"。第二个特点是"本地人解决本地环境问题"。汉江的污染是他们关注的核心点，即使再展开，范围也就拓展到襄樊周边的环境污染和生态伤害问题。并不是说更远的问题他们不愿意管，而是要想管更远的，首先要把身边的案例做得扎实和成功。而如果他们的经费、人员和智慧如果主要都源自本地，那将更富有示范性。

因此，霞浦的村民和屏南的张长建要想走出当前困局，办法不多，能想出的，是跳开自私，走向有限公益；跳开激烈对抗，改用"和平贴近"。尤其是从社区着眼，激发当地力量关注当地环境问题，诱导当地人自主设计当地环境的解决办法。否则，今后的张长建可能继续被政府迫害，而霞浦村的村民将回到原先的自然状态，随着村后速生丰产桉树林的日益长成，他们也将日益麻木，最终忘记了村后那片原本长势良好的天然林。

四、低成本合作理论

环境保护本质上是改善人类的行为方式，而环保最佳的方式就是通过撬动社会"沉淀力量"最终影响有决策力者的行为。中国环保行为一方面亟缺人手、经费和才干，但同时，社会上又有大量的资本、智慧、时间、人力在那赋闲。中国一方面有大量的环保倡议在提醒人们关注宏大和辽远的灾难和伤害，另一方面，却有大量的人对近在咫尺的自然界不作观察，对身边的污染毫不知情。

中国的环保需要一个新的理论观来指导，那就是"低成本合作"，"当地人解决当地事"，"让成本和付出发挥效益"。每个人都有一些才能、精力、智力和相关资源，如果为了一个共同的目标，用开放的胸怀，在一个社区范围内，把这些资源笼聚在一起，就能形成一个庞大的环保势力。需要的启动资金和运营资金都可能非常少，更多的时候，通过"社区内部互助"就可以实现补给。

中国现在已经有了一些观察自然的引导组织，比如"自然之友"，但这样的组织还非常少，需要在全国各地中大型城市里尽快建立。这种建立在爱好和美学基础上的环境教育组织，通过本地资源的挖潜，积极人士的诱发，应当很容易快速成立和推广。自然之友观鸟组的经验证明，每个人都愿意为了观察自然而承担自己的成本和代价。"AA"的付费方式显然是"低成本合作"的最佳前提，自愿投入时间、自愿学习知识、自愿购买设备和支付行为成本是所有环保行为的关键。因为所谓的"低成本"，不是成本低，而是将高昂的成本"打碎"，将过去由一个团体来负担，分解到每个人或者每个团体身上，大家共同来自觉分担。由于这种观察活动是简单、高尚的行为，每个人都会愿意投入，每个人都承担得起，无论是时间还是智力、财力。

中国也有了一些考察污染的活动，比如"绿色汉江"就曾经组织过湖北的志愿者考察过汉江上游两岸（包括河南境内）的污染源，自然之友也曾经组织志愿者考察潮白河。但是，这种活动只能算是孤例，还没有成为常规行为。

因此，完全可以在"低成本运作"理论的基础上，尽快以各省的大中型城市为主力，开展"直面伤害"（包括直面污染和直面生态伤害，可以"认识身边污染"发动社区和学生）全国行动。各地环保组织来出面协调，撬动科协、环保局、工青妇、政协、老年大学、中小学、社区等联合起来，组织力量对本地的废水、废气、废渣的排放和处理情况展开"直面污染"徒步调查、汇总活动；进而，再考察当地生态伤害情况。在此基础上，可以与当地的观察美好自然的项目进行联合。最终，各地的环保组织都会有一个强大的项目依托，有了这些项目作为核心凝聚力和人才培养基地，再开展其他的项目、申请其他的资金，就很容易。（2007年1月）

自私与公益

公众参与评论

2007年初，许多人在讨论国家环保总局出台的"环境信息公开暂行办法"。当时，看到这个办法，我却在想一个问题：假如十三亿人，只懂得看公告，环境信息公开，真的就那么有用了吗？

"公众参与环境决策"之车能够运行，必须依赖两根轨道，一是环境信息公开，二是公众的意见必须得到征用。

政府与企业都是组织体，当前，环境保护工作多半指向各类"组织体"行为对环境的影响，包括生产型影响和消费型影响。当政府要求企业公开环境信息的时候，政府也很有必要把一些事关公众的区域性环境信息，公开得更精细、更彻底、更坦诚。这样，公众既能够对企业的"污染点"有了解，又能把握本区域环境形势的整体情况。

同时，公众了解环境信息的过程，也是掌握环保知识的过程。环境信息越详细，公众的环境知识就越丰富，判断力越准确，鉴别力越清晰。其参与环境决策的水平就会有所提高。

然而公众获得环境信息的手段是多样化的，等待政府提供，等待企业透明放开，是一条通路；主动地去寻求、探查、获知，利用公众内部潜藏的能量，进行自我的环境信息教育，也是一条重要的通路。如果我们用学习来比喻，前者是被动的学习，是受制于他系统的学习；而后者是主动的学习，是命运掌握在自己手上的学习。

公众老是在抱怨政府，一切都等待施舍。政府不提供的，好像自己就无法拿到。有时候想，公众是懒惰的，以不负责、不闻知为荣的。想像一下，如果十三亿人都翘着眼睛只等着看"公告"，那会是个什么样的社会？公告上有什么，就看什么，假的，就任其假；虚的，就任其虚；粗纲大要的，就任其粗纲大要。好像公益是政府的事，好像只有政府下了命令，公民才有获知的能力。

如今的社会是个民主的时代，是个人主动的时代，是民间环保组织大有作为的时代，也是政府成为"最大的公益组织"的时代。此时，公众不仅要会看"公告"，而且要自己制作"公告"，每个人心里都应当明镜似的，有一份公告。因为，知识，信息，真相，它就在那里。你只要到达，就能证悟。

国内一些环保组织一直在进行环境公众教育。其中一个重要的手段，就是引导公众走向自然。这里的走向自然包括两大块，一是融入社会，二是贴近自然。而对自然的贴近和观察记录，既包括自然界的美好（比如观鸟），也包括自然界的苦难（比如污水调查）。自然界的美好，让人体会到了自然界的博大和神秘，生起敬畏自然之心。自然界的苦难，多半是人类活动的创伤和毒害，了解到了人类的恶果，顺藤摸瓜，很容易就能推导出这些恶果的"责任源"，主动去琢磨如何改善人类的行为方式。

由于民间环保组织持续多年的努力，这样的自然观察算是有了一定的进展，不少人因此清楚地掌握了本地的环境真实信息，不少人甚至能够对污染源进行定位，不少人能够从更加宏观的角度来考虑环保问题；志愿者团体每年都有所增加，有些志愿者已经成为专家。

但也存在问题，一是尚未形成全国性的网络。中国的县级以上城市按理都应该有一个能力颇强的环保组织长期带领志愿者观察本地的环境状态，以维护本地的环境公益。但是，目前除了北京等几个大型城市之外，许多省会城市都没有环保组织活动，一些具备引导公众观察自然、通过主动寻求获得环境信息的部门（比如科协，比如大学相关专业，比如林业部门、水利部门、环保部门），也没有尽到该尽的责任。二是缺乏持续性的活动。许多环保组织成立之初，就忙于应接各类短暂型的项目和活动，而缺乏常规性的、品牌性的，或者说，必须开发的"产品"。今后的社会，会越来越要求环保组织成为当地的"公众环保服务机构"，而其获得公众基础和信任的前提，就是必须着眼于本地的环境信息调查和观察。这种观察和调查必须是制度性的、长期性的。每周都有活动，每次的活动都能够把观察自然必须的几个大方向都能开展起来，但同时又能够资源共享和"专业打通"。此时，环保组织的任务一是发动、组织志愿者；二是寻找、撬动本地的专家；三是引导当地的舆论关注。

因此，从这个意义上说，国家环保总局和各级环保部门还有一个非常艰巨的任务，就是帮助各地尽快成立能开展观察自然活动的民间环保组织。方法很简单，就是"当地人解决当地事"，让当地人出经费，让当地人出智慧，让当地人出精力，让当地人出的成果由当地共享。当这些成果汇总时，一个随时更新的、全国的环境信息实况图，就会呈现在国人面前。有了这样的通过大量志愿者共同努力、主动调查出来的环境信息，与政府、企业公布的环境信息，才可能相得益彰，互相促进。国民的环保素质，才可能出现飞跃。国民参与环境决策的有效

公众参与评论

性，才会得到彰显。

公众缺乏的不是智慧和能力，也不缺乏经费，公众缺乏的只是一个广泛地主动参与的机会和理由，缺乏的只是一个引导机构。民间环保组织能够在环境信息公开方面帮助政府和公众做很多事情，现在需要的，只是尽快在各地迅速构建立足本地的民间环保组织。已经有的要激活，没有的要尽快促进成立。(2007年4月)

企业需要环保顾问

2007年"五一"期间，著名自然保护组织"保护国际"的项目官员王雪，到了拉萨一趟。她此行的原因有些奇特：以环保顾问的身份，给华硕电脑的"珠峰行"做一次环保培训。

华硕电脑为一次企业的志愿行动，而聘请"保护国际"作为"环保顾问"，这在中国企业史上不知道是不是第一次。王雪花了一个上午的时间，给华硕电脑的志愿者团队进行了"中国环境面临的问题"、"绿游"、"个人碳责任"的生动讲解。最后，她布置了一道作业：希望华硕电脑的志愿者，能够以此行为契机，制作出一幅"拉萨——珠峰绿游攻略"。在她的引导下，华硕的志愿者团队分为四个小组，分别关注、收集、调查沿途的"三废"问题、野生动植物贸易问题、绿色消费问题和沿途宏观生态问题。

华硕电脑品牌总监郑威说，华硕也许会以"拉萨——珠峰绿游攻略"为启动源，在保护国际的全程帮助下，花费一年左右的时间，联合、调动网络上、社会上各种志愿者力量，共同开发出"西藏绿游攻略"。

在我经历的环保事件中，我听说过许多政府的"环保顾问"。我知道2000年国家环保总局聘请了梁丛诚先生、唐锡阳先生、汪永晨、李皓等环保志士为"环境大使"。我也知道著名环保人士廖晓义是"2008奥运会环境顾问"。2007年4月23日，在中山音乐堂，"保护国际"和"北京地球村"共同举行的"绿色旅游承诺"新闻发布会上，著名野生动物动物摄影师、"野性中国"创始人、倡导"用影像保护自然"的奚志农，见到我时，突然问我："你知道吧，云南迪庆州政府聘请我为环保顾问了。"当时我还真不知道这事，回来后上网一查，居然是3月20日的事情了（同时我在"野性中国"的网上，看到他在云南高黎贡山保护区中，首次近距离拍摄到非常清晰的野生白眉长臂猿，以及长臂猿母子的照片和视频）。

奚志农出任环保顾问之后，第一课就是在"迪庆州29个乡镇长环保培训班"上为迪庆州的最基层的官员们讲环保意识及影像在环保中的重要力量。他还分两个晚上给迪庆民族中专1000多名师生做了生动的环保讲座。他说，这个事情还是挺好的，不管怎么样，让我顾问，至少给了我发言的机会。

当时我还美滋滋地幻想：我也算是写过《拯救云南》的人，不知道云南省政府什么时候聘请我当环保顾问；而我新近出版的《不要指责环保局长——从北京看中国城市的环保出路》，谈的是北京环保问题，北京市政府会请我当环保顾问吗？

然而我同时又很有自知之明。我所有接触过的环保顾问，大都是"政府的事"，企业主动地聘请环保顾问的，很少闻及。企业一门心思聘请法律顾问的有，花巨资请管理咨询顾问的有，聘请财务顾问的有，聘请IT顾问的有，聘请美容顾问、拓展顾问的甚至也有。而聘请文学顾问、环保顾问、哲学顾问、文化顾问，似乎一直都没有。而我个人的社交圈和兴趣点，偏偏都在文学，都在文化，都在环保，看来今生当顾问的可能性，是少之又少了。

但企业确实是需要环保顾问的，比起政府来，他们的需求更明确，更紧迫。2006年8月份，著名环保人士马军领衔的"公众与环境研究中心"，公开推出了"中国水污染地图"，将近5000家企业上了这份地图的名单，有更多的企业正在被定位和收纳。当时，有很多企业就着急了，纷纷上门要求与他谈判，以"撤销负面影响"。然而，这些企业可能没有想过，在遭遇这样的事件时，为了企业的今后的健康发展，是不是该聘请一个"环保顾问"？来帮助企业出谋划策，来帮助企业寻找可持续的发展出路。

中国的环境NGO虽然不多，但有名望的仍旧是有一批的，十几年来艰辛耕耘，造就了一批深刻理解中国环境所面临的困境的专家，他们都有给出治理良方的能力。我曾经想像过中国环境NGO的"谋生术"，其中的一条，就是担任"环保咨询师"和"企业环保顾问"。当时我还想像得非常大胆，比如给某个企业当一年的环保顾问，可以获得顾问费5万元，那么个人只收取10%，也就是5000元，其余的90%，都必须留给他（她）所在的单位，作为事业发展费用。而"环保培训师"的出场费也是要高昂的，讲一次至少要20000元，个人收取10%，其余的90%，也要留给本单位作为事业发展费。

虽然国内的民间环保组织一直在廉价运行，看着让人心痛，但我是一向相信"环保高价"的，相信早晚有一天，环保会获得应有的尊重和社会价值。也许突破口，就从企业聘请环保顾问开始——不仅仅是为了一个单项事件，而是让环保专家来指导企业的宏观发展和长谋远略。

企业如果都聘请了环保顾问，那么环保组织就多了一条"技术转移"、知识拓展、感情落地的通道。环保组织的活路变得畅通，并非我的理想，我的理想是所有的企业都能够"绿化"。因为聘请环保顾问，企业的受益是最大的，他们因为有了环保顾问的护航，思路就会转变，心胸就会开阔，公益心就会油然冒出。绿色发展理念、可持续发展方略，就会很快协作出来。企业是社会环保责任的主要承载体，当企业都有能力按照环保的方略来运营的时候，我们的节能减排，我们的生态保护，我们的科学发展，才算真正进入了轨道。

因此，我在这里呼吁，让企业环保顾问的时代，早日来临吧。（2007年5月）

企业需要环保顾问

本地人会成为更可怕的破坏力量

2005年，我去写《拯救云南》的时候，看到的所有现象，让我对云南的现实和未来深怀恐惧。我总在想，如果这个地方资源被掠夺光了之后，当地人会成为什么样，天然林全部被替换为桉树林、小桐子或者果树林、稻田麦地之后，这个地方的文化多样性上哪去繁衍？

当时我的想法是，一个社区要想抵抗外来商业入侵和外来文化入侵，唯一的办法是"社区强健"，最美的招，当然是"本地人通过本地的资源积蓄本地的财富"，当时我只是模糊地意识到，本地人有可能成为更锋利的第三把刀。

当时，我一直对纸业大鳄金光集团这样通过破坏云南宝贵的天然林资源和生物多样性以获得一点点可怜的"造纸纤维"的"巨大外商"表现出了鄙夷和反感，也对像一些"东部发达区"涌来的资源掠夺商表示出轻蔑和不信任。同时，对那些打着造福当地百姓和环境，却只知贪婪地掠求当地无助地"裸露"于地面或沉睡于地底的自然和矿产资源，而无法"沾惠"一点点利益给当地人的那些大型资源型国企，表示出深深的担心。

我偏袒当地人的想法其实采摘自云南本地。多年来，云南可能是被各种外来掠夺力量弄得心疲力尽了，以至于一直有种暗暗的委屈，他们认为几千年来，这片土地把什么都"上贡给中央"，人才木材、铜矿锡矿、鲜花美女、文化歌舞，如蚕食，如抽丝，如蒸发，一点点地被挖空，一点点地被调走，一点点地飘移出他们的视线。现在，他们还能够拿得出手的"生物多样性资源"、"三江并流世界自然遗产"，也在一点点地"濒危"之中。唯一拿不走的似乎是"风景"和"民俗"，然而，当风景在一天天的被欺凌、被侮辱、被践踏、被抽调中，而逐年恶化的时候，指望看到美好的民俗，看到纯真的心灵，看到自娱自乐的歌舞，不过是痴人说梦，梦人犯痴。

当时我有一种猜想，如果没有任何的外来商业入侵，没有游客带来的骚动和吞吐、消纳，云南会主动地破坏这些宝贵资源以求得暂时的物质上的奢侈吗？然而，当我开始透视云南，看到，现在云南的地界何止遭遇外来的入侵，内生的冲动早已开始大施刀斧。云南生态现在遭遇的是"三力并用"、"三刀并砍"，在这样的情形下，三江并流世界自然遗产，不濒危，不遭劫，不落难，几乎是不可能的。

你可以说这内生破坏力是外来力量引诱的结果，你也可以证明这内生的力量甚至会成为对外来侵略的"对冲"。但是，一旦"掀起你的盖头来"，会发现，这几大生态破坏"方面军"，其实是一种联合作战、互为犄角的关系。结果是，云南这片土地，外恨未解，内祸又生。几方力量叠加在一起，共同依托脆弱易损的"七彩云南"，去解馋，去寻租，去圆梦。政府要"工业强省"——多半发展资源型工业而不是高科技产业和高文化产业，要大力开发水电和矿藏；群众也要"工业强身"——多半也是发展资源型工业，要大力开挖山野和矿藏，要以工业的手段进行农业种植，要以草本作物的思维对待木本作物，让身边的草木都成为经济源泉，让每一粒尘土都成为矿产。

这就是云南今天在上演的致富梦。"像所有以梦为马的人一样"，不少人希望一夜之间获得大把的钱财。办法是什么呢？当然是资源。中国人是最擅长倒卖资源的，尤其是那些看着没什么"直接经济效益"的天然林、河流山川，那些看着极容易抓取和捕捉的"草木鸟兽虫鱼"，那些野兰花、野杜鹃花、田七、松茸、虫草；那些金丝猴、黑颈鹤、斑头雁、亚洲象。

有一次与一个朋友争论，对于中国人来说，是富裕好还是贫穷好，他的理论是中国人不能穷，穷了就出现种种恶相和怒相，互相间少有恩情。而我的观点居然恰恰相反，我认为中国人越有钱越邪恶，富裕的人反而互相提防得算计得最厉害，尤其在这富裕绝大部分来路不正的时候。

过去的习惯，夸一个人优质，大概一定要说他"自力更生"，我也认为，一个人在这个世界上，受不受教育不重要，有没有文化不重要，重要的是要有自食其力的精神。现在，在环境形势如此危急的时候，光有自食其力是不够的，因为自食其力的过程很可能是大肆伤害自然界的过程。因此，我对"自食其力"又加上了一个定语，改为"在不伤害、少伤害自然界的条件下，通过自食其力实现人生的圆满"。

用贫困线来衡量，云南当然有许多人是穷苦的，有些人的贫困是如此的刺目，令人难忘，令人不安。文化没有先进与落后之分，但人们下意识地仍旧以物质的丰厚度来对标文化的丰厚度。这是个"金元时代"，人们行动的每一步都得依靠现金来支撑，因此，除非你不上学不看病少穿衣，否则，你就得到处张罗着用劳动，用汗水，用尊严，用身体的各个部位，去兑换、收集纸币。当这些都不够用的时候，你的目光，很容易就在逡巡之间，为难之际，对着身边的"美好自然"，涌生起邪恶的愿望。想到砍倒那棵红豆杉就能卖上几文钱，剁下熊的四个脚掌就能兑上几钱银子；拔下那两颗象牙能换来几个月的支出，剥下那孟加拉虎的皮就可能熬过眼前的艰难。这时候，环保主义者、忧虑的人们，有什么理由去反对？

经济学家最喜欢谈"内生能力"，认为任何足够大的区域，完全有理由依靠本地的才能和智慧实现发展。而生态补偿主义者喜欢讨论"贴补"和"转移支付"。有时候，我觉得生态补偿了许多人妄想和横心，不是把一切过错都推给"下游"，就是把一切责任都卸给"国家"；有时候，又认为生态补偿又确实早该实行。如果把云南比作一棵大树，那么它过去被刀剥，被斧凿，被火燎，被虫蛀，确实被抽走了太多的汁液，被砍去了太多的枝桠，被削去了太多的根须，被伤了太大的元气。

云南现在的问题又是全国共同遭遇的，几十年来的经济民主和政治民主的日益普及，让每个人都有了强大的创业能力和自决能力，有了强大的生产能力和消费能力；消费的频密度，消费的种类，消费的野心，都是前所未有的。自然，其环境伤害力和生态伤害力，也是空前绝后的。近年来，这种能量开始被赋予到了广大的一度被忽略和漠视农村，全国上下，深山绝谷，处处云腾雀跃，找不到一片净土。

如果说过去只是官员控制资源、商人通过贿赂以掠夺资源，绝大部分人只能袖手旁观、被动参与的话；如果说过去是城市伤害农村，绝大部分农村只能忍气吞声的话，那么，今天的神州大地，已经出现了每一个人是成为生态杀手的波涛汹涌局面。

农民过去是经济自主的典型，自给自足，不依不靠，而现在，成了最缺乏保障的群体。他们的任何经济行为，都需要依靠"政府"和"公司"，他们生产的农作物，随时有腐臭在地里、沤烂在粮仓的可能。今天，他们找到了着力点，攀上了产业链，开始爆发了。看一看目前中国农村的谋生出路就会很清楚，几乎所有的农村都在做工业化和城镇化的梦。中国近年来涌现出的明星村，无一不是靠工业来致富的，大量征用原料，大量对空对地排放。这些所谓的村庄已经没有村庄相，这里的农民实质上已经是市民和工人。然而，当更多的有理想的村庄试图效仿的时候，却发现，中国不可能处处办工厂，农民不可能全部都变身份"改户口"。于是，更多的农村就成了"公司"的附加和延伸，成了企业的"协议员工"，成为企业的原料供应者。企业需要鸡，他们"农户加公司"，帮助"科学养鸡"；企业需要橡胶，他们就毁林种胶；企业需要桉树，他们就"炼山"种桉树，企业需要竹子，他们就"开荒"种竹子；企业需要兰花，他们就把林下的所有野生兰花都采回家待企业来贩收；企业需要松茸，他们就半夜上山去翻遍所有的腐殖土；企业需要虫草，他们就不惜与人械斗，以维护神圣的虫草领地权；企业需要野猪肉、需要豹子皮，他们就上山下夹套、挖陷阱。直到把山淘空，把水毒尽，把天然林砍光，把地底挖塌，把天空染成五颜六色，让天然林成为空林，让天然河流成为空水，让天然的湿地变成荒漠。

环保是为了过上更美好的生活。环保从来没有不许人发展的意思，环保奢望的是人类聪明发展、幸福发展，环保主张的是环境的平等权和资源的平等权，环保追求的是社会的正义和人心的良善。然而，在火热拜金的今天，在极端发展不成为过错的今天，你在街上大谈环保，似乎异常的不合时宜，因为，现在是全民快速致富时代，是"正确的授权"导致的"错误发展"无法追究责任的时代。在这样的时代，你从环保立场说的每一句话，都可能与某些地方的"政府精神"相忤；替自然界喊的每一声痛，都可能被当成是"不顾穷人死活"。然而，当生态恶化到每个人都无法承受，当生态伤害到没有医生和药物能够回春、缓解的时候，我们所谓的"勤劳致富"，真的有那么大的意义吗？我们所设计的由贫困而温饱，由温饱而小康，由小康而大富大贵的"社会金字塔"，哪一步能给我们带来真正的幸福？（2007年5月）

本地人会成为更可怕的破坏力量

谁说不应该奖一奖

　　看到山西省环保局和财政厅准备联合奖励"节能减排"优秀官员的消息，笔者正在四川，随"中华环保世纪行"记者团采访四川的节能减排和水资源保护工作。恰好在乐山市，听到一个同样是环保方面的奖励新闻，只是乐山人明智，他们奖励给"社会群众"。

　　全国的环保系统都有一个"12369"的环保举报电话，乐山也有，可一直很少有群众举报。不是因为乐山已经多么环保，而是群众怕举报了不给处理，举报者会受"追杀"。2005年，为了鼓励社会监督，乐山市特地想了个妙招，出台了"环境违法行为有奖举报暂行办法"。奖金低的100元，高的10000元。其创举是可匿名"密码举报"，你打了电话，可以不用透露身份，环保热线会给你一个"序列码"，你只要举报属实，奖金就可直接打到你的卡里。这一招还真灵，群众就敢大胆举报了，不再担心受到环境违法者的追击和迫害。2006年一年，就奖励出资金52000多元。

　　有意思的是，乐山的奖励资金也是"专项资金"，也是专款专用。但人家用这笔钱，理直气壮，社会欢迎，群众踊跃不说，更重要的是，在当地营造了良好的环境气氛，有了群众的支持和响应，一向软弱的环保局工作起来很自然地壮直了腰杆，主管环保的副市长也有政绩故事向其他干部传播。

　　笔者几年来一直在持续观察中国的环境保护方略。许多环境违法行为，都是当地政府制定的"土政策"对环境违法行为的有意包庇和"兼容"，群众并不喜欢。这内中的原因，可能是因为官员环保书籍读得少，"知识结构不合理"——都已经是全面环保的时代了，还沉迷于"排污兴奋期"；可能是某些官员收受了某些擅长排污者的贿赂——在中国，对官员的侍服系统和待遇方式都是"最高规格"，可有些人仍旧不满足；可能是被所谓的"上级高压"GDP排名所牵累——对于一个人来说，有钱不等于幸福，对一个地方也是如此，在浓烟黑雾中，即使"促进了经济发展"，却很可能每一份钱都是带血GDP、带着污水毒水的GDP，这样的发展有什么可得意？

　　山西省的这份奖励制度定得有些古怪。环保不是环保局的事，也不仅仅是政府的事，而是全社会的事。这其中，政府的作用固然很关键。随着社会的日益开明，政府迟早要成为"最大的环保组织"、"最大的公益组织"，应该努力成为生态文明的"赋能者"。政府的主要业务，是能够依靠聪明和智慧，精妙地处理各类让人头疼的"公共事务"，这是人民愿意赋权给政府的唯一原因。山西省完全可以同样开一个"先河"：储备、开列一笔资金，大力奖励有功于环保的"优秀社会群众"。

环境保护在中国维艰维难，有一个重要原因是中国的群众力量未得到释放和阐发。环境是"公共领地"，很少有人认为于己有关，而多半都是在感觉到有关时，有愿望想关注时，无法找到关心环境的着力点。山西省如果明智，完全可以把这笔"专项资金"作启动源，用以激发社会的能量，让每个群众，都能找到为环保献命出力的理由和能力。

理由是不须多说了，重要的是能力和渠道的建设。群众关心环保，无外乎几个办法，一是成立民间环保组织，以"非政府组织"的名义，带领本地群众共同持续关注本区域的环境公益。二是成为"环保监督员"，举报社会环境违法行为，督促政府相关职能部门正当地、硬气地行使权力。三是在个人的生活中尽量遵循一些环保原则。

当前，像北京、云南等一些地方的民间环保组织已经发展得不错，而山西几乎没有严格意义上的、有能力和热情的民间环保组织，我所知道的只有大同似乎有那么一家。正当注册的几个"半官方环保组织"和大学生环保社团，经常处于有心无力或者有力无心的游离、偶然、松散状态。山西人如果真的精明擅算，那么他们就应当发现：从"环保政机"上说，这正是政府及时"入市"，大举激发的好机会。

环保其实是一种"公共气氛"，它最稳定的基础来自当地的社会。中国的许多城市没有灵魂，只有大力发展环保和公益，也许会让某些城市因此有魂着体。如果一个地方一直缺乏环保的氛围，漠视环境，肆意排污，剧烈破坏生态，那么政府就该操劳，设计一些方略，"隔山打牛"、"声东击西"、"围魏救赵"、"曲线救国"，极力夯实社会环保根基，营造大量的"每个人都能够关注环保"的台阶给群众落脚、挺立。一旦社会的力量激发起来了，人人都到环保的大地上耕种，政府才有机会空着手，笑着脸，欢快着心，天天在办公室里，坐等收环保的麦子。只有一个地方的环保气氛热烈地奔驰起来，可持续发展才有可能。这时候再去奖励政府官员，为时不晚。

山西省早应该出台对环保的奖励和扶持措施，最好还能发放"环保种子基金"，扶持每个地市成立有作为力的环保组织；鼓励每个地市的群众踊跃举报环境违法行为，在公开严惩环境违法者之后，对有功的举报者进行"匿名奖励"。

如果山西省能够这么做，那么肯定会引来一片叫好声，而不是全国群众的纷纷质疑和责备。（2007年5月）

公益与科研：社区衰退的回春丸？

商品经济并不是坏事，如果一个地方连商品经济都承受不了，社区健康和社区文化也可能是虚妄的。但商品经济和现代化手段确实有让人焦虑的地方，因为它诱发个人自私，强化社区间、人与自然间的自私争斗。社区强健、复壮又必须依靠本地力量，如何激发本地人的才能最需要探索。带有半公益性的"社区共管"正被逐步证实是一种有效的保护手段，而让社区做科研，也许是让保护得到深化的新型"公益冲剂"。

变化

2007年7月18日，青海的措池村，牧民们举办的"生态文化节"正式开幕；这一天的下午，在北京，北京大学生命科学院教授王大军，在著名环保人士汪永晨、张可佳组织的"记者沙龙"上，向大家讲述措池的魅力，讲述他的担忧和喜悦。

措池村地处长江源头三江源国家级自然保护区通天河源野生动物保护核心区，总面积约2124.5平方公里，平均海拔4200米，最高达4800米，是中国海拔最高的纯牧业村之一。

第一次来措池村的人可能感受不到太多的变化，但是经常来措施村的人，发现变化很明显。他们看到，第一个巨变是路修通了。以前到措池村，从格尔木再到五道梁再到措池村，也许需要走上三四天，现在，从五道梁到措池村，也许只要走上半天。中国人一向认为，要想富，先修路。便捷的交通，会带来频密的商品交换和信息交换。在中国人的另外一种意识里，商品和信息往往伴随着邪恶的侵蚀。

让人最担忧的是摩托车。措池村的人过去放牧骑的是马，马文化在中国几乎已经完全衰退，全中国800万匹马处在一个不知何去何从的尴尬境地。有专家认为，拯救中国的马文化，唯一的出路是博彩赛马。人与马之间的传统关系，只有在高原地区和纯草原地区还稀疏可见，而摩托车开始改变这一切。购买摩托车的欲望催促牧民加快交易他们的牛和羊，而摩托车零件、油品的需求也刺激了对牛羊的索要。摩托车容易让人生病，尤其是他们的膝盖容易被风吹伤。

十年前或者更早以前，你到青藏高原的牧区，牧民讨要得最多的是干电池，因为他们想要拿来听收音机，现在，措池村刚刚安装了一个独立太阳能电池站，这些电足以供人们的照明和电器充电——电器包括数码相机。有一个牧民，花五头羊，换了一台数码相机，由于尚没有电脑来卸下他拍摄的美景，他就删了再拍，拍了再删。

共管

哈希·扎西多杰，被人们习惯性地称为"扎多"，是青海三江源生态保护协会副秘书长，2007年初获得了"CCTV年度经济人物公益奖"，他获奖的主要原因是实践着一种自然保护与社区强健双赢的关系，这种方法被人们习惯地称为"社区共管"或"协议保护"。措池村，正是他实践这一理念的重要领地。

村民们被发动起来，在"监测"他们牛羊的同时，监测物候、监测野生动植物、记录草原的变化和山水的变化。扎多认为，其实保护的问题本质上是个社区强健问题，保护的问题是如何化自私为半公益的问题。有人认为，一个社区要强健，一定要等到它富裕之后。中国有太多的地方，都抱着"先污染、后治理"，"先砍树，后种树"的想法来顺应社会的潮流，可实际上，你不一定要等人快死了再来给他治病，你完全可以在他还健康时，就帮助他采用保健措施。"有人老说要有钱才能做保护，我有两句话来反驳，一是穷妈妈未必不懂得艺术，未必比富妈妈更不会打扮她的子女；二是有钱未必有智慧，未必会做公益，甚至越有钱越邪恶。"

著名自然保护组织——"保护国际"中国区代表吕植，同时是北京大学生命科学院教授，她带领的团队给了措池村强大的科研力量支持和精神支持。他们帮助村民设计监测的种类和监测的方式，他们帮助分析监测的结果，他们与村民一起共同做科研。王大军说："牧民有非常多的感官知识，他们长年累月积累的社区自然知识要比我们丰富，科研的过程是调动和改良他们这种知识的过程。现在的青海，到处都在杀高原鼠兔，只有措池村的人不杀，因为他们发现，草原恶化也许不是鼠兔的原因，是草原先恶化了，才有鼠兔的大量出现。旱獭也是如此，现在旱獭很值钱，有外边的人来滥捕滥杀，可它与鼠兔一样，是高原生态系统中的'中间件'，如果它们少了，狼、棕熊、猛禽，怎么存活？如果它们缺少了，草原真的就能恢复吗？现在许多地方都在推广围栏草场，牧民非常喜欢，但是我们也在提醒他们：这种把连绵的草原划分为独立片区的方式，真的是可长久的吗？"

科研是带有公益性的，这种微妙的公益乐趣也许会成为社区的新型融洽剂。他们希望找到一种"扶助手段"，让村民享受做科研和公益的乐趣；进而，真正认清人与人之间的关系，认清人与自然的关系；改善随着商品经济入侵而日益滑坡的社区邻里关系——人与人之间友善，人与自然之间和谐，一向是措池村或者说中国许多地方的荣耀，但是，有很多人发现，这几年，人与人之间的邻里关系，人与自然之间的邻里关系，都有恶化的微妙趋势。吕植说："人们害怕的并不是交通，也不是商品，而是这些商品和交通所附带的对人性和对自然的侵犯力。而基于'社区自私'基础上的科研、公益活动的掺入，可能是对抗和缓冲社区恶化的一个理想办法。"

理想

可能同样是为了防止邻里关系滑坡，强化自身的文化魅力，进而复壮社区的共同归属感，措池村开始举办"生态文化节"。在将近10天的时间里，所有到达这个村庄、生活于这个村庄的人，都参与了各种各样的"节目"。这节目既有传统的转山、歌咏、传说讲述，又有新添的认识动植物、摄影比赛等。

扎多说，乡村生态文化节搭载在藏族传统的"过桑"这个平台，在继承传统本地生态文化的基础上，赋予强烈的"绿色"概念，包括服饰表演、赛马、放生、杀戒（野生动物）、话说山川、本土民族体育、讲解宗教生态文化、社区监测评比、评选"最具慈悲之心"村民、播放生态影视宣传片等多种有利于生态环境的内容。培养广大村民积极向上的精神，凝聚乡村向心力，培养牧民自觉参与自然生态保护的热情，倡导对环境友好的生活方式，鼓励传承优秀的生态文化思想。

本土的文化是诱人的。"保护国际"把"文化节"当成了员工教育和实地科学训练的一个重要程序，鼓励员工实地学习生态学知识——尤其是高原生态系统等方面知识，向牧民学习，提高参与活动的员工对社区保护工作的理解。"保护国际"保护项目主管孙姗说，他们在一种既欣赏、赞美、喜悦，但又忧虑无比的复杂态度中参与这个文化节。"有时候你说不清，到底是我们在帮助他们还是他们在帮助我们。也许是大家在共同救护自己吧。"参加文化节的人，要完成"人与野生动物的关系"调查报告；员工分成了两组，主题为"探访人与野生动物的关系"的组，报告需要针对某个固定的区域，从生态系统的角度分析当地人与某一野生动物物种的关系及相互影响，不同利益相关者对这一问题的看法和态度，提出具体的保护建议；选择"人与野生动物冲突"主题的组，调查报告内容包括：从生态系统的角度对冲突进行描述并予以证明、阐述冲突发展的历史、分析冲突发生的原因，考察利益相关者对待冲突的看法和态度，并针对该社区提出冲突的解决方案，以及社区的保护建议。(2007年7月)

只看重个人健康是没有希望的

中国人现在见面，都有一种惜命感，互相间一定要说的一句话，是"健康是福"，是"好身体最重要"。然而我总觉得，这句话有些不对劲，有些不负责任，有些没出息。每当我在人群中，听到讨论车子，讨论房子，讨论职位升迁，讨论人生困惑，讨论读书无用论，我都不惊奇，左耳进右耳出，茫然不应；而一旦听到人们讨论食品健康时，我就会竖起耳朵，希望听到些新颖的理解和独特的持论，然而没有，人们除了指责"政府监管不力"之外，就是在设计吃什么最舒心、放心。有人试图把话题转向环保时，人们往往还之以冷淡，或者抱之以嘲弄，大概是大家仍旧在以为，生态的健康，与食品的健康之间，"找不到直接的关联"，因此，"我是愿意环保，可是没有办法去做"。然而，我想，大家如果从饱经受难的河流看起，从太湖，从滇池，从长江，从黄河，从大海，这些原来盛产"健康食品"的有机体中看起，应当很容易"返诸己身"，因为河流的伦理，只有人类在蹂躏；水的生命，只有人类在糟蹋的啊。光知道关注私人健康的人们，请多少开始公益一些，为环境保护尽点力吧。至少，克制一下吃野生、天然动植物的欲望。

前不久，国家环保总局顺承年初的"区域限批"策略，对长江、黄河、淮河、海河这四条大河流域内的重污染区域，实施"流域限批"。我的第一反应是："大地的健康，河流的健康，与每一个私人的健康，谁更重要？"进而在想，一个只知道关心私人健康，却不关心生态健康的人，是不是可耻的人？

中国的污染是肯定的，因此不需要费心耗力的"科普宣传"，路人皆知；大量的污染已经干扰了人民的生活，引发了公愤；国家环保总局前不久为此成立了环境卫生处之类的处室，以调研污染与人类身体健康之间的关联。好像是为了怕引起社会纠缠，这个处室都不太敢对社会公开。

中国人关注污染，当然是从与身体健康的关联度去研究和发愤的。城里的人说农民坏，就演绎农民用高污染的水种蔬菜，用剧毒的农药种稻子，"他们自己都不吃，全卖给我们"；农民也在那说城里的人坏，城里的人老是生产些假冒伪劣产品不说，还把流经城市的整条河流污透，把整个区域上空的空气染黑。中国没有一个城市是干净的，水经过就成黑水，气经过就成黑气，流进城市里的是各种优良物质，流出城市的都是各种"危险废物"。因此，老有人劝我，说你们关注环保的人，应当从环保与人民生活的紧密处着手，讲一讲环保与私人健康的关系，比如你要人不吃鱼翅，你最好说鱼翅吃了对身体不利；你要人不笼养鸟类，你最好说养鸟会传播疾病；否则，没有几个人会站下来听你讲的，穷着的人们要赚钱，要活命；富着的人们要健康，要放纵，你却和他们讲"增长的极限"，讲"欲望克制"，只会招来人们的白眼。

我知道劝我的人们都对，但我总在想，中国有十几亿的人民群众，如果大家都沉下心来，多看几眼身边的环境真实，然后修治一下个人的行为，为环境公益付出几分精力和智慧，难道不是一个人的责任？我总怀疑，社会进展到今天，纯粹自私型的社会已经不可能延续了，必须多一点公益，多一点慈善，多一点对他人的关怀，多一点对自然的温暖，否则，社会的理想靠什么支撑？社会的共同意识靠什么作为支柱？因为环保，不仅考验的是一个群体与自然和谐共处的能力，也考验一个群体的智慧和心力，考验一个群体心灵的丰盛度与持久力问题。一个生命比另一个生命是否略有意义，绝不能用钱来衡量；一个生命比另一个生命是否更成功，也不能用官位、星级作为权重。如果一个群体连环境都保护不佳，那么这个群体繁衍得再多，物质组织得再丰足，人们口袋里的金银再沉重，古董架上的珍宝再奇异，也不过是一伙资源掠夺狂和生态杀手在那寻欢作乐。

时代在变化，如今已经不是五百年前。当年的海盗会被时人当成英雄，只要他发现"新大陆"，只要他发现"神秘的东方"，只要他们的剑能杀人，手能掠夺，设计出的"制度"能把成千上万的人变成奴隶。时代在变化，中国早已不再是自然经济时代，一百年前人人都在追逐的"科举制"在今天成了群体的陌生词汇；一百年前使用的书面流行语今天成了"古汉语"；一百年前人与自然间的那种通过阻隔以"互相尊重"的关系在今天已经早已被人类侵犯殆尽。中国除了面临城市化、工业化，更面临每一个人的"消费频密化"和"创业权普及化"。这"四化"，都在共同制造一个灾难，那就是损毁大自然的身体健康。

国家环保总局频繁出台各种"限批"政策，是希望这种破坏生态健康的势头能够有所克制，速度能够有所缓冲，方法能够有所"体面地改良"。然而，他们却没有发现，中国的大量走向小康以上水平的人，正在奋力追逐天然和野生；一伙手心里稍微握有几分钱的人，在拼命追逐生态食品，以滋阴壮阳、明目清肺、强肾保肝。

追逐健康的人不依靠锻炼身体，更不愿意再劳走奔波，也很少想着做些让心灵美好的事物来顺便改善个人的美誉度。吃起东西来，穿起衣服来，开起空调来，坐起汽车来，根本不管环境保护，光是吃，就目标很清楚，老是想着如何吃到有机鱼、生态食品、天然保健品。而这张嘴所有的诉求，都指向一个共同的来路，那就是野生。中国人迷信野生，认定野生之物必然"无污染"，必然"功效强大"，必然"味道优美"。而人们却想不到，这种追逐野生的消费欲望，等于在受尽污染折磨的自然身上，再次举起屠刀。

中国古代杀人，是有许多讲究在里面的，虽然是死，但死的"哲学内涵"和"现实污辱度"是有差异的，比如车裂和枭首，就各有对应的含义；"缢杀"与"鸩杀"，也"适用不同的人群"，而今天我们对待自然的态度，是百毒俱施、千污俱用、万刀同斫，人人都在成为生态杀手，人人都在残害自然，而目的，却是"保护人类生命健康"。(2007年7月)

只看重个人健康是没有希望的

奇怪的疆土型自私

生态是公共的，而个人往往是先得满足自私的；经济是强调自私的，而社会却是强调公益的；肉体时常是自私狭隘的，而肉体身上潜藏的理想却时常是宏大美妙的；国家对外是自私的，虽然它对内以公益的面目出现。

当我想着这几句话的时候，看到了国家发改委准备把全国的疆土划分为四大功能区的消息。其实在一年多以前，有一次，听国家环保总局前副局长汪纪戎女士谈生态补偿，她就提到了几个功能区的划分对于生态补偿措施的出台的铺垫作用和引领作用。而就在一个月前，国家环保总局出台"流域限批"政策时，国家环保总局副局长潘岳也在那感叹：区域之间的疆界线，是导致现在流域管理难以像密西西比河那样流畅的一个重要原因。

自然本来不属于人类，江河本来有自己的行走方式，而人类的政府部门，却很奇怪地发明出了各种的铁丝网和切利刀，把一条江切成了无数段，按村、按乡镇、按县市、按地市、按省区，好在中国的土地尚未私有，如果私有的话，甚至有可能是按人头来划分。有些流经几个国家的河流，像湄公河，还经常要举行跨国的首脑会议，讨论几方的共同权益平衡问题。

说到底这些都是自私心理在作怪。是人类逻辑化的、私欲化的疆界理念在干预自然的无序和混沌；是人类各种类型自私心理在层层阻挠的结果。地图上的那些国界线、省界线、乡界线，正在成为捆住环保肢体的自缚线。

因此，我们首先要来剖析人类的各种自私。一个人的自私，大体可以按一个金字塔，最底层，是个人的自私；再往上走，是家庭的自私；再往上走，是家族的自私；再往上走，是村庄的自私；再往上走，是县镇的自私；再往上走，是省市区的自私；再往上走，是党派自私和国家自私；同时，还伴有民族自私、种群自私、圈子自私等。这些领地型的、区域型的、空间型或者血缘型的自私，既是促进人勇猛向上的动力，也是阻碍人类变得宽广博大的绊脚石，是人类边发展边给美滋滋地套上的通往自我奴役之路的枷锁。

过去，人对人是压迫的；过去，人对自然的压迫甚至是受到鼓励的。现在，人对人的压迫受到人类公共意识的抵触和鄙弃；现在，人对自然的压迫开始受到了人类自身的谴责。人类发展的过程，就是不停地剥除这些自私的过程。个人自私和家族自私的淡化很容易得到每个个体生命的理解和支持，因此，社会有望从纯粹自私型向半公益型过渡。所谓的工业化、城市化、民主化、商业化、网络化的过程，都是不停地修正人类自私的过程。

但是，公益化、环保化进程在今天遭遇到了一个阻力，就是疆界型的自私正在成为环保推进的铁丝网和堡垒。如果你在中国大地上行走，你会听到许多市与市之间、省与省之间为了争夺资源而发生的打斗故事，你也会听到村与镇、镇与城之间为了"追溯"污染源而引发的摩擦。如果你具有全球眼光，你会看到更多的国家与国家之间讨价还价，其实都在是推卸自家的环保责任、把污染的源头归咎给别国，发达国家是有罪的，因为他们几百年前就高强度地污染着地球、伤害着生态；发展中国家也是有罪的，因为他们现在正在做着依靠发展高耗能、高污染、高度依赖不可再生资源的"经济强壮梦"。有钱的人是有罪的，因为他们的砍刀里都含着生态的血腥；穷人也是有罪的，因为他们在替人砍树、帮人挖矿的过程中，多少也给自己谋取了点生活之资。中国东部的人是有罪的，因为他们掠夺了本地的生态之后又开始掠夺西部；西部的人也是有罪的，因为所有的伤害和污染都发生在他们的地面，即使自身参与的少，监管不严也足以定他们死罪一条。

自私的结果就是互相推卸责任，同时大力搂聚地上地下一切可能的资源，生怕给邻居利用了去。下游修起水库，上游赶紧也修起来；别人上山偷了棵树，自己也马上上山偷了十棵；邻居当上小矿主黑心挣了点钱，自己也想赶紧调动关系弄来一个"非法开矿许可证"；看到邻村山上起了火，一想到这山"与己无关"，很得意地就压下了去救助的念头。

想来，四大功能区的划分是在打破长久的行政区划所引发的区域自私对生态的伤害力。让自然的属性得到最符合自然规律的行政管理。想来，这四大功能区的划分，将让神州大地上许多按山水、按水系、按草原系、按荒凉系、按天然系等自然呈现于大地上的诸多自然花样，可能得到最好的"保护性开发"或者"开发性保护"。想来，这样的举措，会让人类克制一些，少些对GDP的简单崇拜，多些对生态与人文的本能尊重；想来，这样的举措，有可能在促进人与人间的和谐的基础上，更全面地促进人与自然的和谐。

但是，如果我们放眼全球，仍旧会发现，哨兵可以不允许两国群众自由来往，却挡不住飞鸟的自由迁徙，也挡不住种子的随风飘散，更挡不住脏空气的自由流淌，挡不住水与水之间的秘密交流，挡不住山与山之间的持续对话。由此看来，环保的路子，还真是非常的辽远。前不久，著名民间环保人士汪永晨接受一家媒体采访时这样说："你们美国人说中国现在大量排放污染，损伤了地球；我们中国人还说你们美国人用去了世界上大量的能源和资源，结果导致全球许多地方生态系统崩溃。环保是全球性的问题，环保是个无疆界的问题。互相指责是没有意义的，更重要的是大家撤去铁丝网，共同来应对。"

希望四大功能区的划分，至少能够让中国人成为一个协作体，共同应对中国的环境困难，完成"负责任的大国"所应付的高尚而略带悲情的责任。

（2007年8月）

让激发型社会生态成为可能

《不要指责环保局长——从北京看中国城市的环保出路》出版之后，有人一见了我，就要问："为什么不要指责环保局长？我觉得就应该指责他们。"环保局长们很喜欢这个书名，几乎所有的环保局办的网站，都转载了这本书出世的消息。当然，至于有谁真的花精力去购买这本书，有谁真正买到了书之后追着看完，就是我所无法了解的了。

有人很喜欢这个书名，一个多年前认识的朋友，现在是某个城市的副市长，他在发给我的电子邮件中，说："中国人喜欢批评、喜欢谩骂、喜欢指责，这种风气与喜欢坐论空道、喜欢抄袭文献、喜欢在家冥想的习惯是一脉相承的。中国一直缺乏一种赞美的文化、宽容的文化，赞美是什么？赞美就得尊重对方的缺点、体察人类的共同困境；宽容是什么？宽容就得保证社会有行为多样性和思想多样性、价值多样性。也许你的这本书，会让中国的赞美文化有所发育。"

有人又问我："环保局长应该代表政府吧？在环保问题上，政府不应该负有主要责任吗？是不是你不想站在政府的对立面来谈论问题？"

我的回答也很简单：环保局当然是政府的一个部门，中国一向是强权政府，因此，如果发展得好，环保局也可以发展成为强权部门。但如果你留心中国官员的流转体系，你会发现，中国的政府部门中也是分层级的、有内部潜规则和暗示系统的。有些部门是强权部门，有些也照样是"弱势群体"。而且有意思的是，进入到弱势群体里的官员，往往就在本群体里流动；进入到强势群体里的官员，往往也在强势群体里流转——除非出了问题，被贬谪、挪移到弱势群体里时。

有了环保部门不等于他们一定要为环保负责任，就像力气大的人不等于就一定搬得比力气少的人多一样，就像长得漂亮的人不一定心地好、聪明的人不一定挣钱多一样。责任源于赋权，中国的环保部门需要为环保负责任，只是近两年的事，此前的大量社会决策，他们只是流于政策形式的盖章和签字，因为更强权的部门已经确认了，他们只得依从。

政府本质上不是和民众对立的，如果你留心看任何一个地方政府的宣传和承诺，都是"公益型政府"、"正派至上政府"。长征能够胜利、革命能够成功，就是因为我们的共产党员过去有着崇高的理想和顽强的普及公益的精神。这一点在民主普及、妇女解放等方面做得尤其到位。大家认为，反抗和批评是最有效的传播手段，但我却相信，感染和激发更有效。每一个人，身上都有美好的方面。每人也都有恶性，最可怕的表现恶的时态，是在他处于"职业时间"时。也就是说，此时他即使本有略微的"个人正义"，却没有顺利地转化为"职业正义"；他的个人美好思想，无法转化为美好的公共决策。

我一直倡导一种精神，叫"独立的精神，合作的态度"，因此，我们要做的就是，用正派的、纯洁的方法，影响更多的人，最终让更多的美好思想，成功地转化为政府决策和社会共识。政府是最大的公益组织是环保组织，政府的使命就是发展公共事务。因此，我们要做的，就是如何影响政府决策层，让公共意志凝聚为政府意志。

有人又问："如果不问责于环保局长，那么，责任究竟在谁？"

很迅速地回答说，责任当然在于"每个人"，在于"机制和制度"。但这是标准答案、浅层次的答案、无可着力的答案，我心里觉得仍旧有更"可着力"的答案，我每天都在寻找这个答案。

当前我能回答的是，我们需要设计出更多的、让每一个人都愿意参与的环保传播活动。因为环保的目的，是为了把我们引导到更加科学、合理的发展道路上，而不是不让人类"发展"。环保的目的，是为了告诉大家，美好的生活不仅仅是几块钱能够解决的。环保不仅体现我们的生态保护能力，而且体现我们这个民族的"智慧和心力"，是表达我们这个民族能够"以什么样的形式走得多远"的问题。

因此，我最近一直沉迷于"感染"、"激发"这两个词。一个群体存在，基本有两种方式保证他们的团聚和延续，一种是管理型，一种是激发型。几千年来的人类史，所有暴政都是因为走上了"管理型"的极端，因为权力专制者和商业专制者、土地专制者、知识专制者、信仰专制者，为了实现个人、小团体的控制欲和盘剥欲、表现欲，就设计出各种欺压他人的"管理手段"，并把这些手段制度化、法律化、强权化、正规化、无罪化。

更经常的状态是，人类相信要想让团体富有生机，就必须设计出严格的管理制度和法律制度。我想这是中国的许多法律学者和制度学者动不动就呼吁中国应当出台更多的法律、更多的规章的原因。然而，时代的变化有时候是很奇特的，当人类走到一定阶段的时候，随着所谓的民主思想的普及、人类文明的进步，管理型的方式似乎不太利于人与人之间的和谐，更不利于开发每个人的潜质。因为管理型社会是通过压抑、剥夺其他方面来实现某一方面的增长，就像种麦子、种果树、种高尔夫球场草皮一样。而激发型的状态却不然，它相信每个人都有多种美好的品质，相信每个人都有表现出这些美好品质的能力；相信每个人都有能力帮助自己，要信每个人都有愿望和能力帮助他人。

中国一方面是法律太少，一方面是"法律无能"。许多人老在喊中国需要制度、中国需要法律。但我觉得，人并非逻辑型，社会主要也是以混沌形态在翻滚。许多人列举的这个国家那个国家法律如何如何完备，我一向是存疑的，因为我想这样说的人可能搞反了，一个国家的法律、制度，是这个国家、民族内生的，首先是这个国家的人性，其次才是这个国家的法律。是人性在凝聚、结晶法律，而不是法律在维护、生产这个国家的人性。因此，我老去想古代、想传统文化，想人性的最基本出发点，我老觉得，也许我们更需要激发型文化和感染型文化。

你爱上一个人，不是因为他的五官"合乎逻辑"，或者他的出生证明、血型证明、聪明证明都有"证书"来作证，而是他的整个形态——"气场"——有一种"辐射力"，感染你、激发你、弥漫你。做人也是这样，你要让人相信，靠留证据、开发票、写保证书，是没有用的。你要相信别人，以逻辑的方法去推定，也不够。这些缜密的"技术手段"，表面上看滴水不漏，可现实中却有无数的漏洞和缝隙可供人钻营。看看法律就知道，对于法官来说，他面前每一个人的话都是不可信的，陈列的所有的证据都可能造假，所有的人都会演戏。

人绝大多数都活在感染状态，人们期望秩序、制度，其实也是为了维持更好的感染状态和文学状态。假如你想认识一个人，你使劲追问他有没有能力证明自己，那么他一定无法提供相应的"逻辑证据"。但他也可以"证明"自己。因为每个人都可以"亲自去看"他。你看到了，你就感染到了论据。你在与此人的接触中，产生相应的信任感或者证实你的怀疑。否则，拿出再多的材料，也是无济于事的。

我倡导的"自然大学"，其实就是倡导一种亲自去看的精神，盼望这所世界上最奇怪的"大学"能够让激发型社会成为可能。要了解一件事，光看文献、听传言，是没有用的，必须亲自去看。要判断一个人，光靠读他的文章、听他人叙述的故事，也是不够的，必须亲自去看。要喜欢大自然，要参与环保，光讨论、开会、培训、下决心，也是没有用的，必须亲自到自然界中看，看他们的苦难，看他们的美好。亲自去自，可以证实，也可以证伪；亲自看，才能够用自己的心智去比较和衡量，才不会为他人所误；亲自看，你的心灵才会得到更多的文学滋养。

2006年撰写的《拯救云南》没有给我带来钱财，但给我带来了三大财富：友谊、信任和更加丰富的知识——这是任何钱财也无法购买到的。《不要指责环保局长——从北京看中国城市的环保出路》，也不会给我带来钱财，或者说，我愿意把这带来的钱财用于更加公益的通道。知识不能沉淀在人身上，而应当活用和流转起来；钱也不该沉淀在人身上，而应该为时所用。因此，我倡导的自然大学，就是想激发出每个人的精力、智慧、知识和金钱，把它们及时地花到最需要的地方。社会必须转型为半公益社会，人必须转型为半公益人，我能做的，就是把微薄的"私人财产"，尽量公共化，这包括个人思想、知识的传播，也包括个人钱财的"传播"。

环保是当前最考验中国人才智的问题。自己的问题得自己解决，中国一向宣称是"负责任的大国"，中国人一向自认是"世界上最聪明的民族"，那就得有能力优美地、高尚地、充满深沉智慧地解决面临的环境问题。环保体现的是一个民族、区域的智慧和心力。这智慧和心力由每一个人的行为组成。我希望我做的，能够给这智慧和心力添色。我算是能够写一些文字，我的使命就是用文字来传播思想并争取让更多的人感染到它。（2007年8月）

谁说公众读不懂环评报告

有些政府机关不愿意把涉及公众利益的信息"让公众愉快地接收到"，理由都是一个："这是国家机密"，好像本地的人知道本地的信息，本国的人知道本国的基本情况，居然是"窃听他国机密"似的。近来这个说法饱经批评，不太能站得住脚了，于是就改了一道，以"公众理解不了专业术语"为由，嫌麻烦，怕费事，结果仍旧是把信息密封在抽屉里，高束在文件架上。

2003年起，"环境影响评价法"开始实施，首先要求的是达到某种规模的"建设项目"，都得经过有资质的公司进行一次"环境影响评价"。环评法要求在进行环境影响评价时，要对"利益相关方"进行足够深入的调查，尤其要注重"公众参与"，建设项目附近的群众利益，是第一得考虑参与的要素。环评公司、负责审议环评报告的环保部门，虽然可以对公众意见"予以采纳"，或者觉得其语涉荒唐，而"不予以采纳"，但把建设项目的目的和利益向公众摊开，让公众来评议，由公众来审查，终究是必须过的急滩和关隘。

不知道为什么，几乎所有的环境影响评价报告最后都会顺利通过。建设项目的业主单位都会顺利盖上环保部门的审批过关章。也不知道为什么，这些环境影响报告都不敢向公众公开，在编"环境影响报告"的时候，参加评价的"公众"，有时候是"随机抽取"，有时候是刻意编造，他们的签名帮助业主走完了法律有效程序，而他们可能对建设项目的真正影响却完全不知情。

为此，把环境报告向公众摊开，让所有的关注者都可以拿去用挑剔的眼光审阅一遍，可能是建设项目单位最不愿意经受的，也是环评报告的编制公司不愿意承受的，更是批准建设的有关部门不愿意领受的。于是，把环境影响报告封存到保险柜或者深山冰柜里，尽量不让更多的人有机会看到，是几方不约而同的策略。

公众有时候就给蒙住了，以为要看到一份报告，拿着法律赋予的神圣权利还不够，拿着某些领导人的批示还不够，扛着"利益相关者"的名份还不够，拐弯抹角讨到的人情还不够，还需要到某个专业大学去进修，通过专业术语考试，拿到相应的"信息阅读资质"，才有权索要到一份建在家门口的建设项目的环境影响报告书。

　　表面上看，好像是公众不自觉，不胆大，不积极主动，"只会背后乱说，不敢当面直说"。表面上看，环评报告就放在公众面前，任何人只要往上一迈步一探手一费力，就可以拿到。然而，当他们往前冲的时候才发现，面前有一道坚硬厚重的玻璃钢墙，这墙无缝无门无窗无隙无声无臭无色无形，前面上道隐形的铜锁，后面贴着有魔咒的封符，这墙的力量来源，就是"公众读不懂环评报告"，经常听到有人公开在那说："公众懂得什么？就是报告给他们，他们自私狭隘的眼光也看不出个门道来。"

　　如果用法律问题来比喻，这是"假定有罪"思想在信息公开的体现。而更昌明的社会，应当是"假定无罪"：在一个人被确凿的证据证明有罪过并应当为此罪过负责之前，他就仍旧是白璧无瑕的。如果我们不把一份信息交给公众的理由，居然是依靠"公众无法读懂"，那么显然，我们也就太低估了公众的学习能力和领会能力，更低估了公众里头藏着多少知识和智慧。

　　知识本来就不是与生俱来的，不等于先学的就比后学的更通达，也不等于专业学习的就比半路出家的理解得更彻底。有些人学得早些，有些人学得晚些，有些人是主动去淘取，有些人是被捏着鼻子往里灌；有些人先文后理进而一通百通，有些人先理后文而由专而博；有些人不受专业限制而通学无碍，有些人则一一过关采摘各种知识以酝酿智慧；有些人因为不小心分到某个专业而成为这个专业的大师，有些人则因为命运的捉弄而不得已掌握了大量深厚的理论。最有效的学习是主动地钻研，是因为兴趣而琢磨和探讨，当一个人因为切身利益而关心一件事的时候，你要想让他不理解他面前的"专业"，完全是痴人说梦；当一伙人一块关注一件事的时候，你想让他们不了解，也是痴人说梦。

　　人在绝大部分时间都活在文学状态，因此喜欢生活中那些文学色彩浓厚的行为，科学的凌厉与法律的无情往往是害怕逻辑的人所逃避的。公众固然喜欢传播"小道消息"，但公众其实更关注厚德载物的"大道信念"；公众固然可以通过个人或者小群体的暗道挖掘而得到某些信息的真相，但公众更有权通过正道的来源把有效的信息拿到手，进而再追问这些有效信息背后的真实内涵。

　　不把与公众利益相关的信息无条件地提供给公众，说到底不是因为怕公众不了解，而是怕公众了解之后的"严厉的目光"和"睿智的评议"；说到底不是因为深知公众读不懂，而是因为深知公众很容易读懂。表面上怕"耽误了经济发展"，其实是害怕耽误了个人的"业绩成长"；表面上看是怕麻烦公众，其实骨子里在侮辱公众和伤害公众。

　　有很多建设项目是经不起评议和追查的，有很多建设项目从一开始就抱着污染环境和伤害生态的目的。因此，公众固然有可能因为这种对个人生命和尊严的伤害而打着生态伤害的名义来进行"维权之争"，但作为一种社会进步的必然过程，我们必须有能力消化这种进步过程中的种种痛苦。

政府必须明白，政府的最大任务是"替天行道"，政府的所有行为都是在为公共利益（包括公众利益和生态利益）负责。有些代价就是得由"开发商"来出的——而这些代价最终都会转移到社会上。政府为他们遮掩，等于是协同作恶。开发商们一向有一种愚民理论，认为只要通过贿赂或者说情，打通某些关节，就可以置公众利益和生态利益于不顾，以为只要"先斩后奏"，就能"先兵后礼"，就足以把公众压服和招安，就足以把生态抚慰，让生态步步退让，退到无可再退无止。而政府此时，如果不及早和公众站在一边，那么，政府的公信力，就只会持续衰减下去；政府帮助进行"信息屏蔽"之后要收拾的残局，比早些把信息坦然公开所要面对的初期混乱，要左支右绌得多。（2007年10月）

分散对抗集中

中国的环保有一种集中化的趋势，地方环保问题老是汇聚到中央政府，能够分散处理的垃圾偏偏要集中填埋，可分散处理的污水也是集中工程化处理。环境问题本来就是因为污染物过度集中和高强度干预生态造成的。这就像水，如果瞬间的能量集中过度，就会形成洪水或者海啸，爆发就是灾害；如果稍有能量，随时起伏，随时减缓，不但不会成为灾害，反而会成为"和风下的美景"。也许中国的环保，还需要学习"水波的哲理"，从集中蓄能走向分散赋能。

"零排放社区"质问集中式垃圾处理

这几年，城市扩张很快，自然，过去可任人宰割的乡村如今反而盖上了"生态别墅"或者"临山观景洋房"，住进去了一批能量稍高的人。这些人聚在一起，出于自私型的防卫也好，出于大义型的公道也好，总之，让过去按照某些领导人的意图随意建设的垃圾填埋场和高强度污染源排放型企业面临强大的抗议。自私维权是推进中国环保的重要手段，而来自城市的自发的力量，将可能扭转过去农村作为受害者而哭诉无门的境地。

自然，城市周边是城市三废的第一受害点，这类"三废问题"是最容易引发抗争的。中国的城市大概在十年前才学会正规些的垃圾填埋，少数一些城市开始学着垃圾焚烧。至于堆肥处理、厨余垃圾处理不过只是一种虚构或者尚在兴起阶段的方案。正因为如此，中国有垃圾处理措施的城市，有90%左右都在从事同一个方案的复制：在城市周边，寻找一个或者多个垃圾填埋场，以让城市每天产生的大量生活垃圾有个集中的去处。但是，"零排放社区"对这种方式提出了质疑。

中国虽然有无数的农民依靠城市的废品为生，他们捡垃圾、收废品，带动了中国低水平再生产业的火热发展，也给参与者谋到可怜的现金收入。这种劳动大概是中国目前最为辛酸的劳动，要想让这种劳动变得不那么辛酸，只有三个办法：一是这些人必须有权利、有能力和有意识成立同行公会，二是政府必须把垃圾分类的后端接应设施做畅通，三是居民必须开始进行"简易垃圾分类"——其实就是把塑料袋分离出来。

许多有过国外参观、生活经验的人，动不动就宣传一些国家比如德国、日本、澳大利亚的垃圾分类做得多么细致。因此，他们老在鼓吹中国也应该迅速建立细致的垃圾分类体系，这种宣传甚至让政府的垃圾管理部门产生了畏难情绪，把垃圾分类推进不畅的原因倾倒到"居民素质不高"上。

然而，如果我们仔细观察中国的国情，会发现，其实中国庞大的"拾荒大军"每天从事的正是垃圾分类工作，他们至少让城市居民丢弃物的50%以上重新进入了物质回用系统，尤其是旧木头、塑料、旧衣服、金属、纸张和玻璃。在他们的推动下，居民也养成了卖废品的习惯，绝大多数家庭每天垃圾里混杂的，是被弄脏的纸、剩菜剩饭和各种颜色的塑料袋。居民每天都在盼望政府的垃圾分类系统能够早日畅通。

在每天日常生产的垃圾里面，不管是家庭型的居民还是办公室里的"居民"，能做的，是"干湿分开"，尽量不用纸张去擦拭油污，尽量少用塑料袋；用了塑料袋之后，把塑料袋简单清洗后拿出晾干，然后再送给捡垃圾的人或者收废品的人。

如果城市里的人能够在生产和生活中"把塑料袋分离出来"，那么，每个小区购买一个"垃圾发酵机"制作有机肥就成了可能。如果每个小区都有了一个垃圾发酵机，生产的有机肥正好用于本社区的绿化，那么，"零排放社区"也就有了可能；那么，集中式垃圾填埋场的必要性也就值得讨论了。政府需要做的，是专心一意地去提升再生资源回收利用产业的产业水平问题了。

分布式电网与分布式污水处理

全世界的供电都采用大电网制，原因是因为过去的电主要依赖大型、集中式燃烧产生的能量来获取。在煤、石油、天然气日益紧缺的时代，燃烧取电的办法开始被一些非燃烧获电的办法取代，比如小型水电、风电、太阳能光伏发电，以及潮汐能、生物质能等。这些能量有一个特点，就是分散式型、零碎型、就地解决型。

太阳能发电技术的发展有可能让城市的每一座楼都成为一个发电工厂，风能技术的发展有可能让楼宇的顶部成为一个小型的风力发电场，太阳能光伏电站、小型水电、微型水电、沼气发电和风力发电正联手解决世界上许多偏远的缺电村的能源供给、燃料替代问题。这些新的获得电能的方式，都在推动"分布式电网"的形成。

分布式电网绝不仅仅是大型电网的微型化，而是它们在推动一种"电网民主"的生成。大型电网与大型发电厂、大型发电设备研制之间相互依赖的关系，就像电脑软件升级与硬件升级之间相互依赖的关系一样，它们不仅导致了资源浪费，而且导致了"电网专制"和电网崩溃的风险。如今，可再生能源兴起正有可能摧毁这种专制和不假思索的方案。

污水处理的问题和电网问题一样令人头疼。在"十一五"期间，全国只有北京、江苏、浙江和河南有可能在"县级以上城市"建设污水处理厂。阻碍污水处理厂建设的三大原因中，有两个已经豁除：污水处理费已经被要求征收到每吨8毛钱以上，以保证污水处理厂保本微利运行；污水处理厂的市场化运行正在推进，以保证污水处理厂不再成为"城市的包袱"，甚至有可能解决些就业，上缴些税收。但是，"管网不配套"则是至今让城市不建设、不运行污水处理厂的重要关卡。

过去中国没有下水道传统，因此，建设的城市都没有成形的下水管道。如今，生活污水已经成为中国所有水的最重要的污染源，绝大多数城市都规划到"十二五"期间，所有的城镇都建设污水处理厂。可惜，污水收集管网所需要的巨额投资让他们决心难下。

中国城市是形态各异的，可许多城市并没有考虑本城市的特点，一味地要求把污水集中到一个地方再利用工程措施进行处理减排。而这样做不但需要巨额的投资，还减缓了再生水利用的步伐，更可怕的是，这种思路让污水处理技术的多样性很难得以实现。

全世界的科研人员已经研究出了许多种污水处理技术，许多技术又便宜又好。不同的技术适用于不同的地形和气候、地理条件。如果中国的城市一味地只知道花大价钱去集中处理，而不懂得聪明地采用就地处理、分散处理，如果中国的城市只懂得用一种生化技术去处理，而不敢采用、挖掘本地的才能，那么，中国的创新能力也因此而受到阻滞。

"中央集权"还是"就地赋权"

说到底这是专制思想在污染治理领域上作怪。中国出现了太多的污染案件需要中央政府出面干预的情况。有许多受害者案件积累多年而无法得以伸张，有许多污染受害者在本地不仅求告无门而且饱受迫害。国家环保总局的环监局，不得不一年又一年地联合多个部委到各地搞"环保专项行动"；中国环境记协经常得组织"中央媒体"去各地调查报道以"斩污"。

这让全社会形成了一种"需要中央出面才能解决个案问题"的习惯思维方式，也让污染企业和地方政府持续着重大污染行为而有恃无恐，因为他们心里很清楚，即使被查实了也只需要付出极小的代价，何况，绝大多数情况下，都很难被查实，或者被查实之后仍旧会有"人"出面包庇、拖延和弱化。

中国环保部门最近内心矛盾重重，各种想法叠加而至。国家环保总局希望权力再大一些，以为只有权力大才可能"廓清玉宇"；而地方环保部门则可能希望权力不要太大——因为目前的环保责任是地方政府主持造成的，环保局是在手续上"被迫作恶"，一旦清算起来，责任会比较轻；如果权力加大，那么以后他们身上的责任也就加大，在进行责任清算时，负担就要大得多。有人希望让环保像公安、税务那样"垂直管理"，以避免地方平级政府的过度干预；有人则认为，即使垂直管理，也无济于事，因为人事权、财权虽然由上一级政府来安排，但行政的范围毕竟在当地，总会受到当地的游说、挟制和干扰，导致内心出现冲突。

其实这些看上去十分可笑的矛盾，说到底是政府过多地把环保责任集中、包揽到了自己身上。企业污染了环境、造成了人身伤害，完全可以让法律来解决；企业生产了不环保的产品，完全可以让同行、让社会来淘汰；企业的日常环境行为，完全可以鼓动群众来监督。政府需要做的是制订开明的政策、帮助设计通畅的法律着力点。因为政府本身是"最大的公益组织"。

改革开放的过程就是困难不停地转移到社会的过程，也是社会寻找合适的方式和机制来解决困难的过程。因此，相信中国政府会很快学会把自身无法承担、也不应该承担的环保责任推卸到社会上。社会自然会调适出一个合适的解决机制来主持环境正义。

有一种乐观的理论认为，环保会促进中国的民主，就像环保会改善中国人与人之间的关系一样。因为权力分散是民主的第一步，而分散的权力会赋予到社会有机体中，激发出大量的社会能力去承担各种责任，去解决各种困难。中国过去的"带伤前行"的经济改革，实现了这一点：当政府不再可能集中式地主导社会生产力踊跃向上的时候，采用"分散赋能"原理，包产到户，包干到人，允许每个人自由生产、自由消费，激发出了每个社会个体的生产积极性。此举导致中国无论农产品和工业产品在短时间都快速丰富起来，也导致了中国人身上的紧张、焦虑情绪开始逐步缓解，导致中国人的生活多样性比以往丰富得多，在获得前所未有的社会财富的同时，获得了前所未有的社会的宽容度和宽松度。相信中国的环保会从"分散"中，学到相应的智慧。（2007年11月）

"环境公众参与"仍有走形式之嫌

这几天，厦门的市民非常兴奋，因为2007年12月13日，关于"厦门市重点区域（海沧南部地区）功能定位与空间布局环境影响评价"的公众座谈在厦门宾馆召开了。市民中有几名代表，被允许参加会议。因此，他们事先凑在一起，正儿八经地讨论在会上如何让发言"专业化"、"有效化"。

这几天，成都的一些市民也很兴奋，因为前不久被媒体报道得颇多的柏条河开发事件，也因为中央某个重要领导的批示，而召开了"座谈会"，一些似乎能够代表民意和自然公益的声音，有可能被允许在会上表达。

这几天，中国著名环保人士汪永晨、公众与环境研究中心主任马军等人也颇为兴奋，因为他们提交的"对云南阿海电站环境影响评价报告的公众参与意见"得到了项目建设方和环评单位的正式答复，这大概是中国有史以来一批与项目没有直接利益关系的"公众"，得到的最合乎规则的反馈。因此，有人说，2005年的圆明园听证会虽然无疾而终，无果而花，但毕竟让听证会成了一个"通用名词"；这次对阿海电站的"公众参与"，有可能掀开环境公众参与的正式页面。

最近一段时间以来，痴迷于环境保护的人更是兴奋，除了从党的十七大的文件中读到了数量颇多的"生态文明"之类的直指环境保护的关键词汇之外，他们也在期待明年5月1日就要正式开始推行的《环境信息公开办法》，他们天真地以为，明年"五一"之后，不管是政府还是企业，都得老老实实地把自身领地里发生的所有与公共利益、环境利益攸关的伤害信息给全盘裸露出来。

然而，真实的情况是怎么样的呢？真实的情况是几乎所有的正在兑现的"公众参与"都有走形式的嫌疑。厦门市民的意见，在热烈的会场气氛中似乎得到了充分表达，然而，他们仍旧有不被采纳的危险；而成都柏条河就更明显了，水利部组织的专家组，几乎就是带着成见来的，他们把公众发表意见的机会拖到了深夜，让有机会听到意见的专家们在事先洗脑之后疲惫不堪、满怀倦意地"浏览"和泛听。阿海电站的建设者和环评者虽然发来了表面上极度客气的"公函"，但是其行文中并没有任何实质性的承诺，仍旧是用"你们的意见会转交给专家"、"你们的建议非常有道理，我们会研究"之类的中国最惯用的推脱术来对待。至于"环境信息公开"如果真的能够那么容易就好了，我相信到了明年"五一"之后，公众得到的如果不是经过缩水的、简略化的信息，得到的就是经过扭曲的信息、经过变性的知识。

中国的环境恶化，说到底是因为漠视和纵容造成的。如今，我们不再有时间、空间和机会来漠视和纵容。而要想不再纵容环境迫害者，就得正视环境恶化的症结和病灶所在，找到了症结才可能对症化解，找到了病灶才可能据病开方。我们过去开出了许多假装治病的药方；我们过去吃了太多的没有疗效却副作用剧烈的"偏方"；我们过去经常乘坐的是表面上开得飞快实际上却往反方向行驶的政策车辆。

环保部门老在那哀叹能量不足，老想"全社会都得参与"，这表明其实许多人是知道解决中国环保问题的正确道路的，只是一直迟迟不肯着手下药而已。要想"让全社会成为环境保护的力量"，唯一的办法，就是把环保责任更多地摊给公众，让公众正当参与，让公众有效参与；让少数部门主管成为全社会都能够正当参与。要想让公众能够正当参与，当然就得无条件地把政府信息、企业环境信息公开，让公众在得到最充分的知识和信息的基础上，通过自身的辨识和分析鉴别，得出正确的结论。有想让公众能够有效参与，就必须珍视公众提交的"意见和建议"。中国过去不重视环境影响评价，2003年，《环境影响评价法》正式施行之后，现实中又有两种最常见的"消除公众影响"的暗招，一是编织虚假的公众签名，收买许多与建设项目完全不相关的人在公众参与意见书签署"同意"二字；二是把公众的看法当成荒谬的、不合理的，因此环保部门在审核"环评报告"时，不予以采信。

古代的政府，是"防民之口胜于防川"，是"愚民之心大于尊重民意"，是"专制远大于民主"，后来似乎有些好转了，由堵转向了疏，由戒防转向了引导，由一言堂转身了"多边对话"。但如果引导得不好，疏浚得不畅，对话得不真实，很有可能让"公众参与"成为新形式下的更加高级、隐蔽的"消解民意"的通用技巧，成为欺骗民众的、愚弄民众的更可耻的暗流和陷阱。公众兴高采烈地去"参与"了，精心做着准备，仔细聆听着"主报告"，站起来说话时，强行摁住心跳、抵抗着脸红，让自己理性、平和、冷静、客观、科学、公正，但最后，其信息的被采用率可能是零，其能量的被利用率几乎是零，其权利被践踏的可能性远大于被尊重和保护的可能性。这个时候，你我只需要简单思考就可得出结论：这样的公众参与，还不如没有。

环保能够促进社会的民主普及，民主普及也能够推动社会的环境保护；人与自然的和谐能够带来人与人的和谐，人与人的和谐也能够带来人与自然的和谐。因此，如果成都柏条河的公众参与不是安排得那么的别有用心，如果厦门的公众参与意见有可能得到些许的重视，如果云南阿海电站能够因此而停建或者缓建；如果政府和企业能够愉快地遵从"环境信息公开办法"的要求，把环境的正确信息和正确知识摊开晾晒在公众面前。那么，我们完全可以放心，公众一定有能力给出有效的参与意见。因为任何人都有足够的聪明和智慧，任何人都有足够的积极性，任何人都有足够的关注公益的愿望，任何人都时刻准备着与自然和谐相处，任何人都愿意生活在人与人和谐的气氛中。只是，过去我们把交流的太多出口给堵死了，今天，也只是打开了几条小缝，稍不细心维护、抠得更宽敞，就有可能重新被塌方所塞实，被泥石流所裹胁。(2007年12月16日)

公共利益与自私维权

广州有个风景优美的小区，叫"华南御景园"，它在火炉山和中科院华南植物园旁边。2007年底以来，这个尚未完全建成的小区民意沸腾，群情激奋。按照所谓广州市规划局1984年的一个规划，要剖开小区，修建一条高速路。

小区的业主开始主张权利，要求修改20多年前陈旧的"规划"，依据新形势，把要通过小区的道路，修成下沉型、隧道型。他们不反对修路，只是希望路能修得符合人性一些，满足道路两边居民的最基本的"低噪音权益"。

负责这条道路的市政园林局不干，他们也许是担心这样会增加不少成本，也许是担心业主的声音太大，"权利欲望"太足，对冲了"政府的威望"，降低了"政府的执政水平"。

网上一些听到消息的网友，也发出尖锐的质疑声：凭什么拿公共财政，凭什么拿社会的血汗钱，来帮你们小区几千号人，修一条昂贵的下沉式道路？

搞得小区的业主也有些疑惑起来，他们到北京来寻求媒体和法律专家、经济专家、公民社会专家帮助的时候，把这个疑问给转述了出来。他们隐隐约约觉得某些网友的质疑是有问题的，但谁能给他们合适的哲学、法理学、社会学、经济学上的逻辑论证和令人信服的推理呢？

有一个学经济的人站出来说："应当这么理解，假设这条道路产生了一百亿的社会效益，那么这效益中就应该拿出一部分来补偿给为这些效益提供了付出的御景园小区。中科院华南植物园据说就获得了以亿元作为单位的土地出让金。但这种付出不仅仅是'土地出让'方面，还包括小区的业主长期忍受道路所带来的损害方面。"

有一个研究NGO的专家这样说："有人说这个小区的维权行为应当设定为'自益型维权'，而不应该称为'自私型维权'，否则容易引起误解，好像'自私维权'生来就与'公共设施'蓄意对抗似的。可我觉得，社会公益的基础是自私，公益和自私可以共赢。过去我们把自私妖魔化的一个原因，就是个体的自私权得不到恰当的尊重和保护，导致社会公益也发育得不成型。如果个体的自私权都得到良好的体现，那么讨论公益起来，也就便利得多了。因为人人都有自私的本能，但同样，人人也都有公益的本能。"

说实话，华南御景园业主的"理论困境"也让我猛吃一惊，逼迫我好好地想一想这个问题的原因所在。我想，那些公然质疑御景园的业主可能把公益想得太绝对了，好像公益的东西，就是有钱大家分，有利大家沾。其实，一个公益能力发达的社会，恰恰表现在对一些局部的利益的照顾上。湖南贵州发生了雪灾，那么就要拿全国人民的血汗钱去救灾；黑龙江内蒙有一批残疾人需要救护，政府同样也需要动用"国库资金"去帮助这些残疾人；北京市需要铺设污水处理厂的管网，同样也需要拿公共财政去抵付建设成本。

恰恰在这个时候，所动用的财富的贡献者，可能未必是这些公共福利的享用者。或者说，给政府交了一百万元税收的人，可能未必完全享受到这一百万元所带来的某些项目改善所带来的收益。有人质疑过政府花钱的方式是否合理，但从来没有人质疑过一个公民是否应当给社会交纳税收。因为社会相信一个最朴素的道理：公益有时候是泛目的甚至是无目的的，不一定非要一对一地直接回馈到某些特定的人身上，而是相信一个人在需要公益的阳光照射的时候一定能够晒到一小缕公益之光。

有趣的是，世界并非线性的，并非公式化的，并非对称的。如果交了一百万元的人，就要享受一百万元的公益回报，交了一元钱的人，只能享受一元钱的公益回报；如果某个家族给社会交了一千万元，其公益结果一定要回到这个家族的子孙后代上；那么这个社会制度就一定有太多的地方需要重新建构。如果东部的人一定要把自己的"公益投资"局限于东部区域，如果城市的人一定要在特定城市里享用到属于自己的公共福利，那么这个社会就一定仍旧陷身于全自私的泥潭中不可自拔。

社会公益所具备的这种"泛目的性"和"非回报性"，可以说是人类的一种高尚品德，也可以说是混沌型社会、文学感染型社会的必然结果。拿乘车让座来比喻可能就清楚了，一个人在车上给老年人让座，他既不是为了今后能够得到老人的回让，也不是为了投资以保证在老年时一定有人让座，甚至不是为了满足许多学者喜欢谈的"某种精神需求"，而仅仅只是社会公德在每个个体生命的"无目的体现"和"泛然体现"。正是这种每天都在发生的一个个"无目的的、泛体现公益精神"，人类存在才有许多让人觉得美好的价值。

社会公益应当有强大的救赎能力。当一些受损或者濒临受损的群体（或者个体）需要社会公益能力挺身而出的时候，社会公益的各种力量应当协力发作，有知识的出知识，有智慧的出智慧，有金钱的出金钱，有意愿的出意愿，让无能者有能，让无力者有力，让悲观者前行，让空虚者充实，让绝望者回望，让急躁者冷静，让强势者平和，让蛮横者柔化，让贪婪者适可而止。只有当社会公益的各种救助能力都出面相帮的时候，受损最多的那一方，才能够由此形成均衡的对话能力，社会才有可能在和谐中取得多赢；利益受损者才可能得到公正补偿，暴利享用者才可能出让不该占有的部分。

因此，帮华南御景园的业主来出面来回答这些网友的质疑是非常容易的。因为社会公正就是在一个个微小的事件中体现的，在一些人需要公道保护的时候，如果公共利益不出面帮忙，社会公正就永远只能是空谈。与其空谈，还不如"花昂贵代价"去做一次功课。

如果要使答案让这些多疑者或者说狡辩者更满意，那么非常简单，因为在一个多方博弈、互相侵犯的社会，这些网友一定会在某一时刻成为某些利益集团的受害者，当他开始四处示难的时候，社会普遍存在的公共利益救助源，一定会毫不吝啬地出手援助这一批"少数人"。这时候，有些人才感觉到，公共利益就是一种强大的存在，在你需要它的时候，它一定会出现；在你不需要它的时候，它也在暗处悄悄地伏藏。

公民社会不仅是让社会帮助"私民"成为"公民"，同样需要每一个私民主动地走向"社会化"，从相对自私走向相对公益，从相对逻辑化走向相对混沌化。而你感受公共利益的触角，不外乎三根，一是为公共利益出力，二是得到公共利益的援力，三是内心每时每刻都保有的对公共利益的信任之情。

相对保护人与人间利益的"公益利益"来说，自然公益受到的保护是最少的。因为自然界的许多受损过程，不像人的受损过程那么容易被人感知和确认，也不容易激发人的同情和热心。因此，人们不仅需要民间环保组织这样的机构在各地大量发育的生长，更需要政府成为"最大的环保组织"，因为，在"无目的性公益"的时代，政府不仅是"为人民服务"的机构，而且是为自然服务的公益机构，人民信任地把许多能量都赋集到政府的体系中，就是希望政府能够把这些能量恰当地发挥到需要救助的生态环境中。(2008年2月7日)

为"纳税人公投"欢呼

广州华南御景园的业主日前传来好消息，在广州市的"两会"上，三位市人大代表公开质询广州市规划局：准备剖开小区的"云溪路"有没有可能重新规划或者优化成下沉式隧道？负责回答的广州市规划局一位处长，说了一句很耐人寻味的话：如果要修隧道，就要花纳税人的钱，因此，就要举办公众投票，看纳税人同意不同意。

一向强大的政府，在面对这个问题时，突然抛出"纳税人"来，确实让人震奋。这说明，有些发达地区的公共事务管理者，开始越来越意识到，手中的权力其实不是与生俱来，而是公众通过某种有意无意的形式赋予他们的，因此，让更多的公众参与决策，有助于化解社会矛盾，有助于笼聚更多的智慧，来破解"经济发展过程中的过高环境代价"这个最难解决的巨型课题。

广州市政府或者说广州市规划局的开明，也许将可能给公民社会的进程，打开一道新的窗口。你试着想一想就知道了，虽然有人一直怀疑政府的"公共事务管理权"并未得到公众的真正施予，但从"程序合法"的角度上说，这种权利的获得没有任何的纰漏。因此试图攻击政府机关不民主的人，实际上都无法找到真正有效的突破口，因为决策失误，经常是"某些个体官员"的问题，而不是制度不好或者制度运行不畅的问题。

过去公众感觉某些地方的政府太专制、太霸道，遇事不肯与公众商量，就直接拍板下政令，导致有许多失误型的决策无法挽回，公众虽然内心有些不情愿，但也只能默默忍受。因此，要改良"某些个体官员"出于无知也好，出于贪婪也好，出于简化工作程序也好，犯下的一些容易引发公众不满的失误，重新调适回公众满意的状态，可能真有一个办法，那就是"纳税人公投"。无论对于环境保护问题，还是对于人权保护问题。

其实每个人都是直接或者间接的纳税人。我写这篇稿件的时候，"新闻联播"里正在播出说国家税务总局征收个人所得税的起点，从每月收入1600元上调到了2000元。有些人自然就在那感叹了：我的工资是如此的低，连交税的权利都没有。可此人也许没有想到，他在这个国家的消费行为、生产行为，都在有意无意地创造"经济价值"，帮助社会更多的人给国家交税。如果他不到楼下的小卖部买方便面，如果他不到街边的小摊吃根油条，如果他不坐公共汽车，如果他不上菜市场，如果他不出生，如果他不到工厂里开车床，那么，这些地方的人可能也同样"没有交税权利"。

因此，从哲学意义和制度意义上说，让"纳税人公投"，其实就是"全民公投"；这一次，广州可能又走在了许多城市的前面。

那么，既然广州市政府鼓励华南御景园小区业主的维权行动走向"全民公投"，自然有人就来问了：谁有权利来组织？谁有权利来投票？谁有权利来监管？谁有权利认同投票的结果？

我想，回答这些问题是很容易的，对第一个问题的回答是：既然广州市政府认同或者鼓励进行至少在广州市范围内的"全民公投"，那么，这个活动自然得由他们来主持，华南御景园的业主完全可以通过正当的渠道向当地公共事务管理部门——也就是市政府，提出全民公投的申请。当然，其他的"非利益相关者"，"独立第三方"，也有这种提出申请的权利。

那么谁有权利来投票呢？我想，前面已经说得很清楚了，既然是全民，那么所有《宪法》赋予的神圣投票权的每一个公民——不管是广州本地市民还是持有"广州暂住证"、"中国暂住证"的中华人民共和国公民，关心此事或者不关心此事，只要当时身在广州，都有投票的权利。甚至，为了充分利用网络时代的技术成就，帮助那些或身在外乡、或身在外国、或行动不便的广州人，也能享受到投票的神圣感，广州市政府不妨设立一个专门的"纳税人"投票网站，以便利有足够的公民来参与。相信这个网站以后会异常的业务繁荣，点击率创下所有互联网网站的新高。

投票监管的问题就更不要操心了，在中华人民共和国即将成立六十周年的时候，也许中国最成熟成型的技术就是"投票监管"了。几十年来，没有人数得清中国发生过多少次投票事件，没有人统计过曾经有过多少人曾经荣任"监票人"这个美好的职业。因此，无论是技术手段还是"专家人选"，都完全不成问题。

既然是纳税人公投，那么，投票结果的认同，自然等同于"本地公众的意愿"。公众是早已把公共事务的执行权毫无保留地上缴给了政府的，因此，此番"公投"形成的结论，走过相应的"提交"程序之后，自然就会落到当地公众事务管理者——也就是是广州市政府那里，最后劳驾广州市政府来执行，就行了。假如"公投"的结果就要修改那份1984年的陈旧规划，让道路从其他地方经行，以适应时代的变化，那么广州市政府就组织专家去修改、重新设计，以让道路从其他地方经行的同时不损害其他地方公民的权益。假如公投的结果是说"纳税人喜欢花钱来修下沉式隧道"，那么广州市政府就只需要欢天喜地地从"国库"

里，批出一笔钱，来帮助下沉式隧道修得完美无伦，就行了。

假如最后的结论是修隧道，自然，又会有人在那不死心地追问了：凭什么拿全广州市民的血汗钱，给一个小区几千户居民修一条价格昂贵的隧道？我想，在我的前一篇文章《公共利益与自私维权》中已经大体说了一些想法。一个社会，表面上很庞大，其实都是由一个个"小区"组成的。一个国家的"公共利益资源"，其实就是"机警等待型"的资源，一旦哪个"小区"、"个体"有难，马上就出手到哪里相帮。

有人又问了，没有经验可借鉴怎么办呢？回答这个问题就更简单了。中国人一向是喜欢"试点"和"模拟"的，然后把试点小区创建为"示范单位"。因此，不妨让华南御景园的业主先小范围地"模拟"一次公投，取得一些模本后，在全市范围内，除了选择华南御景园，还可再选择几个有类似公共事务需要纳税人投票表决的小区，来逐步开展，完全符合中国特色和中国治理智慧。

公正与钱多钱少没有关系，公共利益与是否"瞬间只有一部分人享受到"也没有关系；公共利益的享用状态也未必与"纳税量"和"纳税区域"直接相关。人们出钱，就是希望社会变得美好；出的钱多，是希望这个社会更好，而不是简单的希望让这些钱所产生的美好效益直接回报到自己身上。而一个美好的社会，完全有能力让浸泡在其中的每一个人都得到足额的、公平的、透明的惠益。从公共利益的享受者的角度上说，公共利益也是一直处于高度戒备的"关怀状态"，随时准备把服务做到人类需要公共服务的每一个角落。

人们敢放心大胆地把社会公共事务管理者、对居民私生活的干预权交给政府，就是相信政府会主持公道；人们敢放心大胆地把自己创造的利润中很大的一部分交给政府，就是相信政府能够把这些钱用到服务公共利益的地方。因此，我这里要继续说明的是，观察一个社会公共利益的服务能力，就在于看他有没有能力对一个人需要相帮的"小区"提供及时的、准确的、不计代价的帮助。见死不救，见伤不扶，有智慧不提供，有金钱不支援，有精力不施放，不是社会主义生态文明时代的美德。

中国经济高速发展了三十年，社会财富积累已经到了相当丰富的程度；中国公民经过了几千年的社会进化，早已具备了相当良好的公益意识；广州的地方政府，已经开明到敢于公开在"两会"上倡导"纳税人公投"。如果此时，日益饱满的公共资源，在遭遇需要扶助的"小区"时，居然还处在迟疑、观望、担忧、辩论的状态；如果此时，社会公众不是互相支援，而是互相拆台，那么我们的社会心力也就太低下了，我们的社会也就太可悲了。　　（2008年2月23日）

公众参与怎么成了部门利益的交易筹码

据说现在的环保部门很遭人烦，在全国所有的系统都不敢高调倡导、甚至故意弱化"公众参与"的时候，居然要在今年的"五一节"前，试行"环境信息公开办法"；而且更招人恨的是，在2007年就推出了"《公众参与办法》"，当然，也依旧是"试行"。

让人哭笑不得的是，环境保护部门的这一出头，没有把其他的部门推到尴尬的位置上，更没有成为其他部门的学习模样，倒好像是把自己推到了四面透风的示众台前。北大法学院教授汪劲甚至有个害怕说出口的"推定"：也许公众参与成了当前环保部门与其他部门谈判的交易成本。

2008年4月17日下午，在民间环保组织"绿家园"举办的"记者沙龙"上，汪劲教授把他近一段时间参与起草和讨论规划环评立法的前前后后"逸闻"，概要地向记者作了讲述。他说他原来以为这会是一部很实用的、很精细的法规，结果，几易其稿之后，环保部门利益集团与其他各"利益集团"交锋下来，反而成了一部"宏观纲要"，显不出太多实质性兴奋点。很可能，会跟前几年开始实施的《建设项目环境影响评价法》一样，成为徒具形式的一种高级程序。

在诸多记者的连环追问下，汪劲说，这里面被删除得最多的，是公众参与的部分。而且，他发现，环保部门与其他部门，是"共进退"的；开始的时候，环保部门很聪明地列出了多处需要公众参与的地方，后来，每有一个部门提出反对，环保部门自己也马上跟着"反对"，萎缩、退让、妥协，一退再退之后，公众参与的部分，几乎全被删除。

有人这样推论说，环保部门一向觉得自己弱小，老盼望"多部门联动"，有其他的大哥来拉拽一把，因此，当其他的部门对公众参与表示疑虑和畏惧的时候，他们也马上疑虑和畏惧起来。本来，环保部门在全国所有"建设项目"中，只是起到监督的作用，虽然不敢说可有可无，至少其"博弈过程"容易被人当成"不识时务"，当成发展的绊脚石，甚至被妖魔化为设立环保关卡是为了便利自己"索拿卡要"。此时，环保部门最拿手的办法，是推出公众参与，以让环境保护更加泛化，以让"人人关爱环境"成为可能。

可没想到的是，"公众参与"居然会很顺手地成为环保部门与其他部门谈判的交易筹码，当大家愿意"共进"的时候，公众参与就像味精、色素一样添加在里面；当大家"共退"的时候，味精、色素的"毒副作用"、"不可估量的风险"，会迅速被夸大。此时，坐在谈判桌前谈笑风生的人，连眼色都不用使，就心照不宣地合起力来，把"公众参与"这一块全都剔除出局。

其实，公众并没有那么多闲心参与。政府部门本来就是公共利益部门，不管公众是不是真的愿意，但从古至今，每一个"公民"、"臣民"从一出生起，就把"公共管理权力"，全都拱手交到了各级政府、各个部门的手上。可以说，在世界上，大概没有几个国家，像中国的政府部门那么相信自己能够给所有的公众谋到福利；也没有哪一个国家的公众，相信政府能够给自己作主，公正、公平、聪明、果断、利索、和谐地解决所有的公共事务。

可公众终于发现，事情没有那么简单，当资源和权力全部集中到政府官员手上的时候，首先是一些长着火眼金睛的公众发现，"极少数腐败分子"难以抵挡控制资源、分配资源、交易资源时的各种诱惑，在公权私有化的时候，把公众资源划归私家领地；接着，有些喜欢疑神疑鬼的人，又悄悄地在肚腹里暗暗推断说：不仅是个体官员，甚至是每个部门本身，都有把公共利益作为给本部门谋利益的倾向和可能性。

到今天为止，我个人是不太相信这个推论或者说"中国特色猜想"的，每当听到这个猜想在我耳边轻轻吹过的时候，我就打一个冷颤：如果这个推论真的成立，那么公共资源和公共利益，早在迈向公众的途中，就像西南山地的那些疯狂发展水电的河流一样，已经被各色人等贪婪地拦截、瓜分、抽取、吸吮、提炼净尽；也像西南山地的那些河水一样，正在丧失奔流到公众汪洋大海中的可能。

因此，为了保证公共利益和公共资源有足够的"公共性"，为了保证少数人和少数部门不至于被过度集中于身边的资源和权力冲昏了头，犯一些不该犯的错误，走上不该走的邪路，公众不得不打起精神，厚着脸皮，要求"参与"一把早晚会分派、淋落到每个人身上的"公共决策"，要求把公共事务置身于公共的阳光之下晾晒一通。此时，如果他们发现，这种要求和冲动，这种公民权利的正当主张，居然也成为一种"资源"，被某些部门紧紧握在手里，拿去与其他部门作交易，以谋取更丰厚的"攻守同盟利益"；这时候，真的不知道心中会翻涌起什么样的滋味来，生出些什么样难听的诅咒来，集结出什么样的挫败感来。（2008年4月17日）

公众参与怎么成了部门利益的交易筹码

规划环评给"公众参与"上了堂什么课?

"责任推卸"这个现象,体现在环保界,就叫"污染转移";发生在教育界,就叫"希望寄托在孩子们那里";移植到政府部门那,就是他们最喜欢说的"这事儿需要部门联动,光我们一个部门不行";呈现在社会传统话语中,就是"光靠我们可不行,需要提高公众意识,让全社会的人都来关注才可能解决"。

而国家环境部准备推动"规划环评"立法的时候,据说是要狠狠地把公众参与给掺杂入每一个环节的,可惜,在与其他部门的"博弈"中,聪明地把"公众参与"当成了交易筹码,一步步地退让,最后,让公众参与无处存身,让环境保护部再次成为环保事业中的孤家寡人。

而民间环保组织——像自然之友、北京地球村、绿家园、公众与环境研究中心、守望家园这些机构,也有意思,他们可不是些不识时务的主,一看到国务院法制办居然把"规划环评条例"向社会征求意见,他们毫不犹豫、奋不顾身地行动起来,一定要赶在2008年4月28日之前(也就是今天),提出自己的意见。

因此这几天,他们个个都非常繁忙,有些人提意见的办法仍旧偏向于笼统,以为像演讲那样发表几句高调,就能够力挽颓势,让观点随风远扬;有些人则聪明一些,开始逐条逐句地分析,给出意见,提出修正方案。

而偏偏在这个时候,4月26日和27日,国家环境保护部宣教中心在北京举办了一场"公众参与环境保护国际研讨会",这场会真是热闹,几乎全国有效些的环保组织负责人都来了,没来的也派出了优秀代表。大家可都不闲着,开会的时候听,茶歇的时候就讨论,吃饭时还在互相辩论,而回到宾馆,就更是投入,联合签名,订正词句,提供观点,反正个个是都"参与"得很到位。

看来,许多环保组织已经很清楚,在这个时代,每一个人都是环境的"利益相关方",他们也正在理解一个词:其实"公众"不是指其他人,而是所有的人;不是指别人,就是指自己。在我们列出"群众"、"公众"、"社会"这些通用词语的时候,经常把自己置身事外。官员们会这样,学者们会这样,企业家们会这样,受到伤害的人会这样,而环保组织、公益组织、媒体、法律,似乎也有意无意地把自己摘择出"公众"之外。结果,公众来公众去,都是别人的事,都是"他人的血"，都是"路人"，都是自己所在的坛坛罐罐、圈圈线线之外的人。

与"责任推卸"紧密相伴、相依相生的枝条是"自我封闭"。诗歌，大概是只能在诗人圈子里面谈的；环保，当然也只能有了入场券的人聊；而有意思的思想，显然也要与经过了同样思想格式化的人探讨，公众是无缘接听，不堪领会，甚至没有权利涉足的。结果，一年到头，每个人都只在本领域范围内自我愉悦和自我麻醉，真正的问题一点都不解决，真正的现象一点都不去发现，真正的作品一件都没完成。

这几年，一些为公共利益而奔波，而流汗，而呕血掏心，而披肝沥胆的人，确实值得我们敬佩，他们是真正地把个人自私剔出了生命的目标之外，把公众的利益抬举到了身体的前端。他们不仅看到了公益、慈善与环保的重要，更看到了人类尊严的重要，嗅探到了和平时代人类思想升华的路径。他们不仅大声疾呼涉及公众利益的事要让公众来参与，他们更是把个人的生命的那些零件，一件件地投舍出来，勇于把自己当成公众，勇于把自己彻底进贡给谋取公众利益的每一滴甘霖。有时候，当我们头上偶尔飘荡几滴雨露的时候，我们一定要察觉，是这些人的生命，化成了凝聚雨露的内核。

可惜，更多的人，还是沉迷在"公众参与"的责任推卸中，以为公众参与，是政府的事，是公益组织的事，是别人的事，是利益相关方的事，是全社会的事，每一个人的事，就是"不是我的事"。在"规划环评"处处给"公众参与"设卡立关，一门心思要把公众推出"环境保护事业的参与者"之外的时候，身为公众的你，能够做些什么呢？（2008年4月27日）

规划环评给『公众参与』上了堂什么课？

当我们盼望成为世界垃圾场

某个地方愿意变脏，大概有两种方式，一是肆意弄脏"我作主的地盘"，然后假装大地上很干净；二是把别人的垃圾搬到自家院子里，然后假装是别人倾倒的。

记得有一年，去采访一个城市，这个城市很为垃圾头疼，他们清楚"填埋"根本不科学，但全中国的城市都要"卫生填埋"，因此也就假装很科学地想找个地方来做垃圾填埋场。你以为这种地方没有人接盘？错了，有个村长就从这里发现了"市场机会"，他愿意招商引资，把村庄集体林地范围内的某个山谷租出去，作为垃圾倾倒场。自然，是要按每车收一定倾倒费的。

当时，这个城市的负责人，这个村庄的村长都很兴奋，且不说他们个人能落得多少好处，贫困的"集体经济"多半可能由此翻上几番。至于村里面的每个人是不是愿意忍受噪音和臭气，至于当地自然界是不是能够降解这些人类排放的污秽，就不在他的考虑范围了。

这几年老是在北京郊区考察，发现有许多村长级的干部，往往也把集体的某块土地，偷偷摸摸地"租"出去，作为城市的渣土堆放场。见过一个地方，高高的土堆淹没了大杨树。而当地的村民说，完成这个杰作，几乎就在一夜之间，你还没留神是怎么回事，变化就发生了。就像一棵大树被人趁黑夜给砍掉搬光一样快，就像一辆飞驰的汽车撞死一个路人一样快。

据说有个世界级的富豪是专门做垃圾生意的，她从全世界的废纸堆中提炼财富。而就在她的故事被广泛传诵的那一年，英国的一大货轮"洋垃圾"运到中国的某个港口，被媒体曝光后，全国人民一致生气起来，诅咒外国人无视中国人的人权，把中国当成垃圾倾倒场。

其实有些观点不一定对。也许所有走私的、正式报关的、偷渡的、改头换面的，不管以什么名目倾倒到中国大地上的垃圾，不是别人要倒给我们的，而是我们的某些专门做洋垃圾分拣和再利用的企业们主动向人家索取的、订购的。如果你到广东贵屿镇看看，如果你再到浙江台州看看，你一定会发现，全世界的电子垃圾，似乎都堆放在中国人的院场，都在被某个公司接手后，以低廉的价格，雇佣中国的农民伯伯们、农民阿姨们、农民弟弟们、农民妹妹们手工分拣着。他们在恶劣的环境中，忍受各种非人的待遇，挣扎着生存；分拣的过程既污染环境，又伤害着自己。而所产生的利润极低，所带动的产业，极为粗放；绝大部分的收益，都为其他人所盘剥和掠夺。

让人不由得为人口众多、资源单薄、环境保护彷徨的中国生起些怜悯之心来，让人不由得为中国10亿弱势群体的谋生出路和尊严保证担忧起来。

有个国内知名的"垃圾专家"粗略估计了一下，中国大概有2000万人从事"垃圾回收业"。这个行业说得好听一点，叫利国利民的"再生资源利用"；说得直白一点，就是利己利身的"捡垃圾的"、"收破烂的"。这个行业过去有一个特点，多半是外地人作为主力，本地人极少参与——除了少数退休的、吝物的老头老太太之外。比如北京，从1988年开始，四川人和河南人一直控制着"垃圾资源"；而在广州，则来自湖南的人多一些；在贵阳，来自附近某个贫困县的人多一些。这个行业有许多不好的地方，但有两个地方却又是有吸引力的，一是现金收入很直接，干一天活，到晚上一卖，肯定得到的是现金——而现金，在"生存全面现金化"的中国，对农民有着极为重要的意义；二是没有太多的人管，有一定的自由度，虽然这自由多少有些钻空子的意味，有些提心吊胆，但早上起晚一点可以，下雨天睡个懒觉，似乎也行。这么几年来，我一直在关注着的"垃圾回收产业"的人，多半都是为这两个优点所牵绊，持续地在这个行业里周旋和索取。

因此，当有太多的农民、沦落者因为无路可走，纷纷把头一低，把鼻子一掩，把眼睛一闭，把灵魂之门一关，把身体的病一忘，埋入垃圾堆中觅食求活的时候，我们简单地批评垃圾转移的危害，是很有些危险的。同样，当中国有不少人因为求生的需要，把"市场需求"扩张到全世界，到处追逐"城市金矿"开采权的时候，此时简单地批评其他国家，似乎也不着调、不靠谱。当然，在全民"节能减排"的时代，把回收产业的人，全都捧为"绿色英雄"，似乎也不太符合实情。

也许，我们还是正视一下现实，然后再从现实中寻找出问题的真正症结所在，然后再发表高见，再设计政策和法规，也许会更让人信服一些。至少，先把人口规模控制住，把生产和生活中的粗暴和野蛮方式改良一下，大概是可行的办法。否则，也许再过一段时间，全中国人民都会跑到港口、车站，欢迎垃圾船、垃圾车的到来，从几乎没有财富的废弃物里，扒拉些可怜的发展权。

有人说了，既然全世界都在出台相关法规和条例，既声明自己不把垃圾运到别国，也不许别国把垃圾运到自家地界，那么为什么还有那么多的船只、车皮在

当我们盼望成为世界垃圾场

冒险？甚至有那么多的货轮、货车在得意洋洋地创造"垃圾GDP"？有那么多的"垃圾富豪"在四处表达个人的智慧？

有人也说了，既然中国的法律，中国的"垃圾条例"熠熠生辉，早在十几年前就已经察觉到了垃圾转移的动力和风险，早在许多年前就有专门的部门来管理此领域，那为什么至今起不到相应的把关作用？该进口的还在进口，该卸货的还在卸货，该成为当地经济发展龙头产业的还在成为龙头产业，该受到政府的积极支持和"夸耀型"新闻的大力表扬的，也在天天上演。

某个行业的法律，是这个行业精神的自然结晶。一部法律的生成，除了应该体现全民意志，还应该体现产业大军的内心需求。中国有许多法律的出台，是与该行业、产业的人没有关系的。听不到他们的声音就体现不了他们的智慧，而体现不了他们的智慧，自然，颁布实施、应用的时候，就无法得到他们的欢迎和支持。因此，一部法律在现实中的施用，老是处于尴尬无能的状态，可能与此有极大的关系。因此我们不仅要修改法律，也许还要修改法律的生成方式。于垃圾管理的法律如此，与其他行业的，也是如此。(2008年4月29日)

就地环保与出差型环保

中国现在有一个让人焦虑的现象，大家都不肯安份地在当地勤劳致富，致富了的也不肯在当地过美好生活。人人都想跑到别处去，总以为别处的土地有暗含的激情、有迷人的风景、有令人心灵震动的神话，别处的陌生人比本地陌生人要和蔼可亲，有文化有魅力，值得倾心结交。

中国有活力的民间环保组织本来就很少，可就连这样稀少的环保组织的工作，有时候也落入这个圈套。如果把民间环保组织的类型分成三大类，一类大概可称之为宏大公益型，一类大概可称之为区域公益型，一类大概可称之为自益维权型或者就地维权型。当然，宏大公益型、就地维权但维权不成型的偏多，区域公益型的偏少。大家都不喜欢谈区域公益，喜欢谈宏大公益；大家都对身边的问题感觉棘手，而对千山万水之外的问题感觉便利；大家都觉得身边的环境死气沉沉难以突破，都觉得成百上千公里之外的风土容易交融；大家都觉得本地人有些凶恶和可怕，而外边的当地人个个都心灵美好、行为正宗。于是，"就地环保"总是不如"出差型环保"来得诱人，来得顺畅，来得自由生发。

可环境保护的问题，终究是要由本地人来解决的。对于全球来说，中国人是中国的本地人，虽然我们一再想要赖，一会儿说自己的空气是别国早已经污染过的；一会儿说自己的资源是被别国利用去了，但即便是要赖者心里也很明白，不管你如何的百般撒泼和狡辩，生活还得自己过，沉重的问题还像肉瘤一样握在手心里没法放飞出去。对于其他省来说，在广州生活的人就是广州的本地人，虽然外来打工者很容易把自己边缘化和无罪化，虽然广州本地人也经常不肯从内心里接待各种在当地居住过三天以后需要办暂住证的人，但大家心里都很清楚，垃圾是"本地人"扔的，污水是"本地人"排的，就连空气污染，也是本地人坐车、上班、吃饭而被玷污的。说自己没有义务，那不过是传统的污染转移、责任推卸心理在兴妖作怪，谈"政府无能"，那也是公众在蓄意把自己生拉硬拽出环境事件的直接参与者之列。可用自己的手是无法揪起自己的身体的，谁也甭想把个人剔除出、挖掘出本地环境问题的泥潭。

从政府的层面来说，其实一直在推行"环境责任的本地化"。一条河流过许多地方，因此每两个行政区域的交界处，一定安放着一台检测"出境水质"的"断面检测仪"，这个断面检测仪同时是下家的入境水质。这种行政责任界定方案大概已经推行了有那么十多年，可我们在全国各地采访时，听到政府官员都是在抱怨"上家"如何做得不好，从来不肯检讨自己本地人的作为有什么过分之处。结果，水越往下流，水质越差。黄河是如此，黄河的支流渭河也是如此；长江是如此，长江的支流嘉陵江也是如此；珠江是如此，珠江的支流西江也是如此；淮河是如此，淮河的支流贾鲁河也是如此；海河是如此，海河的支流北运河也是如此。

但这本地人负责本地环境、环境组织应当关注"区域公益"的思路，实际上是在以政令的形式贯彻的。发展经济的时候，各地方的书记和市长都把自己当成董事长和总经理，而在谈环境保护时，怎么这些董事长和总经理都成了"国家机密"的占有者，不肯对外说一句真话，许一句可以兑现的诺言呢？当环境部门的"区域限批"、"流域限批"、"按环境容量定排放总量"的策略频繁出台的时候，各地方诸侯为什么仍旧不肯沉下心来，好好地动用本地公众的能量，悄悄地解决一下本地的环境问题呢？为什么非要归罪于上游、输送给下游？为什么非要把问题压制在民间、把受害者捂死在愤怒状态？导致被憋无奈的受害者们，只好在多方求告无门之后，横下心来，"突破到中央"呢？

我总想找出这样做的理由。一直没有找到，但我从其他的方面，找到了一个参照系。也许这个参照系，与环境责任的外部化心理，有些相似。我想说的是，环保的"背井离乡"，是因为经济在背井离乡，是因为心灵在背井离乡。背井离乡是所有的人都不愿意的，可现实的命运是逼迫所有的人，从一出生的时候，就让家乡成为异乡；而异乡，又永远没有成为家乡的可能。结果是全中国的人民，都在这片国土上"暂住"，不管他们包袱里藏着的证件是什么样的类型，反正所有的人，不管是飘离了家乡的还是在家乡"扎根"的，都有一种被家乡隔离的感觉。这种隔离感和生疏感，这种有劲使不上的感觉，大概是所有的人都不愿意为环保支付力量的真正原因所在。

中国的民力，一向是被压制的，中国的民力，一向是被外乡人掠夺的。大概是两百年前，这种压制和掠夺又多了一重外力。当时的中华帝国，当时的"四海之内唯一国家"，突然之间被别人从梦中惊醒，被人家从龙王宝座上有时候是粗暴地有时候是缓慢地揪了下来，在专制的卤水里浸泡得太久而一向自高自大、作威作福的皇帝们开始给别人下跪，而几千年来都习惯于下跪的臣臣、父父、子子，则跪在皇帝的后面给更多的人下跪，从此，就落下了个心理残疾的病根，总觉得自己比别人低一等，总觉得自己应当被别人掠夺。

于是，以整个国家而言，要谋求"经济发展"，就觉得本国人、资源和钱不行，需要外国的人和钱；于地方，也是觉得本地的资源、人和钱不行，需要外地的人和钱；甚至于乡村，都觉得本地的山水不够资格来支持乡亲们的劳动致富，非要到其他地方去借用、侵占别人的山水，同时把本地的山水极其廉价地让别人"租用"。结果，搞得全国人民都在拼命地流转，都只能到外乡去寻求财富和安慰；结果，搞得本地的民力总是持续地受到压抑和怀疑，外来的人不仅给本地的官僚提供了更多的贿赂的可能，也给本地的资源带来了更大的"活性"。

当然，这一切的后果，就是外地人以极其不怜惜的方式，粗暴地"开发"本地的资源，然后把收益全部邮寄、电汇、转账到这个外地人自己的家乡。而留给本地人的，是残存的山河，是被严重污染了河流的大地，是被继续地压抑和伤害的心灵和身体。当然，这一切的后果，是出现连环效益，当地人骨子里根本不想治理身边的环境烂摊子，一味地只想"招商引资"，再一次把"环境发展"的责任皮球，踢给以各种名目出现的外资。有些地方甚至到了狂热的程度，以至于外资没引成，国际上的、其他地方的，闻讯而来、闻臭而至的骗子，倒引来一大堆。

其实激发本地民力非常简单，一是对本地人以充分的信任，中国不像别的地方，中国几乎每一个地方都人口充足、智慧充分、发展的欲望旺盛。因此，如果政策系统不再盲目地想"招商引资"，而是强调"激发民力"，同样可以笼聚无数的发展资金，因为本地人趴在银行里的存款，其实也是天文数字；只是这些存款的能量，没有正向发挥成支持创业的贷款的能量，或者以不合适的方式发挥出来而已，导致能量流失或者能量错位。二是对农民以充分的信任，让他们自己作主，不要动不动就替农民作主。许多地方的政府在不经农民同意的情况下，擅自把农民所依靠的各种"土地""承包"给某个"外资"之后，再胁迫农民与政府签订"授权转让委托书"；这样做不仅违法，而且愚蠢，这样等于剥夺了农民自己发展、就地发展的市场机会和社会机会。每一个人都热爱自己的家园的，但当一个人的家园与这个人的关系越来越疏远、断裂的时候，你想让他"就地环保"，也确实是有悖天理、欺人太甚；每个人都是热爱自己身边的环境的，但当身边的环境所产生的公共收益居然没有一丁点儿分洒到他们身上，让他们有所沾染的时候，你想让他为被剥夺的资源而付"环境责任"也确实是于理不合，于情不忍，于法难通。因此，要想"就地环保"，就得"就地致富"，要想不做"出差型的环保"，就得不做"出差型的致富"。(2008年7月19日)

节能减排需要社会"互动"

　　环保部门天生就与公众利益站在一起，而且试图保护的是公众利益和自然利益。公众有时候会发生误解，以为有了环保部门，公众就已经彻底把环境保护的所有事宜全权委托给环保部门去担待了。环保部门有时候也会发生误解，以为本部门工作只需要"对上级政府负责"，而不需对公众负责。

　　其实无论是环保部门还是"社会大众"，大家都是环境保护的主体，大家都是节能减排的主体。或者说，环保部门只是"社会大众"环保能力主体的一部分，环保组织是社会的一部分，其他机构也是社会的一部分；一个法人是一部分，一个自然人也是一部分。因此，大家本来都住在一个村子里。任何人排放的任何污物，都会困扰其他人；任何人多消耗一份资源，都减少了其他人的使用机会。

　　但有时候，我们经常就会发现双方或者几方之间缺乏沟通，缺乏互动。一个社会存在着许多问题和障碍，原因其实非常简单，就是因为沟通不畅导致了能量淤积。淤积是全世界最可怕的社会病，它在造成资源损耗的同时，附带制造了许多疾病和痛苦，它给资源拥有者带来痛苦，也给资源缺乏者带来痛苦。由于社会各个群体之间互相阻隔，能量得不到流转，生病的生病，腐朽的腐朽，最坏的结果是社会之海成为死水一潭。

　　其实互动是非常容易的。空气是容易洁净的，因为空气无边无界，任何的"淤积"都会迅速地扩散，而扩散在当前是人类对待污染物的最通用办法。河流是容易洁净的，因为流动的水一直在与周围的土壤、空气、阳光互动，与河底的泥沙、水草互动，与水体内的鱼虾互动。森林的味道是最好闻的，因为森林里的所有物种都在"互动"，因此，一个健康的森林生态系统就是在互相依存的生物多样性环境中，得到了永恒。可以说，互动互通而互补互益，是大自然神奇的"以动制静"的哲理。

　　社会生态系统的互动也是非常容易的。每个人每天都在与另外一些人在互动。但问题在，当一个人以"消费者"的面目出现在另一个人面前的时候，双方之间有可能互动吗？

2008年5月1日，环保部门在所有的政府部门中，率先试行"环境信息公开"。一年多之后，人们发现了一个奇特的现象：尝试着公开了环境信息的一些地方，环保部门在抱怨当地公众不来"领取"环境信息，有时候一条信息挂在那里，一两年只有一两个人看。而那些还顽固地想把环境信息锁在保密柜的地方，公众则毫无遮拦地痛斥相关部门，认为其对"消费者"服务得很不到位，甚至怀疑当地政府有帮助企业"增能多排"的居心。

几乎所有的人都清楚，环境信息公开是"节能减排"或者说环境治理最理想的途径，因为只有环境信息公开有望实现政府与公众的良性互动。这时候，全社会其实是一体的，政府绝不仅仅是环境信息的散发者，公众也绝不仅仅是环境信息的收受方；公众可以成为公民环保专家，把本地环境信息"公开"给政府和社会；政府可以成为公众环保能量的"消费者"，把公众的环保智慧和环保意愿进行集成后再增持给社会。因此，公开的环境信息，不仅仅需要公众的积极"点击"，也需要公众到"公开的环境"中积极地调查和传播；不仅仅需要政府的积极监测和发布，也需要政府的积极"接收"和"呼应"。因为，我们已经进入了公众环保时代，每一个人，都可能成为"节能减排"的英雄。（2009年6月4日）

节能减排需要社会「互动」

如果我们在虚情假意地做环保

杀了人要偿命，欠了债要还钱，在人与人的世界里，似乎是"天授之权"，是社会共识，即使司法体系不支撑，民间道德体系也是很明确地遵守的。可是这样的道理用到环境上，似乎就不成立，在中国，欠了环境债，可以不还钱，杀了环境里的生灵，可以不偿命。

浙江杭州萧山区，有一个妇女，叫韦东英，一个只上过五年级的农妇，今年四十多岁了，她从2003年底开始，就在持续地举报发生在本村的环境污染，强烈要求身边的"南阳化工园区"搬迁或者做到"零排放"。持续的权利主张终于换得了官员们的注意，有一天，杭州市的一个副市长托一个电视台的主持人带话给她，说，你去和韦东英说说，这个园区再让他们污染三年，三年后我们一定让这个园区搬走。韦东英听到主持人捎来的话后，回答说：你帮我问问那个市长，我是农民，我没有知识，可我知道一个道理，排放污水是等于杀人的，可是如果一个杀人犯对公安局的人说，你让我再杀三年的人，三年以后你再来抓我，公安局会怎么办？如果公安局会同意，那么我们这些无知的农民也会同意。

这几年，我国政府在环境保护上似乎是抓得紧了，有人甚至认为，今年正部级的国家环境保护总局"升格"为同样正部级的国家环境保护部，喻示着"中国环保元年"出现了。而从2007年起推出的一系列绿色政策，似乎又表明，环境保护部门不再孤军作战，而持续地有了银行、保险、证券、商务、税务、监察等部门大军参与进来，组成了强大的绿色政策经济同盟军；而2008年5月1日开始实施的环境信息公开，更是让环境保护部门有可能得到了全社会的共同支持。一座全社会力挺环保，全社会力挺环境保护部门的高山巨岭，似乎正在隆起。

然而你细审这些政策，似乎都失之软弱。"绿色经济政策体系"是在诱导企业走正路，环境信息公开所指望的公众，本来就求助无门，多年来养成的等待政府颁赐信息和知识的习惯，让公众主动认知环境状态、主动获取环境信息的才能偏于弱小。此时，欢呼我国开始重视环境保护工作，似乎仍旧有些过早之嫌。

那么什么才是真正的标志？我想，回到我一开头说的，就是"欠债还钱"的原则要在环保领域开始实施。这大概要做三件事：一是要确立生态伤害罪或者环境污染罪，各地法院要勇于给环境受害者立案，支持他们的尊严和诉求，让环境施害方得到应有的惩罚；第二是把资源成本和环境伤害成本全部纳入产品和消费的成本，让全社会想承担环保环保的人，随时可以在日常消费的行为中得到践行；第三就是开始支持环境公益诉讼，让"无告的自然界"，有公益的人或者机构替其要求健康权和复壮权，因为环境保护说到底是对自然界的保护，而自然界一定要在人类中寻找到代言人；他们受到伤害的时候，施害者也要给予赔偿，要承担伤害罪过。

可是你放马到全国看一看，几乎中国所有的法院都偷偷摸摸地躲在人民的立柱背后，拒绝收取环境诉状，让环境受害者求告无门。虽然中国当前的群体事件中，绝大部分都与环境伤害事件有关；虽然中国的各种类型污染事件，一天要发生好几起。可是，从有环境污染问题以来，几十年上百年间，极少有受害者的权利得到基本的保护；中国的自然界，更是没有一个人能替其呼告。因此，说中国仍旧在纵容环境污染，说中国的环境保护缺乏诚意，一点都没有夸张。

中国的企业是很委屈的，他们认为自己根本不需要为环境承担责任，因为当时他们在某个地方被招商引资的时候，政府部门随时都在暗示他们这个地方可以"随地大小便"，肆意污染，政府会撑开摩天巨伞，将其保护于翼下。政府的人就更委屈了，当所有的地方政府一听到企业、一听到"投资"两个字，就血压升高、心跳加快、兴奋得要晕倒过去的时候，你在他耳边狂喊什么环境保护的重要意义，完全是想以个人的力量去拉扯住一辆正要脱轨的火车。中国的公民们就更委屈了，政府可是打了保票说到保护好环境的，可到头来居然又要"环境保护人人有责"，不等于又是多给我们加一重苛捐杂税嘛。

因此，当这些问题汹涌而至的时候，似乎没有几个人能够招架和拆解的。因为要进行环境责任追究，就要能够对环境施害者的行为进行定性、定位和定量，只有当人知道自己要偿命，要还钱的时候，可能躁动的心才可能安份下来，野蛮与疯狂的行为才可能转型一下。一家企业从几十年前就开始污染，当时不以为然，至今也不以为然；当时受到政府的鼓励，至今仍旧受到社会的纵容。这时候，你如何给它划一道罪过线？如何给他贴一张免罪符？我们是该狠下心来，划出一道有罪和无罪的"时间元点"，确定在某年某月某日之前，一切过责均不追讨，在某年某月某日之后，所有的过错都将严惩重罚。这道线，到底该划在哪一天才好？

还有一道难题是，许多污染都是混合、紧凑、浓缩、几十家上百家几十年上百年共同造成的，你如何把各家的责任一一理清？更难的问题是，中国的许多排污标准非常宽松，不管是省标还是国标，都是松快得让人惊讶，乖巧企业或者"绿色企业"捧到桌面上的检测数据，个个都证明其排污口早已"达标排放"。可就是这些达了标的污水、废气、废渣，拥挤到自然界中，叠加在环境里，仍旧是剧烈的污染源和伤害力，这时候，你又如何找企业去算污染罪过？

因此，中国要起真正进入"环保元年"，要做的事就太多了。要划时间线，要重新确定国家排污标准，要明晰环境污染罪，要设立生态法庭，要给资源正确定价，要正确核算环境伤害成本，要尝试环境公益诉讼，这一丝丝一线线，这一点点一滴滴，不做出个模样来，不抢挖个周转场地来，中国就仍旧是在很宽松地保护着环境破坏者，而不是保护环境；我们就是仍旧在虚情假意地做环境保护。(2008年6月5日)

公益与互联网

公益这个东西，说起来很简单，就是利用公众的力量关注公众利益。公众利益包括人的利益也包括自然的利益，人的利益包括弱势者的利益也包括强势者的利益。因为每个人的权益都可能受到迫害，而自然界，更是永远在人类的践踏下呻吟，更需要有人来替其主张权益。

中国政府过去是万能的，现在及今后很长一段时间也仍旧存在万能幻想。因此，过去的公益，大体的办法就是大家把资源和能量都归结到"政府网络"中，然后由政府网络再分配、投注到需要公益关怀的地方。

然而政府做这些事经常太劳累了，因此，难免发生些差错，引发公众的猜疑，让公益能量错位嫁接。好在"技术民主"的突然出现，帮了政府的大忙，而技术民主中最核心的技术，就是互联网。从公众中来，到公众中去，恰恰是互联网的最大业务能力。

公益与互联网，在中国姗姗来迟，但也好，正好及时配对，紧密合作。

公益机构首先要借助网络进行"营销"。这是所有公益组织都很容易理解的。有一家美国的机构，据说想做一次培训，教公益机构如何利用互联网进行"销售"，同时还准备免费帮助一些公益机构制作便利实用的网络。因为他们想不明白，这么成熟的技术为什么中国的公益机构不好好利用。当然，这内中可推测到的理由是大家都缺金少银，网络只能笨拙地利用。不过有一个办法是可行的，就是与门户网站合作，这样，公益机构省了制作网站的牵累，门户网站多了来自公益机构的充足信息和新闻源。当前，环保组织与大型门户网站的合作正在火热的实践之中。

但这仍旧暗含"公益是由公益机构来主持"的错误思想，也许我们的眼光得反过来，因为真正主持一个社会公益的是社会的公众。网络最大的特点就是它的无私和民主，就在于它把多源的零散整合为一个强大的"实力集团"。因此，让公众把公益能量倾泄到合适的地方，才是互联网所需要做的。

中国的公益应当主要由中国公众自身来主持和负责。因此，中国现在需要一个"公益资源导流平台"，这个平台主要由四方面构成：一是通过网络呈现出来的公众，二是大型门户网站，三是有公募权的基金会，四是各执行公益目标的NGO组织——它们的项目报告要经网民评估，它们的项目进程会受网民的监督，它们的项目成果要遭受网民的评议。

其中，门户网站与基金会的充分联合，最为关键。因为中国的公益能量，由于受多方铁板的阻碍，一直淤滞在每个公众的心中，沉淀在他们的身体和银行卡里。只有网络能够把这些表面上很小但汇流起来异常强大的能量给引流到合适的地方，而不是盲目发作。

这种合作会带来一个很大的好处就是让公众资源的流淌日常化，公益能量随时随地可以募集和汇总。而充分对网络的利用也会让透明度问题得到瞬间的解决，因为网络本身所需求的就是透明度，你要依赖网络来成事，透明度就是第一指标；有趣的是，网络能让一切透明起来，因此，只要任何一家机构敢利用网络，很自然地，你就对透明度有了充分的把握。（2008年9月8日）

"与污染共存亡"利在何方？

2008年9月，环境保护的有关部门颁发了一个通告，不许垃圾填埋场、焚烧场建设在城区里边。去年，同样是环境保护部门颁发了另外一个类似的通告，要求高污染企业与居民区"保持距离"。利用这两个通告提供给我们的"火眼金睛"，我们独上西楼、踮起脚尖，放眼全国，惊讶地发现，如今迈上小康的中国人，要想活在清净纯洁的地方，几乎没有了可能；同样，中国的企业要想与居民区保持距离，也只能是痴心梦想。

有的地方，是居民区里混入了企业：某年某月的某一天，无孔不入的企业摸黑进驻，发展上一段时间后，贪图其利税的政府，越来越犹豫难决：因为不知道是搬迁企业划算，还是搬迁居民划算。有的地方，则是企业区里混入居民，中国有许多经济技术开发区，或者高新技术开发区，开始的时候，都只是纯企业入住，几年后就不行了，房地产商见缝插针，一栋栋商住楼、商住两用楼、居民楼、商场、农贸市场如野生植物一般长满所有的空地。而更多的地方，则是污染企业与居民区同时并存，同时发展，几乎是你盖一栋楼，我就建一个工厂，双方谁也不肯让谁。于是乎，全中国都同时出现一个让人难以忍受又天天在忍受的现象：每个人都在"与污染共存亡"，每种污染都在居民的身边徘徊不去，随时与居民"零距离"，甚至是"负距离"。

这两年，有些居民似乎开始主张个人的权利了，于是对身边未建、在建或者已建的污染企业保持高度的警惕，千方百计想把其弄走，想让其关门，或者要求得到相对高额的赔偿，以抵挡身体和心灵遭受的伤害。在法院仍旧扭扭捏捏不肯立案、政府迟迟疑疑左右讨好的时候，"环境难民"想要到些赔款似乎是没有门的，让其搬迁似乎也无处可搬；面对居民提出的"企业不走我们走"的思路，政府也百般无奈，因为他们放眼自己管辖的地界，发现没有一处可让搬迁者从容落脚、安居的空地。由于人口的高度压力和盲目的扩张，中国不仅生态空地已经几乎没有，就是给"生态移民"、"环境污染移民"提供的周转空间也无处可觅了。

"与污染共存亡"的处境其实与距离没有关系，住得离污染物近，你可能会警惕些，受到的直接伤害会严重些，但距离远未必等于你可以与污染物隔离，不等于你的生命被赋予了免疫，住得远甚至让你丧失了本应有的责任心和警惕性。就像一个非常注意饮食的人，也无法避免吃下不健康、不安全的食品一样。污染物会随大气飘散，会随水扩张，会被土壤"消纳"后再如实地归还给人类，因此，不论是住在污染企业身边，还是住在表面上山清水秀之处，无论你身居大杂院还是住在独栋别墅中，你每天都和所有人一起，在分享着中国环境每时每刻都在承受着的"不可承受污染之重"。

难以耐受的污染让许多人奋起，甚至有一些高尚的人，还不仅仅主张人类自身的权利，开始无私地为无告的大自然代言，因为事实非常清楚，任何污染物排放出来后，遭殃的首先是自然界，是河流生态系统、森林生态系统、土壤生态系统、空气生态系统，其次才影响到人类。这些被逼到角落而奋起的一些抗争、对话、诉讼、上访，对中国的环境保护事业是非常有利的，因为它不仅对维护自身的权益有用，对其他地方的环境污染受害者也会有所启迪的道义支持。

中国目前大体有三种民间环保活动，一类可称之为宏大公益型，一类可称之为区域公益型，一类可称之为自益维权型。当前中国最稀少的是区域公益型，而最有发展前途的，是自益维权型。因为自益维权者多了之后，必然会有一些群体为了"区域环境公益"而执着奉献。

因为自益维权者多了之后，自益者身边的污染企业，就得开始改善企业的生产和消费行为，企业环境责任的践行才有了社会监督者。因此，从这个意义上说，中国的环境保护事业成败的关键，首先就在于环境污染受害者有没有能力"自益维权"；而中国环境保护事业中至为关键的"公众参与"，前提也是在每个关注身边环境的公民，对自己的权益有充分的发言权和表达通道。

自益维权型其实也可称之为自私维权型。一个国家的公益事业，其实是建立在个人自私得到足够尊重的基础上才成形的。当一个人或者一群人受到污染伤害或者生态伤害的影响之后，他们开始起来维护生命的尊严，开始以法律允许的各种手段主张受害者的权益——同时顺便为自然公益主张些权益——之后，如果他们个人的主张得到较好的满足，那么他们一定有余力来关注自然公益，或者说，关注"跳出人类自私"之外的公益事业。一个健康的社会，首先是个体权益得到充分尊重的社会，个人能够对自己的生命有相对把握的社会。这样的社会才可能出现对自己负责的公民，而对自己负责的公民，是公民社会的基础。只有当一个社会的所有人都有能力对自己负责时，环境"污染者"才可能成为环境的修复者，谁污染谁负责才成为可能。

"与污染共存亡"的现象说明了一个事实：中国有许多人还无力主张自己的

权利，或者说，中国有许多人还无法满足个人的自私或者说自益。而对污染企业说不的过程，恰恰是个体生命觉醒的过程，是个人权益维护能力成长的过程，也是一个社会制度设计日益完善和合理的过程，是一个社会在生态文明帮助下，走上新一轮进步的过程。

　　以中国的发展速度和发展欲望，以中国的资源禀赋、能源结构、发展模式和文化内力与中国仍旧继续在膨胀的人口来思考，你很容易就得出一个结论：中国人今后的命运，大概仍旧是无法避免与"污染共存亡"的，不是数个污染企业包围着居民小区，就是污染企业身边被无数个居民小区包围；这种"中国式生存"，就像每个人每天也在排放污染物一样，是难以逃脱的宿命。因此，"与污染共存亡"的出路，可能不是要求企业搬迁，或者设法自己搬迁，最好的办法，是督促企业成为"零排放"工厂，是督促自己成为零排放个人，是督促社区成为零排放社区，是督促政府成为零排放区域的促进者和监督者。

（2008年9月12日）

"与污染共存亡"利在何方？

公众参与

来自印尼的"造纸大师"金光集团APP，是如此的阴险，他们在2007年曾经花巨资引诱、策动上海的一家国有研究所，"研究"出一项结论，说民间组织与社会动乱颇为关联，因此政府应当全力"扑杀"之。好在时代英明，社会开放，这份罗织、杜撰的报告出来后，没有能够如其所愿，不论是国际的还是国内的环保组织，不仅没有因此报告的出炉而被关停和封杀，而且其发展势头更加的明朗：因为公众关注环境的主动权越来越清楚，其关注方法的多样性也越来越丰富。

所以，很简单，无论是中国的环境还是中国的社会，都需要民间环保组织。可以这么说，一个国家的民间环保组织的水平与能力，直接就可以用来给这个国家的环境保护水平和能力进行判分。

从成立理论上说，政府本来是最大的公益组织，自然，也就是最大的环保组织。按照正常的理想，政府所出台的一切政策，都是有利于环境保护与公共利益的，否则，就有失政府的尊严，就容易让公众失望，招致社会机体的紊乱。但社会的共识并非与生俱来，社会共识本身也在不停地改良和创新，过去的英雄行为在今后很可能因为价值的重新定义而有所贬值；今天的伟大成就，也许在明天看来就是"伟大的伤害"；明里的荣誉，在暗地里可能早被评价为耻辱。

因此，任何事关公共的决策，实际上都会遭受社会的评议，而社会的评议能力，来自于社会的自学习能力；社会"自学习"需要相关的专业引导，而民间环保组织，往往就起到这种专业知识和专业能力的引导作用。

在中国，民间环保组织的存在价值往往体现在两个方面，一是其具备相对正确的知识，二是其开展工作的方法和过程往往也有利于社会进步。由于具备相对正确的知识，那么其知识体系和价值理想被社会模仿、借鉴的可能性就很大；由于其开展工作的方法对"社会生态"的持续繁荣有益，因此其工作岗位必然为社会所追求和热爱。

随着社会日益走向开放和民主，社会决策方式正在日益多元化。在这种多元化的进程中，政府所出台的一切决策都会得到社会共识的"集体协作"，这种协作正在日益以形式化、程序化的方式固定下来，公众听证会、信息公开、公众参与、环境影响评价、社会影响评价、环保法庭等是让正在打通的协作通道更加宽敞和稳固的最好基石。

作为一个社会组织的成员，不论是个人还是组织，内心都渴望社会的文明与开化。而环保组织最大的愿望就是给社会的进步提供更多的可持续方法，探索各种让人类生存得"稍微美好些"的社会生态。对于企业来说，把企业的环境信息开放给公众的过程，实际上是一个免费获取公众智慧的过程。这个过程对企业的助益是最大的，因为作为一种相对来说迷恋自私的团体，其决策过程容易混乱，其行为方式容易非正派化，很顺溜地，其结果的健康度就会受到影响，其可持续性和美好性就会被严重降低，而这，显然不是企业主们所真正追求的。

政府决策出台之前，提前开放给公众，其实也是"免费获取"公众智慧的过程。这个过程不仅对政府本身的能力建设有益，对社会善治也有极大的帮助。而政府决策的后果，允许公众来广泛地监督和研讨，对其他决策的出台显然也会有益。

中国是一个正在从封闭走向开放的社会，所谓的封闭，不仅体现在政府体系、企业体系、学院体系领域，不仅仅在权力共同体、知识共同体、财富共同体等机体身上，而且体现在每一个社会细胞身上。开放的过程冲击的是每一个人，一个好的社会，天生具备一种激发美好的本领，它能让每粒细胞都发挥自己身上的有益成分，而主动降解身上的有害成分；它能让每粒细胞都过上相对美好的生活，而减少其邪恶发作的机会。这个过程，需要机体基因自主内生的调适，也需要外部力量的激励——最好的或者说唯一的方式，就是开放。

开放的过程绝对不会恩赐和施舍，恰恰相反，公众完全可以不参与任何的公共事业，只需要对负责公共事业的实施体进行问责即可。对于社会来说，如果用企业的形态来模拟，那么股东、董事会都是由公众共同组成，执行层面的机构，不过是总经理、营销总监、财务总监、车间主任之类的随时可替换的职位而已。公众把社会委托给政府来运行，运行的绩效，公众自然会进行评判。一旦绩效不佳，公众很自然会主张其与生俱来的那些权利。如果一个社会的公众都沉默不语，那么，其身体内潜藏的能量会以何种方式发作，谁也不敢肯定；但可以肯定的是，这种淤滞与累积，对社会的机体制造危害的同时，高度浪费了"社会资源"。一个流畅的社会，不仅是自然资源得到极好的保护和利用，同时，社会资源也得到极好的调配与导流。

因此，公众提前参与各种决策的论证与研究，绝对不仅仅是为了显摆自己的权利，更多的是为了让社会之水流动得更加欢畅，让社会的激流变得更加富有生机。

中国的民间环保组织正在"区域公益"化，或者这么说，对于中国来说，至少每个县都在生长出一个或者一个以上的民间环保组织。"环保组织就地化"最大的作用，就在于能够激发本地的公众高度关注本地的环境，包括环境本底的记忆，也包括环境变化的任何蛛丝马迹的跟踪，包括污染的调查，也包括自然生态的分析。这样，当地环境变化和环境决策的一切前因后果都会因为当地公众的高度关注，大量的决策会因此而变得透明和可行，变得有益和令人愉悦。

其实如果我们稍作观察就可知晓，一项决策之所以有可能是有害的，往往就是因为这项决策的"专制性和封闭性"太强，而一项决策之所以可能是富有环境亲和力、并让公众喜悦的，往往就是因为这个决策的开放度和民主度高。同样，一项决策对社会和环境的影响之所以会很快得出"研究成果"，光靠几位专家去主持研究是不够的，只有当公众全力参与这些行政决策、企业决策、家庭决策、个人决策的全方位评估，并给出实时的数据时，一项决策的可靠性才会经得起考验。因此，环保组织必须在聚拢公众能力共同关注本地环境，为当地生态可持续发展提供行动支持方面，有所作为。同样，政府应当看到环保组织对生态文明的促进作用，采用多种方式，积极激发环保组织的生成与壮大。

（2008年11月10日）

公民会变成环境记者

阿拉善SEE生态协会算得上是中国著名的民间环保组织了。2008年的某一天，他们突发奇想，也许可以在天涯这样的草根性、自发性很强的网站上，发起"公民环保写作竞赛"，同时号召公民"曝光身边环境污染"；为了让项目有刺激性和引诱力，阿拉善SEE生态协会甚至准备出了重重的钞票，金光闪闪地挂在每个网民眼前。

项目开始的时候，提出创意的人和实施项目的人，期待都很高，以为中国的环境问题如此危急，如此日常，近在睫前，远在门边，因此，只要登网一呼，一定跟贴无数。

事实也许再一次证明了天涯的品性：自由生长型的网站是难以控制的，你想让"网民"们做的事，网民可能偏偏不买账；你以为所有网民一定会关心的事，网民可能根本就不想关心，或者内心里认定"关心无效"。

其实我可能也在犯着与阿拉善SEE生态协会类似的错误。2007年以来，随着"公民社会"这个词由学者常用词变为社会常用词，公民律师、公民记者、公民农民、公民工人、公民教师、公民法官、公民警察等纷纷出场，有人甚至猜测，大概再过一两年，中国所有的职业前面都有可能安上"公民"二字，甚至可能出现"公民学生"、"公民小朋友"。社会潮流席卷着我的头脑，以至于我一心以为中国真的到了公民时代；我大概当记者的时间有些长了，以为记者是天下最重要的职业，于是就盼望天下所有的人都成为记者。我一心幻想，中国应当早日出现一大批"公民环境记者"、"公民法律记者"、"公民财经记者"、"公民科学记者"等等。

我经常以为我是有些道理的。与朋友们，尤其是与一些熟悉网络、喜好谈"网络民主"、信仰"网络救中国"的张三李四们，谈论起此事时，往往唾沫横飞，心潮澎湃，情绪激昂，两眼发热不已，以至于夜半回家，看到地铁里满车的寒冬夜行人，胸中顿生狂喜，以为中国城市里拥挤着、涌动着、荡漾着如此众多的热血青年和积极分子的波浪，环境记者公民化，已经不需要我辈的任何努力，网络社会的大海早都在暗流频生。

而2008年的经验又时时给我以错觉。这让我记忆深刻的一年，我触碰了好几件与环境有关的案例，个个都让我备感惊喜。有个小区的居民起来反对修建一条劈开小区的高速公路，最后逼得政府准备召开"全民公投"；有几个农民怀疑当地政府官员贪污退耕还林款项，暗中结盟并组团调查之后，居然掌握了大量的第一手材料，让政府官员时时如坐针毡；有些居民为了反对身边的垃圾填埋场继续施放毒味，千方百计让法庭接收了以其中一位为主提交的申诉书，要求垃圾场业主赔偿排放臭味导致此业主昏倒而到医院急救所花的两三百元药费，以校验法庭的能力，观望政府的诚意；有位在深圳打工的湖北人，当他回家探亲时，发现村庄边的森林正遭受砍伐，急忙起来向林业部门反映，并联合大量的同乡，开始调查那家砍树公司的背景、调查主导此事的政府官员的作为。许多许多的事件，都让我天真地以为，本地人关注本地环境、本地人保护本地环境的时代正在到来。

如此这般的时代，有了网络的辅佐，有了博客的通路，有了WEB2.0技术做靠山，似乎每个公民都有可能成为环境记者，每个公民都可能成为获取、放大本地环境伤害信息的第一启动源。

然而更多的事实又迫使我怀疑我所看到的现象，降解我所预想的美景。更残酷和生动的案例，在朝反的方向把我拉回。我看到绝大多数人并不关心家乡的河流和森林，更多的人看到了伤害天天发生却从来没想过要对它进行记录和传播；更多的人不是伤害的主力军、就是协作伙伴或望风者。在这样水火交融的时刻，我们能指望哪些人挣脱时代的枷锁，成为"公民环境记者"、"公民环境专家"、"公民环境作家"？

如果说中国非要进入公民社会，那么其进程一定是"权利回归"的进程。过去的三十年，大概几乎所有的人都象征性地获得了发展权，但是，另外一个更重要的权利——保护权，则一直没有回归，至今仍旧高高地悬挂在某个衙门的仓库里。权利回归的过程绝对不是施舍或者给予的过程，而是自己争取、自我生长、自我凝聚、自我结晶的过程，不是交易的过程而是战斗的过程，不是获得的过程而是付出的过程。因此，2009年，如果说我们非要有什么期望的话，那么，从环境的角度来说，最大的期望就是有更多的公民，成为环境记者。

但同时又似乎有很多机会——比如我知道——搜狐正准备推进一个叫"环境公民记者"的项目。这个项目讨论和传说了很长的时间，不知道什么时候会正式的成形？也许，搜狐也像阿拉善SEE生态协会一样，等待着网民自我生长、自我爆发的机会？（2009年1月15日）

公民记者与记者公民

国内最老牌的民间环保组织"自然之友"，经常做一些很有意思的事。2009年5月份起，他们开始每个月做一期"公民记者培训"，想要让那些关注环境的公民，成为有能力报道环境现状、传播环境真相的"记者"。

记得第一期的时候，有个国内著名媒体的记者对此表现出了担心，她担心"缺乏专业训练"会不会让公民们写不出像样的新闻报道来。她说这话的时候，我在旁边听着，心里忍不住就开始想，也许这位记者忘记了我们已经处在两个时代，一是公民权利生长的时代，二是网络时代。

较真地说，"自然之友"想要通过举办"沙龙活动"，以在公民环境记者上有所促进的时候，算是落伍于时代好些个年头了。环保领域的先锋在其他领域有可能是后进者，即使这个领域与其所从事的领域高度"利益相关"。有心的人们早都知道，中国很早就有了"草根记者网"、"民间新闻网"这样的网站，任何人随便注册，都可以成为既报道又报料的"记者"。当然，这类自由生长的新闻网站的出现，与博客这样网络技术普及是高度合拍的，也与网民表达欲望的难以满足、表达习惯的逐步网络化步调一致。某种程度上说，网络正在成为人类生活的记录仪和显示器，在一个新闻渴求得不到满足的国家，博客的出现意味着每个人都可以成为一个"全媒体"，自然也就意味着每一个人都可以成为编辑、记者和自办媒体的忠实读者。

因此，当技术能力早已可以任意实现的时候，阻碍技术被人应用的不是商业的推进能力，而是整个社会的"消费能力"。如果一个社会不愿意或者说缺乏能力去消费某个技术，那么这个技术再强大，在这个社会也可能被屏蔽和阻隔。

自然之友的沙龙倒是在我僵化的脑瓜里发起了酵催起了苗。这两个月来，总有两个溜圆的西瓜在我那狭窄的瓜地里乱滚，哭着喊着要我抱起它们，一个瓜的名字叫"公民记者"，一个瓜的名字叫"记者公民"。给这两个瓜取名字的人又特别坏，在一个四方的印章里，四个角各写下一个字，从左向右读的"公民记者"可以从右向左读成"记者公民"，从左向右读的"记者公民"也可以从右向左读成"公民记者"。搞到最后，我只能同时抱起这孪生兄弟般的两个西瓜，每隔一分钟换一下手，让它们单双号般的同等权利占有我的左右胳膊。

我掂量不清的原因是我察觉身上的公民性严重不足。我这么说并不是想证明中国自古就是一个缺乏公民传统的国家，更不是想证明中国至今还在为补足身上的公民性而苦苦寻医问药，更没有能力去给中国公民的缺锌少钙开具补给之方。我想搞明白的只是：如果一个人连基本的公民性都严重缺乏，那他从事记者这个职业，就会成为"记者公民"了吗？

同样值得发问的是，如果一个科学家连基本的公民骨架都长不完整，他可能成为一个有骨气为理想而献身的科学家吗？如果一个文学家连基本的公民血肉都搭配不充分，他有可能写出站得住挺得久的作品吗？如果一个商人连公民的基本道德都不具备，他的挣钱方式花钱方式，有可能让旁边的邻居和自然界满意吗？如果一个政府从业者，连基本的公民相貌都若有若无，他有可能为了公共利益而抑制住内心的空虚和狂妄吗？

在这个世界上，我生活得时间还不算长，但我已经见过了不少人，不是忘本，就是断了根，不是失了魂，就是弃了心。这样的人，不管他从事什么样的职业，不管他担当什么样的职务，上班的第一天，开业的第一小时，生意的第一次出手，第一时间掩埋、抛弃、忘却、丧失掉的，一定是他身上的"公民性"。好像当了官就不再是人，好像经了商就不再是人，好像开起了工厂就不再是人，好像有了知识就不再是人；好像有了伤害世界的更大能量，就可以不再需要人的头脑和心脏。有时候我想，这些毛病之所以频频发作，都是因为公民性先天不足造成的，都是公民性后天发育不完整造成的，都是每个人都身带"公民残疾症"造成的。

公民性其实就是个人担当自己生命行为的能力特性，大体分为两个方面，一是自由发展权，二是自由保护权。用一棵树来比喻，发展权就是它的落地生根权，它想生长在哪就生长在哪，它想长多少条枝桠就长多少条枝桠，想长什么昆虫就长什么昆虫，它想让哪个鸟作窝就让哪个鸟作窝。保护权则是它的正当防卫权，当它遇上伤害的时候，它想抵抗它就能抵抗；它畏惧这伤害想逃离，它就能逃离；它收纳了伤害而想愈合伤口，它就能愈合伤口。

发展权和保护权这两兄弟，就像一个白而硬的石头的"白"和"硬"一样，互相依靠而存在的，一个方面的贬值就意味着两点同时沦落，硬度不足的石头自然白的纯度也经不起考验；你不能取掉了石头的白，光剩下硬，你也不能取下石头的硬，光剩下白；你说白石头的时候，已经暗含了石头的硬，你说硬石头的时候，也暗含了石头的白。

　　我经常深深地感觉到自身是个公民性生长和表达不完全的个体，当我受到伤害的时候我无法保卫自己；当我想自由生长的时候我根本找不到生长空间和支撑点；当我看到别人受伤害的时候没有任何的出手相救的机会，当别人看到我受伤害的时候甚至无法表现出一丁点应有的同情。

　　在这样的情况下，即使我投靠了一家无比正规的组织，织成了一张庞大的家庭关系网，屯聚敛积下无数的财富，攫取吞食了无数的知识，我也仍旧发现，没有一个外形可靠的大殿能够填补我与生俱来的虚弱和残缺，没有一种包治百病的特效药能治好源于心灵的创伤。

　　在公民性要么不充足，要么被提前取缔了的情况下，我是不是一名记者，有什么意义？在这样的情况下，我与其去做一个"公民记者"，不如先做一个"记者公民"，努力在职业和生活中寻找到合适的营养体，让先天不足后天亏损的那些生命元素，慢慢地有所追补。

　　但同时我也舍弃不下"公民记者"这粒大西瓜。因为我知道这个痴迷于保健的世界，对神秘性和偶然性充满了期待和妄想。因此，我老是暗暗地祈祷，不管是药补还是食补，不管是补气还是补血，不管是西药还是中药，不管是化合物还是天然品，不管是道士的符咒还是中医的秘方，都能对一个人身体的公民性产生难以预料的增持作用。

　　我一向相信任何人能做任何事，任何人都可以成为记者就像任何人都会吃饭写信一样，任何人都可以成为科学家因为任何人对这个世界都有好奇心，任何人也都可以成为政府从业人员因为任何人都有公共服务的能力。如果你觉得中国当前是既缺乏公民也缺乏记者的国家，那么，无论是"记者公民"还是"公民记者"，都是稀缺之物，都值得大力地孵化和催化。(2009年7月24日)

公民记者与记者公民

公益组织的"出生缺陷"

———————————————

十多天来，关于公盟咨询中心的报道不断地传来，一会儿是他们偷税漏税被税务局们重罚严惩，一会儿是他们非法经营被北京市民政局现场取缔；一会儿读到他们的税务听证会上律师的辩护词；一会儿听到他们的法人代表许志永在家门口被逮捕，有望享受牢狱之灾的消息。

这一切的一切似乎都和中国最流行的病有关，姑且把这种病叫"公益组织出生缺陷症"。

稍微读一点这个国家的法律制度史的人就会知道，从2002年开始，有关部门加强了对公益组织的管理，陆续出台了促进公益组织发展或者说帮助公益组织正规化的管理办法、税务通则、会计制度等。有些迷信书本和法条的人因此相信，在中国经营一家公益组织是非常畅通的事情。

然而等你一旦想去开张一家"公益组织门店"的时候，就像一个人真的想生孩子的时候，他才发现，无论父母原本的基因有多强壮，无论父母多么想要生下这个孩子，无论周遭社会是如何期待这个孩子的降临，无论父母在怀孕受胎的过程多么的警惕，他们生下的孩子，必然患上被"当前社会共识"特意种植上的"出生缺陷"。这种出生缺陷就像古代的犯人被处以巨大的烙刑一般，明晃晃地侮辱在额头上，让每一个看到的人，都迅速对其进行判定和鉴别，进而决定"下一步棋"该怎么走。

刻意制造这个出生缺陷是有阴谋的。这样，任何非孩子的父母都可以在任何地点以任何理由用任何方式随意对这个充满善心的孩子"出示"合法的处置权，想把这个孩子关进黑屋就关进黑屋，想赶上大街流放就赶到街上流放，想毒死就毒死，想熏昏就熏昏，想溺毙就溺毙，想枪杀就枪杀。而这个孩子的生身父母，不但得表示支持，有时候还得扮演"主动刽子手"、刀斧手、快枪手、投毒犯的角色。

出生缺陷让公益组织随时处在"罪恶感"中，无论做什么都是错的。他们随时提防有关部门的来源极其正当、理由极其凶狠的各种干涉。这些干涉和阻挡的名目往往会以罚款通知单、财物没收处罚书、办公室租赁困境、负责人违规违法等外相表现出来。而骨子里的原因，就是利用你出生时的天然缺陷，生成出一系列你不该在这个世界上存活下去的理由。无论你是多么地想在这个世界上做点好事，无论你做好事的能力有多强，无论这个世界多么渴望你的存在。

故意制造的出生缺陷像个众相纷呈的天然沼泽，能够把所有的公益组织都深陷其中。即使侥幸逃过没顶之灾，也必然吓得终身不敢言公益，表现为哑巴症；或者吓得终身不敢再公益，表现为重症肌无力；或者吓得终身没有能力推进公益，表现为生殖能力丧失。

几千年来的中国史，最严重缺乏的社会能力就是公益能力。而当前社会上所有公益组织一出生就沾染上的公益组织出生缺陷症，某种程度上帮助我们找到了中国人缺乏公益能力的内在原因。当试图有所公益者被视为对这个社会居心不良的时候，当试图有所公益者被当成对这个社会有政治图谋的时候，当试图有所公益者被形容成"背后有利益集团支持"的时候，我们的公益组织，不管你是想在任何领域有所作为，都变得没有可能。(2009年8月1日)

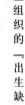

公益组织的「出生缺陷」

林业项目更需要环评

1949年以来，中国人一直以为植树造林是改善生态的最理想方式，也是公民报效祖国生态的最理想方式。2007年以来，随着全球气候变化这个概念的温度越来越高，很多人也在第一时间想到了森林对于吸收碳排放的好处，于是，很自然就有人想到，鼓励人们去植树，是一举百得的公益事业。

本来是志愿的、凭兴趣或者信念去参与的"全民植树"运动，在全球碳减排的热风中，开始成为了多少带有强迫性的、职业性的、必须性的"付出"。每个人每天都有无数的碳排放需要"抵消"，抵消它的方式，最便利的选择是去种棵树。计算方法似乎也简单，比如你一年产生碳排放量是1000公斤，而种一棵树并且保证它存活在世30年以上，假定能吸收100公斤二氧化碳，那么你每年只支付10棵树的种植费和养育费，你的碳责任就会被免除。你可能会欠很多人钱，但你不欠地球人的"二氧化碳费"。

而且不一定非要你去种树，你可以把钱交给一些公益组织或者名头很响的"公益活动"，委托他们去帮你种树和管理费。当然，你由此得支付一些信托成本，你本来可能只需要支付1000元，但加上代理种树费之后，你可能需要支付1200元。你乐意，因为你算下来，可能还是合算的，因为，种树本身确实也是有成本的，即使你把它当作旅游和休闲，它也仍旧有许多成本需要你去支抵。

聪明的商家借此起兴，他们发起一波又一波的植树造林运动。这些运动往往都披着极其美好的光环，不仅帮你种了树还了债，还优化了某个地方的生态，还减少了某个地区的贫困，还给当地赢得了可持续发展的新机会，还教育了广大的"其他公民"，还帮商家挣了大钱，帮政府得了名声，帮住在学生宿舍的小树苗们找到了独立生根之处。总之，无论怎么掐指去算，种树都是利国利民、功在当代利在万古的上佳好事。

然而事情真的是这样的吗？抛开一切运作过程中的腐败、欺骗等因素不谈，即使我们真的在某个地方种了树，它真的就能改良生态？它真的就能替你偿还二氧化碳债务？如果我告诉你，你种树的过程是带来新的碳泄露的过程，你可能不会相信；如果我告诉你，你种树的过程是在当地割划新伤口的过程，你也可能仍旧不相信。那么好，我们就请专家来做个建设项目或者规划项目"环境影响评价"一番吧。

种树是想当然的好事，这与环境影响评价有什么关系？难道你是收受了环保部的贿赂，跑来向林业部门示威来了？难道你真的暗含了让环境保护部兼并国家林业局的野心？难道你一直在声称的国家林业局应当改名为国家生物资源保护局，在此又多做了一次广告？

我没有任何的野心，我只是想告诉你我在中华大地上看到的现实。这个现实很简单，中国的森林面积在持续减少，而中国的天然林面积被减少得最快。有太多的天然林，就是在保护生态的名义下，被砍去，然后种上了"树"，有良知一点的林业专家，会把这些树称为人工纯林；没有良知的林业专家，则从头到脚不置一词，对中国林业纯化的后果故作不知或者真的不知。

不敢说所有参与全民植树的人都有共同的经验，但如果你仔细回想一下你每年春天借"春游"参与单位组织植树活动的程序，你应当会清楚地记起，你种树的那个坑，原来长着另外一棵树，而且是长势极好的本地树种。它们甚至已经碗口粗了，比你种下的松柏要强壮许多。更要命的是，所有的土地上都长着生机勃勃的当地物种，不仅有树，而且有草，不仅有乔木，而且有灌木。为了让你种下的松柏能够有地方插足，它们通通被砍了头断了腰；为了让你种下的松柏能够吸收到阳光和营养，它们被一遍遍地去叶除根。这时候你肯定想不明白，我们为什么要这样做。即使出于掠夺自然成绩的目的，把自然的成果算为你的节能减排成绩，也没有必要把那些最擅长建功立业的本地物种给铲光锄尽后再费心费力地种上一棵外来物种啊。如果你觉得我说明得不够明了，那么我用个比喻可能就清楚了：我们为了保护某个地方的原生态文化，把当地的居民全部杀光烧光，然后从外部移来大量长得一模一样的居民，让他们去延续当地原有的传统文化，你觉得这可能吗？你觉得这必要吗？你觉得这不是故意伤害型的犯罪吗？你觉得这样的保护行为不需要经受一次"文化影响评价吗"？

估计有一个办法能让如此这般狂热而盲目的行为得到一点点的提醒和遏制：对所有的以改善生态为目的的项目都进行必要的、严格的环境影响评价。声称是绿色环保的水电要经受环境影响评价，声称是绿色环保的造林工程也同样要经受环境影响评价。声称是为了保护生态而推动的项目要进行环境影响评价，声称是为了获得经济利益与生态保护双赢的林业替换项目也同样要进行环境影响评价。某个单位的植树造林行为要进行建设项目环境影响评价，"三北防护林"则要进行规划项目环境影响评价，而集体林权改革则需要进行"政策环境影响评价"。

　　很多人对环境影响评价很是不以为然。确实，在中国生活的人都很清楚，中国的环境影响评价不过是给那些从事环境影响评价的人提供了一些获取利益的政策理由而已。于中国的环境保护或者说生态保护，尚未起到其应有的作用。但是，我们可以相信，环境影响评价至少给公众参与提供了一个极好的理由，给"异端的声音"介入提供了一条可能的通道。假如没有这个政策性的缓冲系统，那么，中国的环境保护就更缺乏公众的公益关怀。而一个项目如果缺乏公益的眼光去求证和核准，那么所有的项目都会成为腐败和无知纵欲的天堂。

　　因此，我建议中国所有的与森林有关的项目都需要进行环境影响评价。在评价时一定要举行公众听证会。要允许林业专家之外的专家，尤其是那些亲眼目睹了许多生态苦难的本地人士能够参与进来，表达不同的意见。因为在中国，最富讽刺意味的是林业部门是中国天然林最大的破坏者，水利部门是中国天然水的最大破坏者，因此，所谓的林业专家有时候是最让人不放心的专家。在这样的形势下，允许非林业专家参与林业方面的环境影响评价，也许是改良之方。

　　我们现在处在一个公众广泛求知的时代，任何人都有能力对任何问题表达其"专业意见"。因此，强化环境影响评价权威性的唯一办法是公众参与，而强化中国天然林生态系统保护的唯一办法是对所有的林业项目进行各个级别的环境影响评价；不仅仅是环境影响评价，还包括社会影响评价、文化影响评价等。因为很显然，你在草原上种了树，必然对原本只见惯了草原的原住民是个极大的改变，必然会对其文化、社会发生影响。同样，你在沙漠里种上了树、在湿地里种上树，都会改变原有土地的"思维方式"，进行全面的影响评价，是对你改变行为的最负责任的做法。否则，不仅仅你的钱财像遭受灾难那样打了水漂，自然界还会因为你的好心受到新的重创。

　　我再重复一遍，为了保证探讨本文主题过程的"纯洁无瑕"，我把人类在种树过程中所有可能产生的腐败（政治腐败、经济腐败、学术腐败、行为腐败）通通都不计算入内。如果把这些影响因子也加上的话，那么其破坏性后果有多大，之前难以预估，事后难以清算。（2009年10月16日）

垃圾公示

最近有好几家已经建好的垃圾焚烧厂迟迟难以点火。公众出于对这类"公益企业"管理最基本不信任，不想让它们在中国大地上耀武扬威。公众一个最大的疑虑就是没有人知道这类企业一旦运行起来后，其运行过程的管理有没有可能达到专家所宣扬的"理论"数值。

中国的城市垃圾处理事业虽然1994年之后才算正式启动，此前整个泱泱大国的城市垃圾与农村垃圾都靠信手乱扔和随意堆放来实现"无害化处理"。有些地方甚至想将其作为农家肥让农民伯伯去消化。由此我们很容易得知，垃圾处理在中国的城市是一个年轻的事业，不像一些重污染高排放企业那样病入膏肓，查不出病因，难以定位病灶，给药不敢下手，手术刀不敢施动。

也就是说，中国的城市垃圾处理设施，要想把信息开放给公众，还是有可能的。这些信息绝对不可能是商业机密，而且公众完全有能力读懂。

其实早在公众尚未对垃圾和垃圾焚烧厂有所警觉的时候，中国各地已经偷偷地建设了好几座大型的垃圾焚烧厂，更建设了难以估量的小型或者微型焚烧厂。全世界的人对火都情有独钟，人们经常想到用火来消除一切罪恶或者让人难为情之物。垃圾是让人类备感难为情的物品，因此，垃圾管理者们想到用火来净化它们，好像很是符合传统文化。

而把信息开放和公示给公众在中国是最需要生成的时代文化。中国几千年来备受困扰，一是因为资源抢劫集团从来不肯放弃其对自然资源和社会资源的控制和剥削；二是中国几千年来一直是一个幽暗无比的社会，人们根本不知道身边的日常世界发生着什么。因此，在政府信息公开条例、环境信息公开条例都开始试行的今天，我们趁着垃圾处理在全社会焚烧出的热度，把垃圾焚烧设施的运行数据开放出来，我想不是什么难事，一定会对建设公正透明的社会有益，一定会对垃圾处理企业可持续发展有益。否则，我担心这些企业会被自己常年积累的数据所闷死，因为，一些数据就像毒药一样，需要稀释和降解的，而在当前，只有无莘的周边群众有降解和消纳这些数据的能量。

运行数据其实很简单，你每天往炉里输送进了多少垃圾，你每天从城市里拉来了什么样的垃圾，你用以"节能减排"的"生物质能"垃圾里，兑进了多少煤和油，为了运行设备你消耗了多少电，你的员工工资、你的企业负责人工资、你的企业收益来源，你烟囱排放口每天监测的烟气的各类成份和量值，你的底灰和飞灰含有什么成份，如何处理？

这其中最主要的是两大块：一是"运进了什么"，当然是进来的垃圾成份是什么，含水量、含氯量、重金属量、危险废弃物量各有多少；二是"输出了什么"，也就是排放出来的热量、烟气和灰渣到底都是些什么。它们都很容易检测，它们也很容易被公众拿去做参考。

接下来要做的，是对整个城市的垃圾日常成份进行全方位的报告。垃圾管理部门应当每天监测全城市的垃圾产量和垃圾成份，报告这些垃圾的处理方式和处理方式的环境影响。中国的许多城市垃圾管理者虽然直接插手垃圾的处理，但似乎他们对此并不太知情，更不想让公众知情，好像垃圾处理部门是一个秘密组织似的。垃圾管理部门应当趁此机会脱身出来，把所有的处理现场全都让渡给民营企业，自己要做的是对处理企业的行为监督，并把监督结果实时开放给公众。

亮出过去才可能赢得未来，亮出现在才可能推论过去。如果我们总是说过去准备不足，管理不善，资料不齐，那么未来也必然会出现管理不善资料不齐，信息不可信。过去的企业无法用诚信取得公众的支持，未来的企业也无法用诚信取得公众的支持。过去的政府垃圾管理者无法让公众信赖，未来的政府垃圾管理者也同样无法让公众信赖。一个连运行信息都不敢公示的企业，不可能是一家环境友好企业。

当前全国此起彼伏、风起云涌的城市垃圾处理技术讨论风潮，当前无论是专家还是公众都在帮助城市垃圾管理者寻找垃圾处理正道。在这样的时代，我们能做的事只有两个，一是要获得公众的信任和支持，要想汲引公众的智慧，就需要先显现诚意，把所有的垃圾企业运行信息无一遗漏地张贴到公众能够便利地见到的媒体；二是加紧引导社会投资分类运输和分类处理的设施，推出垃圾"强迫分类"政策，让公众对城市垃圾管理者的垃圾处理诚意和能力有所认同。全世界的垃圾处理方式都有一个共同前提，就是分类处理；全世界的公众都有垃圾分类的能力，尤其是在中国。只要公众细心分开的垃圾，能够分类运输，就一定能够实现分类处理。此时，我们居然把公众的能力和愿望当成"垃圾"，显然就是缺乏基本智慧的表现。（2009年11月27日）

垃圾公式

不自私，无公益

虽然世界上几乎所有的人都相信，社会公益能力不足，往往是由于每粒社会个体正当的自私得不到满足而导致。最近一段时间，有一群人被定调为"很自私，不公益"。有些专家被定性为"无良专家"，有些市民被定论为"无良公众"。在双方或者多方的言语对峙中，我们发现了自私与公益在奇怪地纠缠不清。

反对垃圾焚烧的市民，或者说反对一切有可能伤害自身环境利益的市民，首先被已有的"良知检测试剂"快速认定为自私分子。他们为了自家门口的清净而耽误了绝大多数人的清净，他们为了自身的环境健康而让绝大多数人无法得到环境健康。以至于有许多人相信，只要举行全民公决，那么这一小批成天嚷嚷着要环境权益的人，肯定会被更多的人牺牲掉。

然而事实好像并不是这个样子。所有关注当前垃圾对峙的人心中都有一种渴望，这种渴望就是全面满足个人的"自私"。他们理由很充分地相信，只要自私得到了满足，公益就会被照顾。一个健康的公益社会首先是私心得到确认和保护的社会。当一个人无法确定自身的存在时，他想"公益一把"，都会如缘汤求冰，缘污求净，缘旱求雨，缘恶求善。

几十年来，绝大多数中国人似乎得到了发展权，但绝大多数中国人仍旧没有得到保护权。尤其在环境保护领域，不管是环境受到了伤害还是生命受到了污染，似乎没有人能够在奋起反抗的时候找到有效保卫自己的利器。这种长时间无法保卫自身权益的事实，让每个人都产生了极强的防御能力，也让很多人生长出了极隐蔽的进攻姿态。因此，人们只能对已经建设好的污染设施听之任之，拿生命去忍受和消纳。

据说有些公共事务管理部门担心民众自私起来没完没了。其实，自私并不是无止境的，自私只是人生存于社会上的基本柱础，绝大多数人都会适可而止，没有那么贪婪和卑鄙。人类由于已经形成一个庞大的"社会"，各个自私者之间经过长时间的协调和博弈，共同结晶出一个在满足自私的本底之后，陆续呈现出诸多公益的面相。几乎所有的人类群体都迅速把政府、公益、宗教、知识、智慧、文化、法律等当成了公益认同、公益表达的共同路径。与公众、公益这些词相联通的血脉，一定是公开、公正、公示、公理、公道，是"天下为公"。

当受够了伤害的人们，当"自私"一直没有得到合理满足的人们，发现以"新建"、"改建"、"扩建"名目出现的各种环境伤害型企业正在对自身权益构成新一轮威胁的时候，人们肯定会把保卫自私的决心在获知消息的那一刻固化下来。于是，我们可以很清楚地看到，人们表达自私的过程，成了颇为隆重的推进公益的过程。

这时候的人们其实只想要简单的一些信息。用句非常政府文件化的词汇来说，就是"公众参与环境保护"。你在我家门口建焚烧厂，但从立项到征地到建设到运行的所有信息全都不让我知晓；你在我家门口排放各种各样的脏污之物，伤害了我的身体又伤害我的心灵，却从来没有到我家里来说声道歉，更没有对我进行合适的补偿。这样的污染社会的过程，其实就是伤害个人自私的过程。因此，只有一个非常简单的要求：为了自私，请把信息提前告诉我；为了自私，请征得我的同意，并请让我的智慧和才能参与到讨论中来。

同时，公众清楚地看到，那些自命为能够在知识上代表公众和良知的专家，那些自认为在权益和判断力上能够取代公众的政府官员，在此时却打着公益的旗号，干起了满足自身私利的勾当。公众由此经常难以理解：某种程度上说，无论公共知识分子还是公共政府官员，已经是当前中国自私心得到最大满足的人，他们为什么还时常做出些让人鄙夷的贪婪之事？

中国公众对公共教育是满怀认同的，一直无怨无悔地拿公共的钱来侍候那些有最大可能获取最多知识以服务于公众社会的人。因此，从这个意义上说，中国所有的知识分子应当都是公众知识分子，只要你受教育的费用和做研究的费用以及基本生存费用是来自于"国家拨款"或者"政府津贴"。当你每天拿着的是公众的税款来做"研究"和"鉴定"的时候，你的心里居然还念念不忘个人的私利，这时候就显得让人难以理解。中国公众对公共管理集团也是无限信任的，因此几乎把所有的公共、公益事务都任其主掌和控制，政府公职人员无论是资源还是权力都来自于公众的供养，按道理他们要做的唯一的事情就是推进公道和主持公益。当那些每天吸吮着公众喂养的脂膏，挥着公章大印的公职人员，却对各种有可能伤害公众权益的事件大加赞赏的时候，居然从来没想一想挤压民众的过程是在危害公共秩序，其结果最终将颠覆自身的自私可能性，很是让人为之担忧。

我们的社会到底出了什么样的问题，以至于该公益的人充斥着自私，该自私的人不得不为了公益而奋战？或者我们都应当把当前试图表达自私的各种形态当成社会表达进步愿望的一个信号。或许我们该相信公众表达自私的过程其实是

215

不自私，无公益

推进科学选址、民主决策、透明运营的过程，是公众又一次把自身的智慧与才华贡献给全社会的过程。在这样的时候，无论是公众知识分子还是公共服务机构，都应当充分地尊重所有"试图自私"者群体的焦虑和纠结，大家坐在一起共同调理，让该自私的能量流得以继续自私，让该公益的能量流有机会表达公益。

（2009年11月28日）

黑色年货

《南方周末》最近报道的二十个"黑色年货"清单，是公众环境研究中心、自然之友等三十多家民间环保组织联合"推荐"的。说起来是这民间环保组织第一次对消费者作出如此严肃的消费劝导。他们盼望消费者运用手中的"绿色选择权"，对环境违规的企业，制造一点"公众围观效果"。

所谓的绿色选择，其实就是激发消费者们，用绿色的眼光，去衡量一下每天想购买的商品。如果你发现一个商品"长大成型"的过程是严重伤害环境的过程，那么你可以通过"不买运动"，把它们"选择"出局。消费者是商家最看重的，一旦有足够多的消费者真的因为环保原因，以"非暴力不合作"的态度，拒绝某个产品被享用，那么，商家多少得出来保证些什么。

有些人担心这样会伤害消费者的权益。按照环保组织的幻想，现在的商品非常丰富，不像过去，只有一种选择，不买也得买，价钱、质量、售后服务、对人体潜在影响，都不能考虑，担心了也假装什么都不担心。而现在，每一类产品都有好多种同质商品在那较劲，因此，环保组织想让商家们开始比拼"产品的清洁度"。

于是有人就反问了，商家真的是那么好被环保组织们引导的吗？三十多家环保组织联合在一起，也不如一家企业的一个分销公司大。这些在中国刚刚发展十多年的民间环保组织，何德何能，何威何信，何权何力，敢对发展了几千年的商业网络指手画脚，说三道四？居然想用环保的价值观，去扭动商业的价值观？

于是就更有人反问了，消费者是那么好引导的吗？环保组织动不动想做公众教育，动不动想引导社会，动不动想影响决策，但是，环保组织如果只是简单地发布个报告，编写个指南，罗列个名单，消费者就会跟在后面如影随形，推波助澜吗？

没有人知道这次"绿色年货"消费者运动的后果。因为，现在正是大过年的时间，大家每天都在疯狂购物，但几乎没有人再去浏览媒体。环保组织发出的那点声音，别说被媒体不当成重大新闻来报导，即使媒体觉得非常具有普世价值，也可能淹没在歌舞升平的吃喝声中。

而我们的环境却是在恶化下去的，而我们环境恶化的过程，虽然与产品生产的过程、与公众日常消费的过程，高度相关，但每次当环保组织想推动绿色消费、低碳生活的时候，总发现，很难让公众感觉到每天的购买行为，到底与环境恶化有什么关系；或者说，让公众相信，购买这个产品比购买另一个产品更加有利于保护环境。

于是环保组织总是禁不住去想，也许需要采用"恐吓战术"。大家不吃奶粉，是担心里面含有些会让人的肾长上石头的特殊物质；大家害怕吃工厂化养殖出来的猪肉，是害怕肉里含有瘦肉精；大家不太吃鳝鱼，是听说许多鳝鱼被避孕药喂养过。因此，环保组织绞尽脑汁，总想找个理由，让某个商品与消费者的身体健康直接相关起来。

因为假如你告诉一个人，你喝了某种牛奶，会让某块草原被污染，那么大家肯定在想，这块草原受伤了，与我有什么关系？到时候一定会有别的奶农会生产出牛奶来。假如环保组织声称，某个方便面在生产过程排放的污水污染了一条河流，那些每天都盼望着吃方便面的人，有几个会为保护这条河流而停吃这个品牌的方便面？假如环保组织列出数据，证明某个品牌的牛肉，屠宰过程的所有污水都直接排放在某个村庄旁边，让这个村庄的村民喝不上党中央要求一定要喝上的"干净的水"，那么又有哪个牛肉爱好者会暂停享用这块牛肉的喜悦？

整个社会消费的过程，绝大部分时间都是处于无知无觉的过程。消费者只想看着眼前的商品是否能为我所有，根本不去想这件商品的生态足迹或者生命周期，不去想这个商品曾经以什么样的方式在破坏着我们的环境。因为知道了就会有负罪感，而人们是不愿意为环境生成什么罪恶感的。在这样"故意无知"、"见死不救"的时代，环保组织如果不做得更加的积极和热闹，不做得更加的持续和坚韧，不做得更加的勇敢和聪明，估计，不会有什么人会对身边的商品涌起"绿色疑心"，根本不会有什么人会"绿色选择"。

环保组织们似乎也做好了打持久战的准备。他们准备从2010年开始，以高密度的方式，频繁地建议消费者不购买某些商品。他们所依据的信息非常可靠——全是来源于环境保护部门的处罚通告。因此，他们要做的，是如何开发出更多的信息传播通道，以充足有力的数据和信息，说服每一个偶然经过这条信息的人。否则，环保组织们仍旧将陷入隔靴搔痒的尴尬中，无法担负公众对他们的期望。

（2010年2月8日）

政府·立场·作为

谁是真正的抵抗力量

　　国家环保总局副局长潘岳最近一直担忧，因为统计数据表明，中国各地频发的"群体事件"，大都由环境污染引起，每年的飙升速率很快。他说，时代真的不同了，过去是因为企业转制，后来是因为土地征用，现在，环境伤害造成的民众伤害，引发了社会的诸多冲突。

　　于是有人就以为，群众是在那对抗政府。因为表现的形式，对话往往发生在"政府与民众"二极之间，而少有企业这个"第三极"。"政府官员"一听到有人集会，有人群发短信，有人在网上热烈讨论，就以为是"政治事件"，吓得直抹汗，马上调部队，集武警，配公安来坚壁清野，恐吓，阻拦，删除，封杀；要么就派出车追上访的人，把任务在系统内层层分解，"发生上访事件，当地最高长官就地免职"。

　　群众有时候也直指政府，因为许多决策，打着的是政府的旗号，或者挂靠着政府某个重要职员默许的名义，或者裙带着某某人的"背影"，搞得群众有时候以为政府仍旧在行万能之事，任万能之功，决万事之策，孰不知，政府早已在简化，从过去的包办型、垄断型、主观型，转向服务型，转向监督型，转向客观型。

　　因此，虽然双方结下了一时难解开的梁子，但政府可能在承担不应承担的过错，民众也在消耗不应消耗的体力。有人说得好，其实，许多行为，都是利益集团的行为，这些利益集团如果进行细细区分，你会发现，里面没有多少政府的着料，更多的，都是经营者打出来的幌子；狐假虎威、狗学人吠、羊披狼皮，粉墨登场，"口诵尧舜之言而身为桀纣之行"，不外是中国人最擅长的传统欺骗术的时代演绎罢了。

　　即使是政府的决策，民众也有商量的余地，何况本来就和政府无关。政府绊身其中，最多因为贪图"招商引资"的数据，最多贪图"税收"的红利，其他的方面，政府心里很清楚，再大的企业，也未必能给本地带来多么大的繁荣，因为现在是群雄并起、全民创业的时代，本地人的积极性膨胀起来，流通起来，辅助以各种支持本地人创业的贷款、信任措施，完全可以胜过任何的外来投资和贴补。因为官员们已经发现一个铁打不动的道理，一些"外商外资"，愿意到当地投资设厂，根本不是贪图什么土地便宜、税收减免，准备坐享的其实是当地的廉价环境资本和廉价劳动力资本。廉价的环境资本可以大大省去其环境伤害所需要支付的治理经费和赔偿经费，而廉价的劳动力成本让其压榨员工血汗成为理所当然。而中国现在最需要强化的就是这两块，需要提高农产品、矿产品的价格，也需要提高务工者的价格，需要树立环境成本是最高成本的意识，需要明确良好的环境是最上乘的优势竞争力。

有许多企业，其实已经是"金元帝国"，企业正在成为新时代的"国家类型"。他们聪明地把一切权力收归了"企业中央"和总部。投资庞大，大到像大型水电站那样几千亿上百亿，收益也都全归"集团"和"总公司"；装机容量几千万千瓦的一座水电站，在总部的流程里，只能算是一个"发电车间"，既没有人事权，也没有财务权，没有产品的销售权；一条巨大的大坝像刀一样矗立在某个区域内，这个区域却无法享受到任何想像中的便宜，什么高额的税收啊，庞大的就业安排啊，先进的管理方法啊，强大的技术辐射力啊，都不可能，都是虚妄；除了看到它日复一日破坏风景，伤害自然，砍断河流，引发干旱，年年给本地带来原先没有的生态灾难之外，人们看不到有什么利益回报，看不到其分忧的可能——只是偶尔，看到其为"灾区人民"，为"希望工程"，捐助上那么几分钱的慈善。

因此，我们一定要警醒。因为都是"经济人"，不管是"自然人"还是"法人"，不管是企业集团还是村庄农民，大家之间都有对话的权利，大家都有对话的智慧和精力。尤其在对话超越出个人利益而直指环境公益和生态公益，直指子孙后代和万水千山的时候，大家之间的对话完全可以自由放开，不妨举行辩论赛，不妨举行电视直播，不妨进行"环保选秀"。

此时，聪明与智慧的"政府"，自然会静下心来听一听，有心地推动，有机地安排。中国人不是一个善于反抗的民族，中国人自古贪图的都是安居乐业，中国人最擅长的是"困难转嫁"和"污染转移"。个人性命在被逼到墙角的时候，都还在指望"侠客"和"济公"来扶救，何况是在为"公益和自然"而战之时，本来就鲜有人能够持久。如今的中国人没有几个人对政权有奢望，因为大家非常清楚，要和谐，要安乐，要社会融洽，要发展，要吃得起肉上得起学看得起病休得起假，最好的办法就是公正，就是透明，就是给每个人以调查、表态和发言的机会；最好的发展是聪明发展，是就地发展，是保持在生态承载力和心灵承载力范围之内的发展。因为中国的环境恶化，已经超出了人民的忍受极限，超出了时代心灵的忍受极限。人们无法坐视不言，无法再为谋求几分钱财而自顾不暇。我们的时代，正从全自私型，转向半公益型。人们愿意为了环境公益而牺牲，而付出，而压抑个人的欲望。

中国有太多的极端发展主义者，而缺乏极端环保主义者。一个时代要想纠正因为"情绪冲动"和"经验不足"而犯下的诸多错误和罪行，就需要有一批警醒者和对抗者，我想这里用数学上的正弦和反弦来解释可能最容易明白，正弦有多高，反弦也应该有多高，正弦有多密，反弦也应该有多密。用物理上的正向震荡与反向震荡来解释也类似，你反向的力有多大，正向的力就得有多大；枪要射得远，后坐力必然大，否则，谁来保证你的子弹能够飞向目标？谁来保证你的列车能够运行在正确的轨道上？谁来保证你的环境承载力，还能够经得起人类的糟蹋？

中国最大的问题是人口问题，如果这种持续增长的人口得不到控制，同时又在以几何级数的方式增长着"征服自然"、"蹂躏大地"的"内功"、"拳技"、"剑术"、"棍法"，那么，我们的环境将何以为堪？此时，能够对这种破坏力进行适当调适的，就是我们身体中正派的、警醒的防卫力量，就是民众自发的环境维权和环境公益诉讼。这力量因为充满忧愁而更加犀利，因为迟疑而更加的浑重。我们当奉这些力量为至宝，为社会的精神支柱，而不应视其为敌，畏其如污水，污蔑其为动乱分子，喻其为斧锯、毒瘤。(2007年6月15日)

谁是真正的抵抗力量

仍旧把希望寄托在政府那里

六里屯：垃圾分类是政府的事

2007年初，我参加著名民间环保组织"自然之友"的年度联欢会，某个事业单位的大食堂里，大家又唱又跳，猜谜语，做环保游戏，买环保书籍，在简陋的条件下玩得非常开心。我正在观鸟组的摊前听"报告"，突然看到一个人急匆匆向我走来，他的手里，拿着厚厚的一沓举报兼求助材料。

这个人是北京海淀区六里屯垃圾填埋场附近中海枫涟山庄的居民，当时我正全心全意调研北京的垃圾处理现状和对策，这个人的到来无异于神灵帮忙。

2007年8月，我和来自北京地球村的毛达、池田武等人一起，来到北京朝阳区的高安屯垃圾填埋兼焚烧厂，它附近的万象新天小区居民也在维权，要求像六里屯垃圾焚烧厂那样"缓建"。

六里屯的缓建自然是小区居民持续维权的结果。这个地方原本是农村，原本是海淀区的"风水宝地"，按道理不该修建垃圾填埋场，也不该修建那么多居民小区。垃圾场建了不久，居民小区——而且颇有些高档意味的、追求生态的人喜欢的居民小区也建了起来。搞不清是规划出了问题还是开发商出了问题。六五世界环境日，当一千多名六里屯周边社区的居民身穿统一的T恤，把国家环保总局围住之后，6月7日，国家环保总局出面了，要求北京市政府缓建，对这个污染处理与居民高度混杂的社区重新评价，尽量"让污染与居民保持距离"。

然而所谓的胜利是虚妄的，北京市政府还是坚持要建这个垃圾焚烧厂，因为他们铁了心要把垃圾焚烧率由不足5%提高到40%以上，把垃圾填埋率由90%降到30%。需要重新评价的，最多是投资、技术、公众参与程度的问题，最多会搬迁一些离垃圾焚烧厂过分近的少数居民和企业。

不管是焚烧还是填埋，其实最应该促动的是城市垃圾分类系统。垃圾里有许多好东西，烧掉是浪费，是污染，填掉也是浪费，是污染。北京地球村环境教育中心，从1996年起就在北京大力倡导垃圾分类，时至今日，他们的工作几乎完全落空，最多是街上多了几个贴着标签的垃圾桶。北京市政府承诺2008年城市垃圾分类率要达到50%，从目前情况来看，能够有50%的地方安装了贴挂着"垃圾分类"说明的垃圾桶就已经很好了。

按道理，居民维权引发最直接的触动是个人环保责任，然后再讨论社区环保责任和政府环保责任，而不是反过来。从2007年初以来，我一直在追问我认识的人：你的家庭，进行垃圾分类了吗？你所在的社区，进行垃圾分类了吗？你所在的单位，进行垃圾分类了吗？

六里屯的居民给了我否定的回答，他们说垃圾分类是政府的事；高安屯的居民也给了我否定的回答，他们说垃圾分类是政府的事。就是民间环保组织自然之友和北京地球村，他们的办公室里也不过刚刚开始试验垃圾分类。而城市垃圾分类最好的两个地方，一是家庭，二是单位的办公室。因为都是相对密闭的熟人社区，倡导一种理想，比较容易践行。其他的，都有产业大军在从事——中国与全世界大概都是不同的，中国有无数的人，依靠垃圾谋生；由于有了他们的存在，城市垃圾分类其实都做得不错，较难的问题，是塑料袋和危险废弃物。因此，市民的垃圾分类其实要做的事也简单，就是"把塑料袋给揪出来"，让干湿分开，让有机物与无机物分开。

环保是每个人的责任。当政府说居民素质不高的时候，是政府不作为；当居民说政府没有尽责任的时候，居民也未必尽到自己的责任。两方任何一方努力一步，都会把事情朝前推进一小寸。垃圾分类不是一蹴而就的，假如1996年就达到1%，十年后，至少会达到30%，2008年，就真有可能达到50%。而假如大家根本不着力，老是期望瞬间考个高分数，那么永远不可能获得由量变到质变的突破。

关于环保的虚假，我看到了太多。不管是出于自私还是出于公益而做的维权，都有许多值得推进的事务要跟进。我老在想，假如六里屯和高安屯的居民，在政府无望的情况下，自己做起垃圾分类来，难道不是一个能量增持的办法？难道不是一条更好的"环境维权"之路？

公众胜利就等于绝对正确？

六一儿童节前后，大概是厦门市民最亢奋的时期。他们的游行获得了空前的成功，不管厦门市如何的删贴子、威胁市民、封杀社区BBS、封锁新闻，通讯技术和网络技术，以及无坚不摧的市民维权决心，让厦门的PX（劈叉）项目，得到暂时的缓期执行。

而此时，厦门市唯一的，甚至差不多是福建省唯一的民间环保组织厦门绿拾

仍旧把希望寄托在政府那里

字，却遭遇到了前所未有的责诟。某个身居厦门的著名作家，指责厦门绿拾字在此事件中"不作为"，接着就推论，不作为就是支持PX项目，支持PX项目就是与民意对抗，与民意对抗就等于是丧失了独立精神的政府走狗。

有许多市民受此鼓舞，纷纷往厦门绿拾字负责人的信箱里写邮件，谩骂、指责、恐吓，无所不用其极。

我当时的第一反应，就是希望厦门绿拾字不予理睬，一碗热水放的时间长了，自然就会凉下来；铁棒挥舞的时间长了，自然会累得趴下；骂街骂得多了，自己都会觉得不好意思。在这个世界上，最让人恐惧的不是某方的权利，而是某方权利获得瞬间胜利后的"政治高压"。这种高压是席卷式的，是鱼龙混杂的，是泥沙俱下的，是吞食一切的，是不管青红皂白的，是不由分说格杀勿论的，是"非我即敌"的，是"非革命即反革命"的。

一百年来，中国人过去吃了太多的苦头，一方面是仇恨和压迫太深，以至于当受害者和怀恨者反抗成功之后，对压迫者和侵略者的反弹力和格杀力也异常的强大。一方的极端必然带来另一方的极端，不极端，绝对无法获得成功的革命。如今民众的环境维权斗争，显然也挟带了革命的特点，如果不极端，绝对无法获得强大和持续的能量，绝对无法让维权行为可持续发展。

然而我总觉得，这是一个改良的时代，是一个人心宽阔的时代，是思想多样性的时代，是兼容并包的时代，是对各种民间行为多重理解的时代。且不说厦门的维权是否带来真正的成功，且不说厦门绿拾字的"不组织，不参与，不反对"的态度是否就等于"支持PX项目"，且不说支持PX项目就等于绝对错误、不支持就绝对正确，我们这仅仅讨论一下，一个民间环保组织，在一个区域的最大使命，到底是什么？

中国许多地方环保组织集中了些，比如北京和云南；但中国有太多的地方，几乎没有有作为的环保组织。中国的民间环保组织，远观式的教育、偶然的项目做得多了些，真正持续性的、针对本地公益的项目做得少了些。因此，民间环保组织需要做的事，是在带领、激发本地公众持续性地关注本地环保现状的基础上，再开展有利于多种改良本地生态环境的项目，而这些项目都是积极性的、健康的、合作的、友好的，这合作与友好既是对民众，也是对政府；既是对老弱病残，也是对精明强干。因此，"反抗"不仅仅等于游行，态度明确不等于谩骂，有力量不等于手持利刃，有实力不等于拳头大胳膊粗，有能量不等于银行存款多。

一个地方的环境改良，最重要的在于决策者环保能力的提高。而在当前中国，提高决策者的能量，激烈的对抗是一种方式，循序渐进的影响、友好合作的替代、悄无声息的扭转，可能是更重要的方式。而民间环保组织要做的，更多的是后面的工作。民众可以一时激愤，组织起来，把反抗推向高潮。而民间环保组织在中国，几乎本来就没有存身之地，对环境维权，积极的支持固然是必要的，但火种的保存可能更重要。因为，从古至今，从东到西，政府害怕的，都是组织体，而不是一两个个体。个体容易扑杀，而组织体，却有可能蔓延和壮大。

何况，环境维权，本来就有多种方式，哪里是"不革命就是反革命"这样的粗暴划分那么简单？不信，大家可以静来心来，看看几年之后，厦门的公众，会从厦门绿拾字中，受到多少环境改良的益处。也许这时候，公众会回过神来，反悔原初的鲁莽。

"环保卫士"获刑说明了什么？

太湖的水仍旧那么肮脏的时候，先是传来太湖环保卫士吴立红被抓的消息，接着在8月初，传来正式的报道，太湖民间的环保卫士吴立红被判了三年徒刑，原因是他犯了敲诈罪。

这几年来，我经常收到许多的举报信，与许多"卫士"颇有来往。"淮河卫士"霍岱珊，拍的孩子们戴口罩上学、调查的淮河沿岸癌症村形势危急的情况，传播很广，引发了许多应对决策出台（比如给淮河两岸群众打深井），却被河南省环保部门当成"乱作为"，"政府什么看不到，需要他来做？"福建省屏南县的"绿色卫士"张长建，为了保住鸳鸯溪自然保护区，为了给当地的受化工厂毒害的环境争取一个公道，到处申请支援；政府对他恨之入骨，取消了他从医的资格，又多次把他关入狱中；诉讼获得了胜利，法院判定的赔偿却一分钱也得不到。"滇池卫士"张正祥，刚刚被评为全国十大民间环保杰出人物，我收到他第673次举报信，举报许多手持国家项目、身怀国家治污资金的滇池治污者是在污染滇池；他的命运也够悲惨，经常被人打成重伤，举报专用的手机、相机和举报材料连续被抢被砸。

苏南在中国已经算是高度发达和文明的了，在遭遇公共环境事件的时候，仍旧显得如此的卑琐，让人颇为失望。我一向不相信东部比西部发达。要是从环保来说，东部甚至比西部落后。太湖的污染是一个典型的例子，太湖儿女对待吴立红的方式，也是一个典型例子；太湖两岸的官员，在太湖蓝藻暴发后所出台的各种态度，更是一个鲜明的例子。太湖会成为今天的这个样子，非常简单，第一层面是大家都不重视污染治理；第二层面是大家都不知道什么才是真正美好的生活；第三层面是大家都不知道什么样的人最值得尊敬。

各种"卫士"们都是值得尊敬的，比起我这种坐在记者席上谈环保的人来说，他们的信念让人感动，他们的坚韧让人敬仰，他们的遭遇让人同情，他们的执着让人心生冲动。每次我都想帮助他们，但是，每次都落空，因为我的能量，哪里能够与他们的能量相比？在他们的能量都受阻的时候，在他们的锥子都无法钻破的时候，我能做什么呢？

一个社会，总会有许多英杰。有些是真英杰，有些是假英杰；有些是值得尊重的英杰，有些则是会被人唾弃的。谁是真正的英杰，谁该受到真正的尊重，与这个社会的共同意识有关。当社会与环保卫士为敌的时候，当社会不信任环保卫士的时候，当社会对环保卫士的呼告置之不理的时候，当社会想出各种办法来"处分"、"惩罚"环保卫士的时候，这个社会的本底，就有必要需要进行修正和调适了。

吴立红如此死心塌地于环境公益，居然会为几万元的利益动心，想来真是让人大失所望。有时候，我又觉得吴立红不太可能敲诈一家企业。如果把环保作为个人谋利的手段，他没必要十多年来这样艰辛。只需要像许多人秘密地作为那样，取样、化验、收集几家企业的污染证据，完全就可以寻找到一条"致富之路"。这条道路完全可以越走越宽，越走越美，因为太湖的污染一直都在强化，"企业环境责任"尚未敲诈完，"政府的环境责任"又可以成为新的敲诈题材；政府的环境责任尚未吃完，"个人的环境责任"监督与敲诈又可以成为新的经济增长点。这个产业，究竟是能够生生不息的啊，吴立红一个如此聪明之人，何必如此大张旗鼓地给个人和家庭添加如此多的灾难？

如果吴立红真的是个人贪心导致了牢狱之灾，那么我们是该对所有的环保卫士都抱一种又信又疑的态度；假如吴立红是相关强权部门通过"法律污蔑"来获得"复仇"和压制的快感，那么显然，太湖人民的污染之苦，将继续下去，永无还清之日。（2007年9月4日）

当我们不再纵容破坏者

一个地区的环境恶化，其实是被纵容出来的。如果这个地方不想要这样的企业，每一步都可能制止它的生成。在企业还在规划时，就不批准；开始建设时，就把环保标准设置得高高的；在污染初现时，马上以相关的法律对其进行惩处，强令其关闭。

然而污染者仍旧大行其道，显然，是我们一直不以污染为意，内心里要么盼望自然界显示强大的消纳能力，自然界反正是无告的，也没有办法报复人类，因此，受了伤害和侮辱，只能打掉牙齿往肚里咽，身受重污往土里埋；要么盼望受了迫害的群众能够忍辱负重，在恐吓和利诱面前苟且偷生，在投诉无门之后自动放弃；要么希望企业能够良知发现，在污染了三五年之后，获得足安身心、抑制冲动的巨大利益，能够就此收手，转型做个"生态好人"，或者提高企业的档次，给生态一个喘息的机会。

然而，一切都是妄想。种种为了满足人类各种私利和贪婪而纵容出来的环境破坏行为，终于在今天被视为无法可持续了。于是，我们开始慢慢地想办法。一个办法一个办法叠加起来，最终，是要构建一条坚不可催、意不可回的"环保统一战线"。

方法看起来倒也简单，在"环保一票否决制"渐成空言的情况下，先是环保总局联合中纪委、监察部，对各个地区的政府官员进行"政绩考核"，把环保纳入到地方官员的评分系统当中。地方官员过去忙于给本地挣钱，因此，只要表示能交税的企业，只要表示能解决就业问题的企业，一概笑脸相迎，导致好端端的招商引资，常常变成"招商引盗"——引来了一批盗取当地劳力资源和环境资源的掠夺者。因为地方的发展是以税费总收入作为评估标准的，经常让政府官员误以为自己是"企业老总"，白天开门、夜里睡觉，想的事，都是如何多挣点钱，给单位盖大楼修广场，给公务员发工资，顺便再发展一下社会福利事业。因此，当政府官员也走入唯利是图的"地方自私"魔圈之后，与他们讨论环保，要他们禁止污染企业，谈何容易。

此时，环保总局联合监察部来考核干部的"绿化度"，显然对官员有个良好的提醒和警戒作用。

接下来，就是联合统计局，试图推行"绿色GDP"和"绿色核算"，这个名词给全中国造成了很大的震动，引发了诸多变革，但至今没有发布真正有效的结果，因此，必然引人观望，一度让社会伤心。

环境污染，从区域来说，是地方政府来把关（一些公共的环境责任，尤其需要政府来出面兑现，比如城市垃圾问题、城市污水问题）；从点源来说，不外乎需要改善企业和个人。企业是物质流的制造者和流通者，也是物质的消费大户。个人每天的消费也无时无刻不在污染着环境、消耗着资源。企业是社会经济"金字塔"的主体，因此，环境经济体系，让经济全面与环境关联起来，显然是最重要的一步。因为企业要生存，能够控制其"七寸"的，不外乎银行、工商、税务、发展等要害部门。因此，国家环保总局认为，环境经济政策是指"按照市场经济规律的要求，运用价格、税收、财政、信贷、收费、保险等经济手段，调节或影响市场主体的行为，以实现经济建设与环境保护协调发展的政策手段。它以内化环境成本为原则，对各类市场主体进行基于环境资源利益的调整，从而建立保护和可持续利用资源环境的激励和约束机制。"

这一步先从"绿色信贷"开始。2007年7月中旬，国家环保总局、中国人民银行、中国银监会联合出台了《关于落实环境保护政策法规防范信贷风险的意见》，对不符合产业政策和环境违法的企业和项目进行信贷控制，以绿色信贷机制遏制高耗能高污染产业的盲目扩张。当时的新闻里说："继绿色信贷之后，环保总局还将联合财政部、保监会、证监会等部门，就绿色财税、绿色保险、绿色证券进行政策研究与试验，成熟一项推出一项。"

看得出来，我国政府已经下了决心，要从源头上控制生态伤害的持续和放大；显然，我国政府已经下了决心，不再默许和纵容各类生态伤害行为。

但是，有个涉及好几个关键环节的步骤仍旧没有推行，那就是"如何让环境伤害的肇事者得到应有的惩罚"。由于过去我们社会整体是纵容生态伤害行为的，因此，"环境公益诉讼"在中国根本没有开展的可能，"公众参与环境保护"也多半是虚张声势和空头支票；每一个具体的环境污染受害者，即使不像"环保卫士"张长建（福建屏南）、吴立红（太湖）、霍岱珊（淮河）、张正祥（滇池）等人那样饱受地方政府的迫害和欺凌，其因环境伤害导致的身心伤害，也都是解决无门，控诉无望。连带各地的环保部门，都在那哀叹部门权力太弱，以至于眼睁睁看着"违法成本低，执法成本高，守法成本高"的现象泛滥而无可着力。

　　因此，如果不明确地给予受伤害者以"诉讼权"，如果不允许环保NGO或者"第三方"替"无告的自然界"代言和起诉生态伤害者，如果不设立"生态伤害罪"和"污染自然罪"，"环保统一战线"的建立，仍旧缺乏重要的几环。而社会对生态伤害者的纵容，仍旧可能延续相当长的时间。社会仍旧会继续嘲弄"谁污染谁治理"、"排污许可证"这样的无力之举。环保仍旧会因为一个部门的弱势而成为全社会的弱势，仍旧会因为全社会的共同纵容而让"多数人"肆意妄为。

　　因此，当听说环保统一战线又多了几名成员时，我们要庆祝，但同时，我们也要警醒。(2007年9月11日)

当我们不再纵容破坏者

改善生态是最好的民生

中国现在有一种危险的趋势，就是退耕还林政策在停滞不前，有许多地方，以造福民生为理由，肆意扩张本来需要退耕的土地，或者默许农民继续耕作山坡地。好像田地面积扩张了，中国的粮食安全就得到了保障，农民种的地多了，民生问题就得到了解决似的。

"退耕还林工程"和"天然林保护工程"是中国生态保护迄今为止最受欢迎的工程，也是最符合生态规律的工程。前者承认了人类的过度干预是自然界损伤的重要原因，后者希望天然林的复壮能够改变人工纯林面积占森林面积比例过大的现状。然而，"中国人没有常性"、"缺乏定见"的规律再一次在这两个工程的实施进程上得到了体现：在两个工程实施不到十年的今天，居然有人对天然林保护工程和退耕还林、退牧还草、退田还湖这些既造福民众，又造福生态的措施，提出了疑议，并提出诸多"可以不实施"的理由；其中最硬挺的一个，就是让农民有足够的地种，让粮食有足够的土地来生产。好像不这样做，社会主义新农村就无从下手了似的，好像不这样做，重视民生的精神就得不到体现了似的。

中国耕地这几年持续减少的原因，是大量城镇在扩张，大量的工业用地在扩张，大量道路在扩张。它们占去的都是耕作成百上千年的良田好地，他们"补偿"的多半是荒山野岭——荒凉本来是难得的"自然遗产"，这些荒凉之地本来是生态上佳之地，而在土地利用者的文件和鉴定书里，这些地方居然成了"备用良田"。

为了死守住18亿亩土地红线，有些人想了一个办法：从43亿亩林地中进行"调剂"，将林地拆分出来，界定为农业用地；林地少了怎么办呢？没问题，到处都有"宜林荒山"，结果是农业用地没减少，工业用地得到保证，城镇继续肆意扩张，林业用地也年年增长，唯一减少的是自然界，亏损的是自然界的荒凉度。自然界的荒凉度一减少，生态的承载力就会逐年下降，自然界都被人类侵占光了。

农村和城市有什么不同？用生态的指标来看，只有"生态占有量"的比例不同。农村是生态大于人的地方，因此农村出产的"土鸡"好吃，因为它们身上的生态附集量很大；城市是人大于生态的地方，工业化养殖的鸡连路都不会走，工业化养殖的猪浑身都是激素，它们难吃的原因，就是生态附集量太少甚至几乎没有。农村人比城市的人朴实，也是如此，因为自然界是最朴实的，农民经常与自然界接触，就沾染了自然界的脾性；城市的人为了获得生态，不得不忍受着臭味在污河边钓鱼，不得不忍受着汽车轰鸣在路边晨练，不得不吸着汽车尾气在马路边散步。

城市的生态在恶化，城市人民很自然地想到要想过上高生态生活，就得"到农村去"，从农村索取；农村的生态不但要养育村民，而且要大量供养城市。地球上的人类要想过上美好生活，必须永远让生态远远地大于人类：人类的村庄应当比三五十户的小村子还要小，而自然生态要比上万平方公里的森林海洋还要大。

但是农村也在工业化、城镇化、养殖化，农村的生态承载力、生态供应力也在逐年下降，农村的朴实度和社会健康度也在逐年下降，村民的幸福感正在被新的元素替代。在新元素全面替代之前，每一个人都感受到了周围生态恶化所带来的心灵恶化、社区自私造成的烦恼和不安。而社区恶化的一个重要原因，就是生态在恶化。比起明显的、人见人恨的污染，有些恶化是村民自发的、外来资源掠夺商受政策鼓励的、本地人一时无法觉察的。这种生态衰退最明显的方式，就是"替换荒凉"，就是农业被工业化，就是林地被农地化，就是天然被人工化。

农村本来有足够的荒凉，有天然的山，有天然的河，有天然的湿地，有天然的树木、草丛和原野，有天然的鸟兽草木虫鱼。然而，"罪恶的农耕文明"有一个最坏的习惯：农民们见不得一片地空闲。华北平原由于是个平原，几千年来已经被人类耕作得空隙全无。南方由于丘陵众多，山高谷深，因此多少还存留些"生态用地"，这些自然界不是中国人故意的保留和养育，而是手段和精力一时无法到达，利用的欲望一时得不到舒展的结果。20世纪80年代以来，诸多鼓励农民"开荒"的政策，完全可能一步步把他们引到"全面耕作身边所有的土地"。

也就在许多人弓已引满、力将全发的时候，1998年的那一场大水改变了中国的生态替换进程。天然林保护工程和退耕还林工程，让中国的生态破坏步伐稍微得到了延缓，伸向生态的火种、镰刀、斧头、油锯，稍稍地收敛了旧日的威风和煞气。有些人因此欢呼，中国生态得到尊重的时代看来是要到来了。

然而这个欢呼的人看来高兴得过早了，今天，人们看到了对退耕还林政策的迟疑，看到了阳奉阴违，看到了钻营利用，看到刚刚长起的小树又被重新挖开，看到山坡尚未愈合的伤口又被再一次割破，看到没来得及种上树的地方更凶狠地种上了玉米。本来，在许多地方，退耕还林就被巧妙地曲解了，本来该恢复天然

改善生态是最好的民生

林的地块，他们给种上了药材或者竹子；本来已经领到退耕地补偿的面积，又拿到"水土流失治理"项目那边去申报补偿。

如今，退耕还林政策的迟疑，让这些人反而成了先见之明者，成了事先默默做贡献者；破坏生态的人，又一次受到了鼓励，受到了奖掖。而实际上，要想让农民得到实惠，最好的办法，是提高农产品的价格，是提高农业劳动力的价格，是给农民更普适的创业权、受教育权、得到贷款的权利。给农村的鸡鸭猪鱼们，给麦子、水稻、苹果葡萄桔子龙眼们，更合适的价位。

一个人，如果光知道伸手讨要，是最没出息的人；一个群体，如果光知道倒卖自然界的资源，是最没出息的群体。何况，一个人的幸福，来自于钱财等物质的少，来自心灵和自然的多，生态环境是人类最好的"幸福感染器"。因此，保护良好的生态，才是对民众最大的造福，才是对民生最大的照顾。

农民是劳动与投入产出比最低的一个群体，农民的劳动有最大的风险性，增产未必增收，减产必定减收；劳动未必有回报，不劳动肯定死路一条。农业的种植，面积再大，收获也是卑微的。因此，即使放开来让农民们种，他们也未必能得到多少实惠。因为中国任何产业的利润最大头，不在原料供应商，不在劳力出租者，而在中间的商贩。因此，给农民利益，适当照顾民生，只有明确地地控制商贩的利润率，才是正当出路。

总在恶意攻击环保主义者的极端发展主义者们，请放眼看看中国大地上每天都在发生的故事吧：多少准备倒卖资源却贴着"扶贫济困"金粉的项目，最终的结果，不但没有帮助当地人、当地政府致富，反而是"越帮越穷"——那些打着帮助当地经济发展旗号而来的各类"开发商"，不但掠夺了当地的资源、嘲弄了当地政府的智力和眼光，还破坏了当地依存的环境，让他们"两手空空"，"从今以后日子艰难"。在生态未破坏时，资源未被夺走前，这些地方还有生态可资依仗，还有资源可幻想，还有扶助的可能，还有社区强健的希望；生态被破坏之后，资源被掠夺光之后，他们连最后的屏障都没有了，心灵只能随生态一起恶化下去，社会体质只会越来越贫瘠、瘦弱；最终被生态所抛弃。从此之后，每天能食用的，就是一粒粒巨大的生态恶化苦果。（2007年9月26日）

不要诬赖农民的污染能力

中国人现在谈污染，都知道大体分为三大类，一是工业污染，二是城市生活污染，三是农村面源污染。有一阵子的说法是，三种污染各占三分之一。工业污染很显眼，城市生活污染越来越庞杂，而农村面源污染，由于污染的主要是土地和水体，因此不容易统计，不容易被重视，自然，也就不容易被治理，自然，也就容易被人夸大。

从环保角度来看，农村当然大有改进余地。中国城市的肮脏与中国农村的肮脏，原理是一样的，都是因为大家不重视排泄物，不重视"下水道"，不重视"通过纯洁来保障生活的幸福"。中国的农村不重视厕所，中国的城市也同样不重视厕所。中国式的饭馆几乎都是没有厕所的，中国式城市的小区里，也很少给来拜访这个小区的人或者在小区内行走的人提供一个"公共方便"的地方。城市人现在爱洗澡了，因为用水、造热，都很方便，而中国的农村（尤其是北方农村），即使改了水改了厕改了厨房改了猪圈，但也仍旧没有建起像样的洗澡间来——但是，城市人和农村人一样，洗澡水并没有得到"有心"的处理。

农民只有土地可依赖，自然，只有土地里的出产物可依赖。在一切都需要金钱来通路的时代，农民必须成为"小农加商人"。为了让可怜的土地多出产"现金收入"，农民要是不想出外靠苦力打工，就只能拼命种农业经济作物。为了让农业经济作物高产稳产，以实现增产增收，农民很自然地用上城里运来的剧毒农药，用上了城市的化工厂生产的化肥。为了获得更多的现金收入，农民喂猪养鸡的方法也在改进，学起工厂化养殖，不再散养人人都追求的土鸡笨鸡柴鸡溜达鸡自然鸡生态鸡，而是把鸡关在笼子里和简易大棚里，养起了光长肉不会走路的"肉鸡"。结果，弄得城乡关系出现新的紧张元素：城市人以为农村人在迫害他们，把农产品掺上"毒药"；农村人也认为城市人在迫害他们，把农村当成假冒伪劣产品的倾倒场。

在全中国农民都忙于"加速度生产"的过程中，农药残留、化肥残留，少部分留在农村出售的农业商品里，更多的，就留在了农民伯伯身上，留在了他们年年都要耕作的土地里，留在了这些土地赖以喘气的自然界中。以至于中国的农村大地，一度连麻雀这种生命力顽强的鸟类都给毒死，一度所有的河流都成了污水河、毒水沟。

环保是一种美德，也是一种习惯。因此，为了让环保能够彻底，中国非常需要推进农村环保工作，比如让每家每户都建厕所，全村统一建垃圾堆放场（组保洁、村收集、乡镇处理），最好每家都有个沼气池，最好每个村庄的养猪户养鸡户养牛户都能把畜禽污水统一进行循环处理、就地利用；中国非常需要让农民少用剧毒的化学农药，改用低毒的矿物农药和生物农药，甚至不用农药，改用"生物多样性防治法"；要让农民多沤有机肥，多发展有机农业。但是，这不等于说，中国的农村，污染能力可以与工业和城镇相媲美。

这几年，工业在节能减排，试图让空气中的二氧化硫和水中的"工业COD"排放量随着经济的增长而"逐年递减"；人口聚集多的城镇，也开始慢悠悠地治理生活COD（化学需氧量）。随之，有许多人，当发现环保责任层层分解到自家身上的时候，突然想到一个极好的逃脱术：把责任推到了农民身上。强调本地的污染治理做得不好，是因为广大的农村没有配合好；广大的农民仍旧在大用化肥，大施农药；广大的农业用地仍旧在大量地通过面源污染而迫害环境。

但我总觉得有许多推卸是站不住脚的。污染这个东西，说到底是某种物质的过度集中。而农村与城市相比，有一个优势，就是污染物的分散。而农村与城市的不同，不但在于生态分配量的不同——农村的生态远大于人，城市的生态远小于人；农村人的生态占有量至少是城市人的几百倍以上；也在于生态的修复力的不同——这个世界上有一种现象，叫"百分之一理论"，你给有一百块钱的人一块钱，他不会觉得有什么，你从有一百块钱的人身上拿走一块钱，他也不觉得会有什么。因此，农村的猪圈虽然在排着粪尿，但农村的河流却一直是清澈的；农村的垃圾虽然随处倾倒，但农村并没有几个恶臭逼人的地方，更不至于引发癌症村、怪病村。

农村过去的小河边，有一个现象，叫上头洗菜淘米，中间洗衣服，下头洗马桶。这条小河流上几公里之后，往往又链接上另外一个村庄，这个村庄也是"上头洗菜淘米，中间洗衣服，下头洗马桶"。这表明，自然界有着强大的净化力。农村的污染，在强大的自然界面前，往往都不会形成集约式的伤害。

多少年来，华北地区大城市周边的农民，都在使用几乎没有任何处理的城镇生活污水来"污灌"他们的土地；使用城镇人排放的粪便来作为施喂给土地的"农家肥"。放眼全中国，我们更可以看到无数个活生生的污染受害者例子，你会发现其中有一个奇怪的现象：到目前为止，无告的农民、无告的农村和无告的自然界一样，还主要是污染的受害体，而不是加害方。这加害方，主要来自于工业化和城市化的"充分表现区域"。

　　中国的空气变坏，是因为工厂在增多，是因为汽车在增多；中国的水质变恶，是因为城镇在摊大，是因为企业在乱排，是因为城市生活方式的过度铺张。中国的污染如此严峻，说到底是因为城镇的政治体、文化体、经济体和生活体都不重视环保。因此，这个时代，必须让城镇把应负的责任全力负担起来，而不是与农村较劲，把责任推到农村身上。（2007年11月14日）

不要诬赖农民的污染能力

光靠官员保护不了环境

日前，国家环保总局网上挂出消息，说国务院已经批转了《"十一五"主要污染物总量减排考核办法》，将减排不达标跟政绩挂钩；同时经国务院批准的还包括另外两个配套文件：《"十一五"主要污染物总量减排统计办法》和《"十一五"主要污染物总量减排监测办法》。三个文件构成了"十一五"期间主要污染物减排考核工作的"三大体系"。这些考核办法与包含了"一票否决制"和"责任追究制"两项内容。传出来的最动人的句子，是"哪个地市完不成减排任务，地市党政一把手就地免职"。

有些东西就是这么怪，过去笔者一直到处哭喊着"应当让地方官员多承担些环保责任"，别让他们过得太逍遥，太无罪感，别让那么点可怜的GDP过度带血沾毒，别让GDP随时伴随着生态伤害的阴影。现在，让地方官员承担环保责任的措施似乎真的一夜之间到位了，站在窗前，看着烟雾蒙蒙的城市，我突然有些疑惑起来：难道，地方党政一把手二把手三把手四把手五把手们，真的会就此顺服？地方的企业、民众，社会各界的环保能量，真的会就此顺服？中国的环境改善，真的会就此顺服？

中国改革开放的过程，从另外一个角度来说，是政府把困难不停地转移给社会的过程，同时也是社会不停地带伤承接这些困难，满怀欣喜地重新寻找、调适"困难消化器"的过程，是社会不停地建设困难解决机制的过程。三十年后，当中国人的经济力浇上"定根水"之后，人们开始发现，伴随着经济力增长的，是社会的通融气氛和民主气氛，是社会能量开始从过去的寡头式分布向均衡式分布逐步靠近的过程；是由过去要么统统由、要么主要由政府、由官员来解决问题的过程，向由商人、企业家、知识分子、农民、工人、农民工等社会共同体来协作解决问题递进的过程。

这个现象用来考量中国的环保系统时，就会很有意思。有人认为，中国的环保部门力量太弱，饱受各类地方势力的骚扰和侵犯，"站得住的顶不住，顶得住的站不住"；因此，需要更多的赋权和更有效的能力建设。有的人却又认为，中国的环保部门权力太强，或者说权力太集中，有太多的事情，不需要他们来做，可他们偏偏要去承担，结果自己搞得焦头烂额、备受欺凌不说，还影响了其他社会能量的发挥；因此，需要赶紧进行"业务分拆上市"，需要能量分赋，以砍去专制，培养环保民主。

我个人日益同意第二种看法。我把全世界有史以来的社会生态，大体分为三类，一类叫管理型社会生态，通过建立管理层级和社会层级，形成"金字塔"式的压迫式人力资源状态，这种状态目前仍旧是世界的主流。第二类叫竞争型社会生态，这种生态不太讲资历，不太讲手段，表面上有利于优势人才和优秀行为方式的涌现，但实际上，由于很难做到"文如其人"、"目标美好同时过程美好"，因此，经常为了一点点个人利益、集团自私，把世界搅得鸡犬不宁，把环境糟蹋得百病缠身。第三类叫激发型的社会生态，这种社会生态反对单一的价值观，反对通过压抑他人、盘剥自然来满足个人的欲望，更有利于把每个人身上的美好品质激发出来，更有利于培育出人与人间、人与自然间的美好和谐关系；因此，很有必要让更多的人把金钱、智慧、时间、精力都投放进来，以解救人类疲惫的心灵。

用"激发型社会生态"的中医理论来把脉当前的中国环保现状，一个极大的病症就很清楚了：中国的环保方式仍旧太单一，仍旧过度集权在类似"环保局"、"地方政府"这样的一些权力机关里面，导致时常出现了"集权控制下的无力感"，导致时常出现各种莫名其妙的"消解力"大于"强迫力"的形势。专制与严厉表面上能够带来政策的贯通，实际上收获的经常是受命者的消极怠工；尽忠表面上能够带来纸上的承诺，但无法尽忠的人们可能以腐败、乱作为这样的方式来加剧事态的恶化；当权力和希望只集中在少数群体身上的时候，社会涌动的其他能量只能在抱怨、委屈、愤懑中腐烂和发霉。因此，当环保部门惊异于环保政策能量为何"降解"得如此之快时，他们可能没有想到，社会上有太多的非政策力量，没有被激发出来，没有被利用得当。这些吸足了水的海绵，这些吸足了热量的蓄热体，这些因为无处着力而随处漫流的社会智慧、民间能量，正站在一边冷眼旁观，内心里备受力量无处发泄的煎熬。

试着想一想，假如一家污染农田导致粮食歉收、土地受损的企业，能够在接受环保局"低额罚款"的同时，还需要对受害的农民提供"高额的赔偿"；假如能够有民间环保组织，来替"无告的自然"说话，让这家施害企业从生态法庭上接受"污染自然罪"的判决书，那么，环保部门有何必要继续在大街上哀叹"权力太小"？

再试着想一想，假如社会民众不仅只关心食品安全，还关心环境健康；假如一家生产过程环保不达标的企业，不仅受到同行的歧视，还承受着消费者的"绿色选择"压力，一旦污染事实被查实，消费者马上就不消费这家企业的商品，通过消费"选择权"，将其淘汰出局，那么，地方政府官员还有什么必要为污染企业的要胁和贿赂操心？你可以贿赂一两个关键的官员，但你永远贿赂不了公众，贿赂不了自然界的正义。

继续试着想一想，假如中国每一个县级以上城市，都有一个立足本地的、活力十足的、名份显赫的民间环保组织；假如中国的千乡万村，都有一个"环境议事会"；假如这些民间自发的环保力量，不仅像千万双眼睛一样盯着全国各地生态的每一丝变化，盯着生态的每一次受损，盯着企业、政府、个人的每一个日常生产生活行为中的"环保度"，那么，中国各地的党政一把手，有什么必要再为环保操劳？

有个人曾经说，"偷排"是中国环保的痼疾，极难医治，可我认为，这个世界上，根本不可能存在企业"偷排"的行为：因为不管是长长的暗管引到几十公里外的排放，还是明目张胆的"深海排放"，自然界都会感知，生活在旁边的人也会察觉，路过的行人也会闻到臭味、听到风声。真正的痼疾是知道了这些消息的人无法把消息正当地放大和传播，真正的痼疾是受到了伤害的自然界无法获得正义的判决，真正的痼疾是我们把热心环保的人士当成扰乱社会者来对待，真正的痼疾是我们仍旧在相信，依靠一两家权力部门、依靠对党政一把手的严加看管，就能够解决人与自然的和谐问题。

光靠官员保护不了环境。这么多年的采访过程中，接触了大量"地方党政一把手"，发现他们有一种不堪其负的趋势；在与各个部门打交道的过程中，发现各个部门都试图把本部门的工作叠加到地方党政一把手的政绩考核上，这个想占三分，那个想占五分；这个想"一票否决"，那个想"审批前置"。弄得地方党政官员捉襟见肘、进退维谷、亦步亦趋。这当然约束着地方党政一把手在全力为民、全心为环境的康庄轨道上滑行，但同时，也确实有把全部希望押宝在一两个人、一两个群体、一两个部门身上的危险。与其如此，不如把社会的能量给正向激荡出来，让全民都有可能为环保出力，那时候，节能减排也好，生态保护也好，都会进入每个人的生活本底，都会成为主动需求而不是被迫的应战。

对于中国的环境保护，我一向是悲观的，有很多地方，连一个像样的民间环保组织都没有；有很多地方的政府，还在气急败坏、诡计多端地迫害、伤害"环保卫士"；有很多地方，公众想看到"环评报告"、想看到详细些的事关个人权益的"环境信息"都不能够如愿。这样的地方，"党政一把手"再警惕，再全神贯注，对他们考核得再严格，也不可能把环境保护搞得多么好。因为人与自然的和谐，前提往往是人与人的和谐。

　　但今年以来，确实有大量的环保新政出台，相信这些政策会有利于调动全社会参与环保的可能性。想到这里，我禁不住乐观些起来，也许，我半夜起床写这篇稿件时，突然给了中国的环保界，找到了一个行得通的方向？

（2007年11月27日）

光靠官员保护不了环境

光靠禁令保护不了环境

　　这两天，著名的工业城市，著名的富裕地区，著名的污染高发区——广东东莞市，突然作出个表面上非常坚硬的决定：从2009年之后，不许养猪，以减少排放到水体中的"化学需氧量"。

　　据说东莞现在有75万只猪，如今，这个地级市出台政策，要把这些"主要污染源"驱逐出境，为"节能减排"作贡献，总觉得理由有些怪异。大概全国人民都比较佩服东莞，因为改革开放三十年来，他们的经济发展一直保持极高的兴奋度。当然，当全世界人民都汇集到广东这块地方拼命开工厂、当老板、打工、开摩托、盖房子、当二房东的时候，这块著名的地方一直在做两件很不光彩的事，一是恬不知耻地大吃世界各地的野生动植物，二是恬不知耻地污染着自然环境。

　　现在，他们又开始做第三件同样不光彩的事：把污染责任推到猪的身上，让农业气息很明显的猪，来为日益严峻的工业污染顶罪。同时，把一个城市的治污希望，寄托在"禁止"一头猪的身上。

　　东莞的经济能够如此迅猛地发展，与当地人积极发展工业完全正相关，也与东莞多年来一直漠视生态环境完全正相关。东莞有无数的企业至今没有良好的治污设施，东莞有将近十类的工业至今能想到的只是"集中到工业园区里联片治污"，但治污的效果却都有待评估。2005年被国家环保总局查实的"东莞福安纺织印染有限公司偷排污水事件"，似乎仍旧没有给东莞带来真正的震动，不仅受到曝光的这家企业至今很不服气，而且，东莞市政府似乎也对自己应当尽职的环保责任的兑现也很不以为然。

　　养猪厂虽然也是"企业"，但猪所带来的污染物，大概是在东莞市的所有企业中，最容易被治理和"发展循环经济"。不管你懂不懂环保，你都可以知道，东莞的环境污染源，与东莞的富裕源一样，主要来自于大大小小的企业。某种程度上说，东莞之所以富裕，就是因为一直不为环保付费，除了靠压迫员工，就是靠压迫环境。此外，东莞的污染之所有难以治理，还有一个原因是许多企业即使努力治污，排放出来的污染物也使自然界难以承受。

　　现在中国有一批人，在烘托一个很不光彩的论调：大力夸大农村污染。是的，农村是在乱扔垃圾，农村是在污水横流，农村是在大量使用化肥和农药，然而，农村由于相对来说"生态量大于人口量"，因此，家家户户分散产生的污染物，许多能够就地消纳；农业和农村的"污染物"，只要互相不串联在一起，一般很少构成大的生态伤害。而城市和工厂，至今仍旧是自然界、仍旧是农村的主要污染来源；农村仍旧是污染的主要受害者，而不是施害方。

在"发展社会主义新农村"的时候，许多人能想到的，就是"猪—沼—鱼—果"这样的循环经济发展模式。农民家里养几头猪，既是"钱袋子"，又是能把许多人类废弃物、边角料"过腹还田"的有机肥料制造机；猪是许多人的肉食来源，猪粪尿是农村最可持续的新型能源沼气的原料。别说利用高新技术来利用猪排放的各种污染物了，就是最传统的制沼气加沤有机肥的办法，也足以把猪所产生的"化学需氧量"给利用和消纳殆尽，这种中国人最喜爱的"全身都是宝"的家畜，怎么能成为东莞人治理污染的核心目标？

对于农民来说，最理想的致富方式是就地致富。养鸡能解决家里的油盐钱，养猪能解决孩子们的学费；农民只有多养猪和鸡，才可能把庭院经济办得很红火，才可能获得足够的现金收入以"就地致富"。我最近天天对人胡扯说，假如我到一个贫困县当县长，我一定发动全县人一块养猪和养鸡；当然，所有的猪和鸡都是散养，都是养自然鸡、生态猪；然后再吸引全世界的人到我所在的县里吃"杀猪菜"，喝"笨鸡汤"。在中国缺少生态食品、有机食品、放心食品、安全食品的时代，这样的养殖方式一定会培养出贫困县的"比较优势"，进而带动交通业、旅游业、服务业、休闲业、养生业的发展，让良好生态从此成为优势竞争力。

有人说，东莞的养猪方式可不是散养，而是工业化养殖。因此，其"污染物"的消纳一直让人头疼。因此，只有不许养猪，才可能"从源头上控制污染"。这种说法的荒唐性就更不值得一驳了，东莞给出的工业治污对策，是把同类型小企业集中到工业园区，然后再集中治污。既然那些千奇百怪的工厂，都需要联片治污，为什么已经成了规模的养猪厂，就没有想到用同样的思路解决"排泄物"的问题呢？现在的世界上，分散有分散的好处，集中有集中的优势，猪粪尿这样的东西，分散开了，会被大自然吸收和分解；集中在一起，以工业化的方式对其进行再加工和利用，更是机会无穷。即使某个养猪专业户一时头脑胡涂，看不到"废物"堆上有黄金在闪闪发光，又聪明又伶俐的政府管理人员，只需要及时提醒、适当引导，完全就可以让其迅速看到市场机会。广东人不是一向以对商机的嗅觉灵敏而自豪吗，怎么在中国最传统的猪面前，一下子丧失了本能？

最近一段时间，由于自然环境被破坏的势头仍旧没有遏止，由于中央政府把环保改良的任务层层下压给了各地政府，因此，许多地方能想出的办法，就是仓促地出台各种应急性的禁令。然而，理想的环保状态是可持续的状态，是尊重自然也同时尊重人性的状态。保护环境应当促进人与人间的和谐，而人与人间的和谐也应当有助于保护环境。如果环保是通过约束人、禁止人来实现某种目标，总归在气局上还是低了一层。环保是为了让人类和自然界都能同时过上美好生活；环保主义者从来没有禁止人类自由发展的意思，环保主义者只是一直希望探讨一条既能够自由发展，又实现聪明发展、快乐发展、可持续发展的道路，既能够照顾人类的利益，又能够复壮一度被严重创伤的自然界。因此，我们应当试着探讨一些更宽泛的环保道路，尽量少出台禁令，尽量多出台引导令；尽量少反对，尽量多建议；尽量少仓促，尽量多些从容；尽量少些专制，尽量多些民主。当然，要实现这一点，前提是得把信息公开，前提是得激发公众智慧；前提是得把困难坦诚地摊开在大众面前，让大家来一起想办法，而不是一味地迷信光靠政府能够保护环境，光靠官员们的"联席会议"能够保护环境。

广东东莞市的这条"禁猪"政策，又一次证实了我的论断："中国的环保，不存在东部发达区"、"有钱不等于懂环保"；看来，东莞人要想知道什么是真正的幸福生活，还需要付出更多的学费。且不说"原生东莞"及"途经东莞"的自然环境元素——那些阳光、空气、水分、河流、山川、土壤和石头们，那些野生动物和植物们，被东莞这几十年来高强度的污染物排放、高强度的自然压迫造成了多少伤害，光是东莞本地的人，在挣到可怜的一点钱的时候，呼吸的却是污浊的空气，闻到的是污水的臭味，心里跳动的是成天为健康而不安，脑中琢磨的是如此赶紧多多搂钱逃出这片"发达区域"。

想到这里，你只能叹息一声：当东莞人不敢正视最需要解决的环境问题的时候，也只能拿猪来替罪了。（2007年12月9日）

孩子都生了，还说二人没关系

著名环保人士、绿家园志愿者召集人汪永晨这几天很有些"着急"，她与另一位同样著名的环保人士、公众与环境研究中心主任马军，5月5日给国家环境部环评司发去了一封"询问信"，希望了解一下，长江上游——经常被人称为金沙江——已经开始施工的阿海水电站，到底通过了环境影响评价没有。因为4月底，有许多人亲眼见证了这个电站的导流洞已经开始猛烈开挖；而依据金沙江中游水电公司、云南电力新闻网的相关报道，实际上，导流洞已经于2007年4月26日开始施工，预计2009年4月30日竣工。

民间环保机构试图依照今年5月1日起开始实施的《环境信息公开办法》，要求阿海电站及环境部门对这个项目接受合法的公众参与。他们的询问信中说："我们希望明确：阿海水电站项目的环评报告是否已经得到环保部的批准？如果未得到批准，我们提请环保部依法严肃处理这一严重违反环评法的行为。同时，依照相关法规，开发商和环评单位需要在环评报告中对采纳不采纳公众评议作出说明。我们要求环保部在未来审批该项目环评报告时，严格检查报告书是否就公众提出的每一条意见作出了采纳与否的说明，以确保公众的参与权，维护相关环评法规的严肃性。"

结果，经汪永晨再次和环保部相关部门确认，导流洞施工被认为属于"三通一平"，因此不属于正式开工，因此阿海的大规模施工也不属于未批先建（只需通过当地环保部门的一个批准），不能算违法，顶多因乱倒废渣而违规。马军认为："这样的规定，必定导致木已成舟，骑虎难下。"

有人开玩笑说：一对男女把孩子都生出来了，居然还厚着脸皮说这对男女没发生关系，其居心显然很可怕，其"嘴法"显然很拙劣。而另一个差不多也有些著名的环保从业人士李波，提出了个疑问："这个答复，是环保部门内部先修改说法，和其他利益平衡的结果吧？因为这与上次的说法差距比较大。"几家民间环保组织，关注西南水电疯狂开发中的环境影响评价问题，已经不是一年两年了；在他们的强烈要求下，阿海水电站曾经于2007年11月公示了"环评报告"的简本，以表明自己在"积极接受公众参与"。但就在公众意见是否采纳、环评报告是否经国家权威部门批准都没有明确说法的情况下，"三通一平"都已经轰轰烈烈地搞起来了，让人不得不为中国水电事业能否健康和可持续地发展、能否在"发展的同时保护环境"，能否在大挣资源倒卖款的时候赢得公众的欢心，表示出强烈的担忧。

更加让人担忧的是中国环境保护部门。按道理，今年国家环境保护部门"长高了几厘米"，从同样是部级的"国家环保总局"，"升格"为依旧是部级的"国家环境部"，许多人为此热烈欢呼了好长一段时间，幻想了无数种可能，甚至认定2008年是"中国的环保元年"。而5月1日更是一个标志性的时段，中国第一个政府信息公开的"法规"——《环境信息公开办法（试行）》，正式开始接受公众的考验。国家环境保护部为此还煞有介事地发布了第一批《环境保护部信息公开目录》和《环境保护部信息公开指南》。这意味着中国所有的公众都愿意与国家环境保护部门站在一起，共同为保护中国的环境而贡献血汗和智慧。

而如果在这个全民参与环保、全民力挺环境保护部门的时代，环境保护部门居然拿公众参与来与其他利益集团做交易，来"平衡关系"，那就太可怕了。几千年来，中国的公众已经被盘剥了许久；几千年来，中国的公众已经被愚弄了许久；几千年来，中国的公众已经被利用（不管是和平利用还是野蛮利用）了许久。在中国追求高度民主化的今天，在中国的生态环境濒临崩溃的时代，中国的公众如果在环境保护这个领域，再一次成为部门利益的牺牲品，那么，中国的环境保护，肯定不会有任何的希望；环境保护部门，即使升格为国务院，升级为发改委，也没有任何意义。（2008年5月8日）

地市政府的环保动力为何不足

进入2008年6月份以来，处于山东济宁市的据说是中国最大的民营造纸厂——太阳纸业，严重污染当地环境，伤害当地群众身体健康的报道，在媒体上多有呈现。有意思的是，媒体报道出来后，一方面是中央高层、山东省政府的明确批示要严厉查处，一方面是当地群众强烈的环境改善呼声，甚至不惜冒着被打击迫害的危险而组建民间污染调查队；而在另一方面，却是当地政府在不停地出面给企业涂脂抹粉，替企业出面，死硬不肯承认污染的发生和存在。

企业的天性就是谋私的，没有企业的谋私行为，也不会有社会的繁荣；企业再大，也只是一个私利集团，公益最多只是其副产品。因此，要让谋私行为获得其正当性和持续性，就会要求企业要相应地兑现环境责任和社会责任。这些责任最终也不会全由企业来消化，因为无论是资源成本还是环境伤害成本，最后都会分解到产品和商品中，由消费者者来降解和消纳。因此，鼓励企业兑现其环境责任，对提高企业的竞争力、提高社会生态文明，都是极为有利的。而包庇、纵容企业违法排污，实际上是在暗暗地置企业于死地。一个地方政府居然如此蒙昧无知，确实也是可怜、可叹。

造纸业大概与化工业、电镀业等"粗暴型利税大户"一样，都属于全中国最宽容的行业，因为国家给它的"行业排污标准"本来就极宽松。因此，这几年，我屡屡听到一些造纸企业到处夸口"达标排放"的时候，到它的排污口一看，你会发现，滚滚倾泄到大地上的污水，无一不是当地环境最大的杀手。而如此宽松的排污标准，像太阳纸业这样一家年收入达上百亿元的明星居然都不肯遵守，其企业领导人居然还在强调"2008年是造纸业困难的一年"，明确表达了企业在节能减排方面不肯积极的基调；那么对那些一年产量只有几千吨的小造纸厂来说，其偷排、暗排就是明目张胆的事了。

中国的环境污染，当然都是社会纵容出来的。企业如此肆无忌惮，说到底是地方政府在贪图其利税、"名声"、解决劳动力、满足"招商引资"虚荣心的同时，也在贪图这家企业排放的污染。许多地方政府都有一种"把本地环境污染到死"的气概，这种令人不寒而栗的居心，如果成功实现，就既能够给今后的"污染容量"挣到足够的底数，又能够给今后的"节能减排"铺垫最好的基础；顺便，还在政府序列内，产出不少节能减排劳模来。

当然，并不是所有的政府都有这样的阴谋能力，更多的政府是对自身的定位一直摇摆不清。由于长期政府万能和包办一切的后遗症，导致几乎所有的政府官员不是把自己当成地方经济发展的董事长，就是当成总经理，或者当成主管营销的"市场总监"或"销售副总裁"。在这样的价值观引导下，政府官员势必要忽略公共事务的基本界限，混淆公共事业非公共事业之间那条本来就不易把握的分水岭，最经常做的事，就是在不该替民作主的地方，频繁地出手，替民作主；而在该需要替民作主的地方——也就是公共事务最需要他们出面主持公道和正义的地方，反而龟缩不出，推卸不担当，一味地转移和拖延了事。

看看太阳纸业这个例子就知道，企业即使不存在污染，也不该由地方政府出面来"澄清"，因为这是企业的事。而是不是存在污染，则是权威监测、检测业务部门的事，和当地政府也没有关系。当地政府如果实在想出面，不过只是要表一个态，表示政府在考虑如何指导企业更好地治理污染，如何通过各种环境治理工作改善与当地社区、与当地自然界的关系；甚至政府可以表示，如果企业想更大力度地投资污染治理，政府会给予什么样的"优惠政策"。可惜的是，济宁市政府与许多地方政府一样，犯了一个毛病，在不该作为的地方乱作为，在该作为的地方毫无作为甚至反作为。这样的行为方式，上升到党纪国法的层面，按道理都是应当受到国家监察部门的严厉查处的，因为，一个把持公共事业的地方政府，怎么能出面替一个企业"说情"，甚至伪造证据和结论呢？

地方政府敢如此毫无廉耻地、不顾公益、蔑视真相，敢拿公权来给企业的私利打包票，恐吓民众，为难媒体，把自己当成企业的通行证和护身符，原因还有一个，就是公众的监督力量还不够强大。中国一直是个缺乏公民社会传统的国家，以真正有效的民间环保组织为例，中国除了北京、昆明、贵阳、成都等地算得上有那么一两家符合标准要求、低水平的环保组织以外，绝大部分省会城市都没有真正意义上的环保组织。而地级城市、县级城市，甚至可能连环保组织的定义和概念都尚且处于启蒙阶段，在这样的社会环境中，要想让地方政府不胡乱作为，要想让"利税大户"不成为政府的"后台老板"，要想让政府不成为企业的奴仆，似乎都是绝不可能的事。

我们的时代正在全面进入人与自然时代，正在全面进入环境保护时代，正在全面进入政府只主持真正的公共事业的时代。我们的政府必将成为最大的环保组织和公益组织，因为这本是政府的天性和立政之源，只是许多年以来，很多政府官员忽视、遗漏了这一点，把插手私人事务、干预私人经营为大道，为正业而已。因此，如果我们的环保部门真正想促进中国环境保护事业的发展，就该积极地出面激发当地民间环保组织的创立和成形。因为按照当前的注册要求，所有的民间环保组织都需要挂靠一个业务指导部门，而环保局，正是符合标准意义上的"业务部门"。但此时一定要当心，要注意，不要因为人家要在你这挂靠就对人家指手画脚，不要因为人家不得不在你这挂靠就把人家当成你的一个业务部门来控制；千万不要把民间环保组织办成环保联合会、环保基金会、环境文化促进会的这当地分会之类，严格避免政府插手民间环保事业的基因和嫌疑。因为中华大地上每天都在发生的事实，不停地在证明一个道理：民间环保组织是一项独立的、公正的业务，任何代表政府意志的行为灌输，都会导致民间环保组织的元气不足、活力丧尽、能力凋零。本质上，如果环保部门过分插手民间环保事业，甚至只允许当地只存在一家"官办民间环保组织"，其行为所触犯的道德、伦理、法律底线，与地方政府"扶持"纵容企业排污的行为是一样的，都是没有分清公共事业与非公共事业之间的界限，没有校正自己的能量该瞄准在什么地方。

（2008年7月1日）

地市政府的环保动力为何不足

别把公众当成环保傻瓜

前两天，上海一农药厂300吨除草剂泄露，瞒报了至少18个小时；而当地的环保部门，似乎也一直迟迟不给公众明确的说法；而受泄露农药严重污染的空气质量，居然一直都是"优"。只有公众很不幸，不少人住进了医院，更多的人在难闻的、有毒的臭味中，煎熬了几天。

显然，要么是上海的空气质量检测数据在造假，要么就是当地的环保部门在装傻。而装傻的原因，大概是以为公众比他们更傻，可以随便摆布和愚弄。

在中国，环境保护有一个悲哀之处，就是在经济上一直被猛夸的"东部发达地区"，未必真的把环保当回事。有钱人、有知识的人、有权力的人，也同样不把环境保护当回事。在上海发生这样的农药厂泄露兼瞒报事件，完全势所必然，因为，当有人总想着把公众当成环保傻瓜的时候，就会有这样的事故在悄悄地酝酿和生长，在各个角落静心待命，随时准备发作。

一些人是很有意思的，削尖了脑袋钻进政府部门之后，不知道头脑的哪个部位就瞬间发生了突变，忘记了政府部门其实就是公共管理部门，也就是最大的公益部门和环保部门。供职于政府的唯一职责就是为公众利益服务。人民拿血汗钱给政府上供，唯一盼望的是享用贡品的人，能够在关键时刻为公共利益撑腰。可是奇怪的是，在这些民脂民膏的免费吸吮者面前，公众不但经常"享受"不到正常的服务待遇，还时不时受到莫名其妙的愚弄和欺骗、欺凌和侮辱。最近二三十年间，这类事件在环境保护领域，大概是发生得最多的。

是环保部门的"在职干部"人手严重短缺吗？好像不是；是在职人员素质偏低、"专业技术能力"不强吗？好像也不是；是成套成套的检测仪器当时全都损坏了吗？好像不是；是部门职责没分配清楚在那扯皮吗？好像更不是；是操作规程、应急预案之类的没有演习熟练吗？好像不是；是工作必需的调查车辆、伙食补贴之类的后勤服务不到位吗？好像都不是。分析来分析去，大概原因只能得出一个，就是有些人，在公众需要他的时候，把自己关在房间里不作声；有些部门，在公众需要他的时候，把自己关在单位铁门内，大气也不敢出一下。

大概环保部门一直有一个颇为坚定的理念：这个世界上，除了他们，所有人都不懂环保。因此，当发生环境事故的时候，只要他们不出场，不作声，不回应，不透明，不"泄露"真相，公众根本不可能了解发生了什么事，更不可能知道将来会发生什么事。

在这样的心理背景支撑下，愚弄、造假、拖延、隐瞒、"夸小"灾情，想方设法"消除"、"抹杀"已经发生的灾难，就成了这个全世界"最专业"的部门最容易做的事。因为，无论他们说什么，公众都得相信，无论他们做什么，公众都得任他们肆意妄为。（2008年9月19日）

别把公众当成环保傻瓜

环境信息公开是最好的"垂直管理"

现在有很大一批人，把各地环保部门的软弱无能归罪于"兄弟单位"的掣肘，推卸到"主管政府"对其职责"深度干预"，经常说的一句话是"站得住的顶不住，顶得住的站不住"。而如果你走到各地搜罗"吏情"，确实也能发现，各地的党政领导，也确实经常出些怪招，说些怪话，动不动以"不换思想就换人"为理由，把在环境保护方面试图有所作为的环保业务干部给"轮岗"到其他不合适的单位，或者干脆下放、撤职、免职、闲挂了事；换上来的，是听话的，是服从的，是主动帮助污染企业遮掩罪恶的，是殷勤地替生态伤害机构打前站的。

因此，有些研究公共管理的专家，有些探讨政府管理的学者，有些在中国吏治大海里浸泡许久的业内人士，纷纷提出建议，要求环保部门成为"垂直管理部门"，以为这样，就可以威慑当地政府，就可以打通业务渠道，就可以让环保部门的行政能量，真正施用到自然环境的保护上面。他们举例说明，说公安部门、工商部门、税务部门之类，似乎都是垂直管理，因此他们工作能量和职责本能的通达率，就比环保部门要强一些。

所谓的垂直管理，似乎就是把环保部门相对封闭起来，以保证其独立性，最多，不过是人事权、财务权都由环保部门自己来控制，人不从当地政府的组织部门走了，当地政府就对这个人无可奈何，按月发放的薪水从"中央财政"直接划拨了，不需要仰仗当地政府的小金库，自然，说起话来，也就可能硬气一些，做起事来，也就可能讲原则一些，追求起事业前途来，也就可能求公正一些，为自然和公众服务的意识也就清晰一些。

然而我总觉得这"垂直管理"的想法有些荒谬，此前和人辩论的时候，争执最多的是：如果一个业务部门无法挺直自己的腰杆，那么即使是中央直接下派的"钦差大臣"，也照样在地方官员面前无所作为。中国的许多官员，一向善于许诺而不善于践诺，客气的桌面话是所有的人都会说的，回去后诺言的兑现率到底如何？中国的许多官员，一向善于"向上要钱"，钱要到手后，即使是最慈善、最公益、最伟大的事业，其折现率也不会超过10%，很多项目只徘徊在1%～6%之间；中国的许多政府官员，在你要他解决困难的时候，他首先会要求中央帮助解决困难，不是经费紧缺，就是政策方面不够宽大，不是需要制订相关法律，就是职工素质有待提高。

现在想得更多的是：垂直管理的能量本身，来自于何方？到底是来自中央政府，还是来自于公众？我们政府的权力来自于人民，那么，当地政府的权力，很显然更多地来自于当地人民。在环境保护上，政府的意志与人民的意志一向是完全相同的，因此，与其拐个大弯，从上级政府那借用当地人民的力量，不如开通捷径，直接汲取，从当地人民那笼聚力量。

需要做的事非常简单，而且非常符合潮流：普及环境信息公开，推动公众参与。

当地人之所以关注当地的环境，是因为他们往往是施害者又是受害者，有时候是这批人在大排放在污染环境，伤害其他人；有时候是每个人的小排放累积在一起，制造出了大灾难；有时候是明显的污染，有时候是隐性的伤害；有时候被当成罪恶来指责，更多的时候则被当成美好来歌颂。因此，在当地人保护当地环境的时代，最好的办法就是化伤害力为保护力。

这时候，政府起的作用是非常关键的，而环保部门作为政府主管环境的职能部门，很自然，其最需要开展的业务，就是把环境信息公开给公众，让大家一起来讨论环境改良的办法。让大家一起来监督无良者的行为，让大家一起来判决"环境污染罪"和"生态伤害罪"。

不要担心，公众完全有能力读懂环评报告，公众完全有能力读懂专业术语，公众完全有能力分析晦涩文本内所隐含的全部内涵。更不要担心，公众会因为某家企业有污染就完全将其弃置不顾，因为公众往往都是宽容的，他们会去探讨这类型企业当前条件下的最大允许排放值，他们会去到处探听消息，寻找这类型企业污染治理的有效技术，他们会去协助创新，探讨如何对企业的"公共排放物"、"达标排放物"进行后续处理。因为所有的公众都明白一个道理：由于庞大的人口给自然资源造成了必然压力，由于猛烈的发展欲望与自然承载力之间存在着难以调和的冲突，因此，适当忍受污染、与污染共存亡，是每个公众的宿命。

承认这个宿命不等于大家就默许污染的存在，承认这个宿命不等于大家就愿意让生命权利和自然权利也随之被污染所掠夺。你可以污染我，但你必须让我知情。你可以污染自然，但你至少必须去研究自然修复之路。你可以采用掠夺自然、压迫自然的方式来求发展，但你至少要允许有人替自然说话；你可以把挣的钱都揣入自己腰包，但你自己要让周围的邻居一起帮你出谋划策。

随着网络时代、汽车时代、超市时代、手机时代、公民社会时代等等"技术民主"时代的到来，掩盖污染罪恶与掩盖行政暴行一样，确实比较困难。环保部门要想强身健体，唯一的锻炼方法是学会从公众身上汲取能量和智慧。最主要的两套体操，一是环境信息公开，二是鼓励发展当地的民间环保组织。这样，环保部门这样试图有所作为的"好汉"，身边就会有许多帮手；环保部门这排想在"发展就是破坏，破坏就是硬道理"的狂风暴雨中能够长久挺立的篱笆墙，就会多了几枚立地生根、扎得很直、膀大腰圆的"大木桩"。

如果社会也是一种生态的话，那么中国社会生态现在得的病是"淤滞症"。能量在不该停留的地方停留，就会形成肿块，在不该施放的地方施放，就会导致毁坏。环境信息不畅通是信息淤积的最显著脉相，是环保部门无能、环保法律无效的直接病因。

环境信息的真诚公开其实不是向公众恩赐环境信息，恰恰是与公众保持良好沟通，进而筹集公众能量、培养健康可持续社会生态的最好方式，不仅对社会有利，对政府的机体健康也有极大的益处。想像一下，一个地方，环境信息透明，当地民间环保组织积极参与，二者合力，再辅之以建设项目听证会、自然观察公众化、环保法庭公众化等"垂直疗养术"，相信各地环保部门一定会永远挺立下去，相信当地淤滞的社会能量就畅通无阻地引导到最需要能量的地方，当地的环境才有可能按照自然的规律慢慢地向良好的方向演替。因此，如果环保部门一定要追求"垂直管理"，那么就请让公众作为你们的"上级机关"，让公众赋你以能量和权威吧。（2008年10月30日）

不能因为环保，什么都上税

中科院院士蒋有绪和华南植物园副主任周国逸11月18日在广州的森林城市论坛上一唱一和，建议每个人每个月交20元，购买自己的呼吸权，以抵消二氧化碳排放，以"反哺生态"。

这个消息与"燃油税"的消息混拌在一起出现在大量媒体上，很是让人迷惑。有些人真的就此投降了，觉得一个人生活在这个世界上，享用了任何一点物质，排放出任何一点污染，都要负责，都要交税，都要抵销。其实心里混乱的人没必要着急，因为只需要搞清楚什么叫个人税他就可以心安了。个人税主要是为了实现社会再分配；按照蒋院士的这个逻辑，深山老林里的农民要交最多的税；因为呼吸的空气最好。

蒋院士提出这个观点的理由，似乎是中国的生态无钱保护，因此动不动需要"反哺"；而居民作为二氧化碳的排放者，"谁污染，谁治理"，需要为二氧化碳付出代价。因此，交点钱，买些"生态基金"，就像犯了罪的人，花点钱，买张免罪符，就可以自由犯罪了。

可惜，蒋院士忘记搞清了一个理由：我们为什么需要交税？你可以让我交钱，但不等于你可以让我交税，交税是法定义务，而交钱则是自由抉择；如果一个人是因为想呼吸得更好，他可以出钱购买"最适合呼吸的空气"。在这个世界上，有些消费是天然消费，有些消费是生存型消费，有些消费则是奢侈型消费。太阳、空气、水、风景、蓝天白云、美好自然，按道理都是"天赋神权"，每个人无论是聪明还是愚笨，有权还是弱势，健全还是残疾，病痛还是清爽，行将就木还是初来乍到，本地人还是外乡人，城市大老板还是农民工，都随时"自由消费"的生命元素。人类从诞生之时起，就日复一日地消费这些东西，不可能交税。

而粮食、衣物、住房、职业，大概是生存型消费。有许多的人，不饿也吃，不渴也饮，不冷也衣，不必要也拼命化妆，追求营养不够还要追求保健，追求保健不够还要追求长生；三件衣服不够需要三百件，五双鞋子不够需要五百双；冬天想过夏天的生活，夏天想要冬天的严整；不注重内心之美而注意外形的修饰，不想身体运动而想靠补品来健身。总之，在这个世界上，有太多的人，过着消费过度型生活或者奢侈型生活。

在目前，人的基本消费品中，越来越多的人需要为水付出费用，但这些费用多半还只是以"处理费"作为理由，因为天然的水不够干净，所以要建纯净水厂；因为人类的排泄物太肮脏，所以要修污水处理厂。因此，在你家自来水管子前装个计量器，以收点"水费"，公众也不加怀疑。

其实很早以前我就在乱想未来社会的一种形态：也许过不了多久，社会上会出现一个新的行当，叫"市民呼吸站"，或者"空气站"，一些相对清洁的空气被注入到瓶子里，拧紧，经过重重质量检测，摆放在商场里供人挑选，每一个品牌都声称自己"产自森林公园，周围五千公里无人居住"；道路边出现一家家"空气加注站"，每个人要想喘口顺气，就得随时到店里购买。自然，每个人都得随身配备一个"空气储存袋"，稍微有吸空的可能，就得赶紧到商场加充补注。

但即使人类呼吸环境恶化到这样的程度，也和"税收"不沾边。我想，全世界的人，哪怕愿意购买空气，也不太愿意交纳"呼吸税"。因为，这与人类的基本权利太相冲突了。

税收这个东西，本来是政府为了完成其公共管理的职责，而向全体公民征收的一种公共财政资金；或者反过来说，本来是公民为了让社会群体能力和公益事业得到持续提升和维护，委托政府部门帮助主持公共事业时，不得不向其交纳的"委托费用"。这大笔大笔的钱，过去大概除了用来豢养政府的职员之外，大概主要用于科技事业、教育事业、交通事业、文化事业、生态保护事业、社会福利事业等。因此，对这些项目进行逐一的定位，对其花费的合法理由进行逐一的厘清，是公民交钱的必要前提。

那么，呼吸税到底应当纳入哪一门档子的公共事业？难道我们的院士没有想过，在公民此前交纳的大量税收中，本身就已经对"呼吸税"有了委托和授权？当政府承诺保护自然环境、保护森林、保护一切野生动植物、保护水资源、保护全体人民的自由时，不就已经表达了"保护空气洁净"的许诺？不就已经签下了解决公众生存而导致的二氧化碳排放的责任书？既然这项业务已经纳入了常规业务的范畴，既然公众交的钱中已经包含了这部分成本，那么还有什么理由让公众交税？

何况，税收也是从特殊向普遍慢慢过渡的，即使真的政府有权开征"空气呼吸税"，在当前的中国，奢侈品消费税、过度消费型消费税都还没有开征的情况下，就想从空气身上要"天然消费品税"，是不是有些太不人道？且不说这些税收交纳到政府手里头，政府有没有能力管理和利用、导流好，就是光看当前中国的社会秩序状态，这种税费的征取过程一定极不平均，必然存在着你交我不交，你多交我少交的状态，于是乎，税收的平等和公正就很难维持。可惜的是，呼吸这个问题却是平均的，不会因为你富裕你就必然呼吸得比别人好，也不会因为你贫穷你就必然要呼吸得比别人差；环境实在是太公正了，当一个地方被污染之后，你想躲开，完全没有可能。

政府确实应当加大生态保护力度，尤其要保护公众的呼吸权和饮水权，但不等于说，这些钱还应当老百姓再来出。在公众日益清醒的今天，一切征取都得师出有名，师还有据。"燃油税"之所以还有理由开征，是因为油品消费不是必然消费或者说均衡消费，因此存在着消费态上的时空不平均，因此，消费得多的人，多交一点费用，是有必要的。但空气税这种东西，其存在的理论基础是不成立的，因此，我们不能因为"为了环保"，就要求每一个人为每天的生活交纳每一笔费用。如果是这样，接下来人民要交的一定是阳光税、雨水税、风税、雪税、花税、树税、草税、石头税、风景税、蓝天白云税。如果是这样，我们就真的回到了古代，中国古代的有些朝廷，不仅征收人头税，还征收锅碗瓢盆费；不仅征收房屋税，还征收柱子税和砖瓦税；不仅征收土地税，还征收牛羊税和稻麦税；不仅征收盐铁税，还征收出生税、成长税、结婚税、生育税、死亡税、坟墓税。这种想出各种名目刮削老百姓的办法，是因为古代的政府创建的目的就是为了盘剥人民，不是为了替公共服务。这种"无所不税"的方法在今天显然是行不通的，因为我们的政府，几十年前就已经变了性质，成了公共服务机关，自然，公众的基本权利，从一开始就应该得到公共服务机关的保障。(2008年11月19日)

不能因为环保，什么都上税

潘岳会丧失他的栖息地吗?

2008年12月14日，在人民网举办的三十年环保高峰论坛上，按照会议流程，曲格平讲完，是王玉庆，王玉庆讲完，是潘岳。

环境保护部副部长潘岳出现的时候，我似乎听到在场的许多人都舒了一口气，看到许多人涌上前去拍照片。

许多人在担心他的命运，都在心中暗暗揣测他的前途，都在使劲端察他的面相，都在随口议论中国的政治环境，都在琢磨中国传统文化中的官场文化。但他好像满面笑容，而他要讲的题目，居然是《中华道统与生态文明》，他说这是他最近在研究的一个方向，在写的一篇论文。他从里面选出了一小章，拼贴在一起，取名为《中华传统与生态文明》。

进会场之前，我与一个记者闲聊，他说他刚刚翻遍了环境保护部网上2008年的新闻素材，三百多条，只有一条是与潘岳有关的。他满怀政治心机地问我："这么少，意味着什么"？

而民间，按照"常规政治潜规则"，却流传着许多听起来对潘岳不利的消息，什么与他关系颇为密切的中国环境文化促进会的负责人因为经济问题被"双规"了啊，什么与他同样关系密切的另外某个协会的负责人也最近被控制了啊，什么他的妻子已经被监视居住了啊，什么他也同样不干净——他所主管的环评司有许多问题之类。

同样不利的风向是12月12日召开的全国环境评价工作会议上，主席台上除了坐着周生贤部长，旁边，坐的是吴晓青副部长。据说按照原先主管工作的分配，原来潘岳是主管环境影响评价的；但4万亿投资拉动内需的决策出来之后，环保部马上配合了这个变化。官员职务的流转，本来是常态，但许多消息混合在一起，于是就让许多人备生猜疑。有一些人甚至对我惊呼，潘岳可能要出事，潘岳可能要丧失他的栖息地。

我对此倒是没有什么想像力。我一直在想的问题，其实只有一个：中国需要什么样的官员，或者，具体一点说，中国是不是还需要潘岳？

公众喜欢潘岳，期望潘岳，大概是喜欢他的三点，期望他的三点：一是他有才情，诗歌也好，散文也好，论文也好，写得都动人心魄，写得都直抒胸臆——而在中国，一个人当了官，首先被删除的，就是"对世界的自然情感"，这是一种能力，也是一种权利。二是觉得他有思想，他对于生态文明，对于公众参与，对于革命如何转化为执政党，都有其持续深入的思考，都有其独到的发现和论述。三是觉得他极富勇气，这个世界爱说话的人不少，但能够把话说到点子上的人不多；能够把话说到点子上的人似乎也有一把，但敢在关键时候站出来说话的"公民官员"不多——太多的人只会在饭桌上，在酒肉间，在闲聊时，说一些自以为非常精到的话，可一旦要公示这些话的时机到来的时候，这些思想精英们，不是临阵退缩，就是佯作冷静。

其实说起来，三点都缘于一点，或者都可归结于一处。在公众可观察到的范围内，大家认为潘岳是个有情感的人，是个在这个时代颇为稀缺的人。中国环境的恶化，要么伴随的是心灵恶化，要么伴随的是能量乱流，原因，都是美好情感的缺乏。因此，即使是在最合适的职位——国家环保部门——的立场上，对中国式的环境恶化宣战，往往也会招来无数能量的反扑。明枪暗箭是否最终会伤害到潘岳身上，没有人知道。

但中国是个有意思的国家，稀缺的精神未必是时代需求的精神，未必是时代追逐的精神，未必是时代保护的精神，更未必会成为时代精神的主流。看看自然界中的物种就知道，在中国，一个物种越珍稀，意味着这个物种被人虐待的可能性越大——而许多虐待，外形看上去，是爱护，是赞美，是科学——但所有的物种都是需要栖息地的，如果栖息地丧失了，无论你对这个物种如何的爱护交加，你仍旧是在伤害这个物种。

潘岳当然不会丧失他的栖息地。在人民网评出的"改革开放三十年"十大环保贡献人物中，潘岳与曲格平都以高票当选。而与他同时当选的人中，有六个是民间环保英雄，包括梁从诫，包括廖晓义，包括汪永晨，包括唐锡阳。公众显然很清楚，一个人要保护他的栖息地，只能靠他自己。显然，公众的无情，就像历史一样，他们评价一个人，看重的恰恰是你的才情，你的勇气，你的智慧，你的纯正度。也许从这个意义上说，潘岳只要还是潘岳，他就不会丧失他的栖息地。

那么中国环境保护是否还需要潘岳？当前，潘岳身边的"风云变化"在考验我们的同时也考验着他自己。他在演讲中说起了"度"："这些价值观在现实制度和生活中就具体落实为一个'度'字。'度'就是分寸，就是节制，就是礼数，就是平衡，就是和谐。度是一种从容回旋的空间，度是一种进退有余的艺术，度是一种节制合适的平衡，度是一种立身达人的智慧。概言之，'度'不仅是中国的政治智慧，也是中国人的生活智慧，更是中国生态智慧的凝练表达。"讲完之后，他开自己玩笑说，自己这么多年，一直就没把握好"度"，因此，"老生病"。

但潘岳的表现又似乎不像在生病。关注潘岳的人都明白中国传统文化中一个最坚实的哲学信念：福祸共生，一朵繁花结的果子里也许藏纳着一批蛀虫的卵；风光后面潜伏着杀机，而劫难后面接踵而至的却可能是幸运；一个机会的丧失也许意味着另一个机会的到来。因此，政治淡出或者说"身体不好"，公众选择或者说时代呼唤，都无法让人预测这副中国围棋的下一个棋子会拍到哪个位置，会给局势带来损失还是补益。

一个人的生命过程，本来就是个多回合的过程，因此，今年才四十九岁的潘岳，今后会在什么样的栖息地里生存，谁也不知道。于是，公众似乎同样也没有权利下决断：即使我们需要潘岳这样的人，我们有没有可能留住他。（2008年12月15日）

环保为何"让有力者无力"

江苏仪征环保局党组书记侯宜中，今年六十岁了，他担当"环保举报者"多年，却毫无结果。这则新闻从发布起，就在民间环保组织内部广泛地流传。有人惋惜有人感慨，有人愤怒有人同情，更多的人是付诸苦笑，一副深深了解中国国情的样子。

有一个人这样对我说："环保部门的人都没有力量，我们民间环保组织还有什么用啊？"一时想不出回应此人的语句，涌上心头的是一句被颠倒了的话：让有力者无力，让前行者悲观。

江苏是改革开放三十年来最富传说魅力的富庶文明之地，是令人艳羡的既有钱又有文化的地方。江苏仪征环保局党组书记侯宜中及更多的环保局干部频繁"举报"的两个化工厂，据说都属于扬州农药集团；而这个集团是当地的利税大户。既然是"利税大户"，那么显然企业是在年年赢利；既然是在年年赢利，那么就肯定能拿钱来治理污染——企业一时拿不出那么多，当地"裸露"着公开或"遮掩"于地下的各种活跃金融系统也完全可以慷慨解囊，拔钱相助。因为当前社会上连那些后知后觉者都清楚：把所有环境代价纳入产品成本，是企业获得竞争力的唯一方式，是企业可持续发展的唯一活命草。如果当地政府的其他相关部门对企业的环境保护能力仍旧不予以关心的话，实际上是在暗中盼望这家企业早日死亡。

这时候，有人会以为当地政府是一个贪婪的政府，一心只想着吸吮企业的利税，而不替企业从良提供赎身金；有人又认定当地的政府是一个短视、无能的政府，一个不可持续的企业将来如何给妄想着万岁万岁万万岁的当地财税上供？有人还怀疑当地政府对企业有一种敌意，表面上在鼓励企业"任性发展"，骨子里暗暗盼望企业早点被无情的市场关停。

这则多少显得有些荒谬的新闻恰恰道出了中国环保部门的悲凉现实。假如把环保部门的人比喻为环境警察，排污者比喻为"环境小偷"，实际上等于说一个"下级警察"向"上级警察"举报身边有小偷天天在作科犯案。由于这个小偷的"级别"比这些"下级警察"高，维护公众环境正义的警察叔叔们只能眼睁睁地看着环境小偷团伙们横偷竖抢，一天又一天，一年又一年。"下级警察"们唯一表达自己能力的方式是以泪洗面，以文字表达才能。

我关注环境的时间不算太长，不过五六年的时间，但多少也算得上是老"环保记者"了。我清晰地记起了这五六年来我所见过的所有环保官员，他们的身上都有一种巨大的疲惫感，他们的脸上都泛着持续而淡淡的苦笑；无论他们走着站着还是坐着，无论是在督察还是在监测，都有一种极度无奈的情绪向你辐射而来，让你收纳到他们的无力，让你接应他们的悲观。

有人说环保部门只要采用垂直管理，所有的这一切都可以解决。有的人则认为，在环保部门成功地升格为"部"之后，趁热把更多的与环保有关的"部委局办"都拨拢到堆，成立一个大环保部，环境保护政策的兑现也就会顺利得多。有人则认为环保部门不应当局限于"末端控制"，而要朝"前端防治"挪移，采用项目环评啊、规则环评啊、战略环评啊这些方法，对有可能产生环境风险的行为逐一进行管控。有人干脆认为环保部门应当成为一个环保统一战线协调中心，把发改委啊、住房与城乡建设部啊、银行啊、税务啊、工商啊、监察啊、保险啊这些部门全都"绿化"一下，让这些兄弟机构都撸起袖子，牵起手来，组建一张对企业和社会公众进行环保引导的天罗地网。

所有的探索估计都是"可以有"的。但是我们还是要清醒地看到，发生在江苏扬州的这个颇富戏剧性的故事，正无情地提醒我们，一个地方的经济水平，与其环境保护能力并不成正比。甚至我们由此可以推出，一个地方经济难以发展，不是由于这个地方重视环境保护，恰恰相反，而是因为这个地方根本不重视环境保护。因为经济发展固然是为公众服务，但更需要公众来支撑。当公众本身因为环境退化和恶化，而无力成为经济发展的基石的时候，这个地方下再大的"不怕牺牲，只求发展"的决心，也无法在经济发展上有所突破，因为，这个地方的环境，已经没有了支持发展的元气。因此，侯宜中们完全可以不用举报，很快，扬州农药集团就有把自己毒倒的一天，当地政府也会有病入膏肓的时候。

细细考量侯宜中们的"举报"行为，你会更加地为中国的环境保护能力感伤。环境保护唯一的方法是决策透明和信息公开。因此，侯宜中们完全可以采用把举报信写给公众的做法，来增强对企业的威慑力，而不是只知道"向上级环境警察举报"。在公众参与环境保护时代，公民专家和公民记者正在成为环境保护的最有效力量。互联网、手机、数码相机等"技术民主"工具，给所有试图保护环境的人，提供了最充足最强大的武器。何况，环境信息公开条例已经施行了一年多的时间，作为环保部门的干部，有党中央的政策和国家的法律法规作倚仗，根本不需要像告密一样让"举报信"沦落在政府的皮球场中。

当今的时代是公众主导环境保护的时代。假如侯宜中们想到与环保组织合作，或者自己成立一个独立的民间环保调查小分队，把这些环境伤害信息充分调查清楚，把企业违法的要害处——点出，持续地、坚定地开放到网络上，完全有可能在很短的时间内就得到全国人民的呼应。污染的企业会得到更早的从良的机会，受害的环境有望得到修复，受害的人们会得到他们应有的尊严和权利，隔岸观火者和路过打酱油的人，会得到极好的"环保教育"。因此，我在这里也顺便呼吁一下，所有已经写正在写或者准备写"环保举报信"的人，拿出你的专业知识来，把环保举报信写得有理有据，然后，通过无处不在的互联网络，送达到公众手中；你所有的心机，才可能不白费。

因此，侯宜中们的这种做法表面上颇具勇气和韧性，其实是一种策略失当的单极思维，或者说，是"责任推卸"思想作怪的另一个表现形式。一个环保官员，无法或者说不敢与环境施害者作斗争，也不知道团结更多的公众，为环境争取应有的权益，只知道写举报信，只知道向"上级警察"汇报，只知道"找媒体"，某种程度上说，其行事方式已经不再适应公众环保时代的要求，其行为所反应出来的中国环保现实的荒谬性固然足以博人一笑，但其行事的智慧，则的确有更多的提升空间。(2009年5月26日)

环保部门为何对公众又爱又恨

2009年6月3日，几十家媒体聚集在两家民间环保组织的场子里，听他们对中国113个城市环境信息公开能力的考评结果。结果非常简单，如果以100分为满分，只有4个城市勉强得60分，刚刚及格；所有的城市平均在一起，只能得30分。

这其实不是什么需要为之羞耻的事。因为说起来2008年5月1日，《政府信息公开条例》才算正式"开通"，说起来环保部门又是所有政府部门中最敢往前冲的，与这个条例同步推出了《环境信息公开试行办法》。仅仅一年多的时间，要让所有有环保部门的城市知道要公开环境信息，知道怎么公开环境信息，其实是非常难的事。

一年来，依据我个人极为有限的经历，我也见过一些环保部门甚至根本不知道有《环境信息公开试行办法》，因此，当有些公众依法要求申请公开某些早已应当公开的信息时，他们先是满脸的茫然，接着是满腹的愤怒，最后是满怀的不解：凭什么我们要把本部门的"国家机密"，开放给"环保素质极低"的公众？他们还颇为担心地说："公众是些散兵游民，他们每个人与环境的相关性是极低的，公众向政府提要求，是不是别有用心啊？是不是妄想破坏我们伟大神圣的挣钱事业啊？"

绝大多数环保部门倒是看过上级下发的文件、指南、技术规范的，偶尔也读一读报纸，看一看电视，听一听广播，上一上门户网，偶尔还极为热情、极有兴趣地传播手机里的社会故事。因此，无论是作为一个国家公民还是作为一个国家公职人员，他们完全清楚从2008年5月1日起，"本单位"有义务把"环境信息"无条件地开放给公众，以便公众在保护自身权益的基础上，能够更加有利地参与到艰难的环境保护事业中来。

中国的环境监测指标体系虽然粗放，水只有COD和氨氮，空气只有二氧化硫和"可吸入颗粒物"，但中国的环境监测网络还是比较完整的，无论是中国环境监测总站还是各地的环境监测中心，实际上都掌握着大量的实时数据。而每个省级区域都有"监察总队"，每个城市都有监察队伍，甚至农村都有了环境信息观察员；这几年随着网络技术的发展，几乎所有重点排放源的实时排放信息，都可以整合到一个平台上随时被查阅。因此，每个地方的实时、真实的污染排放量，全国环境系统的硬盘库和磁带库里记得相当分明，在环保部门的宽大显示器上表现得相当惹眼。只是，他们宁愿让这些数据捂坏、霉烂、散发出难闻的"数据臭味"，也不肯把一丝一毫的真实数据开放给公众。偶尔恩赐般地开放出来的一星半点，要么是过期的腐败的，要么是简化的浓缩的，要么是扭曲的变形的，要么是故意造假的，多少都有最正当部门泡制假冒伪劣环境信息的嫌疑。这时候，你只能想，环保部门是环境信息专制者、独吞狂，生怕信息给了公众之后，会被公众抢了去。

中国公众过去很少与他们去理论，不是没有道理可讲，只是懒得去讲。公众要是细论起来，这中间有太多的可纠缠的地方。无论是政府部门还是"事业单位"，其实都是靠公众的膏血来养活。公众愿意减少自身的福利，供养这些机构的原因，是相信这些机构是在为公众利益服务。因此，总是异常坚定，总是从不质疑，总是宽容对待，总是欲说还休。

体现一个机构的公众服务能力和价值，就在于这个机构工作的目标是什么、成果是什么。体现一个机构的服务诚信，就在于这个机构有多大能耐把公家地里出产的各类"麦子"收获下来之后，交还给公众验证，质量过关后，任公众拿去制作面包、馒头、面条、包子、馅饼——公众想用它来做什么就做什么，能用它们来做什么就做什么。可惜，我们的许多公共单位，似乎老是忘记了老根和血本，动不动就想从"人民公仆"变成"人民公敌"，不是想当把激流变成死水一潭的水库，就是想当把新粮变成陈年畜粉的屯仓；不是想当化神奇为腐朽的机器——让所有有活力的信息能量全都变成沙中枯骨，就是想当"信息隔离板"——横下一条心，用身体去修筑阻挡公众了解真相的铜墙铁壁。

这样的结果就是让环保部门成了中国最奇特的一个部门。有时候，他们在政府的夹缝里活得太憋屈了，就想借公众之火来烧一烧心中的晦气，因此也想着鼓励公众去举报、暗中支持媒体去曝光甚至默许公众去示威和"听证"，这样的好处是，公众的能量很顺手地就会成为环保部门的能量，他们就可借公众的火力，攻下那么一两座排污大户所筑成的碉堡。力是公众出的，功劳却落到了环保部门身上，何乐而不为。

因此，在这样的时候，环保部门的人往往把公众视为盟友，当成知心友人，大门洞开，脸上泛笑，称兄道弟之余，还愿意做些信息共享和"能力建设"的工作。

对于渴望了解真相的公众来说，环保部门的大门似乎总是紧闭的。普通公民要想获得任何环境方面的信息，无论是污染排放量的，还是环境影响评价的，总是被无数的理由推挡回来。根据我粗略的统计，挡箭牌大概有这么几块，一是保护神圣的"国家机密"，公众好像不是这个国家的人，所以无权知道；二是保护企业的"商业机密"，企业是政府的命根子，年年给政府上贡，因此，"为尊者讳"，公众不该知道；三是公众没有知识，知道也没有意义，因此没必要知道；四是公众没有"上级公函"，因此程序不合法，没有理由知道；五是信息还在整理，网站还在建设，因此，公众需要延迟几十年知道；最近，又因为金融危机，为了"保发展"，企业更是成为政府的掌上明珠，只要能解决就业和交纳税金，污染一点环境，根本不算什么，公众如果为了自己的一点点呼吸权、饮水权、健康权，居然跑到硝烟四起的经济战场上说三道四，那么只能证明一个，就是这些公众在无理取闹，是些需要被看管的刁民。

每当这个时候，环保部门不小心就站到了公众的对立面。好像环保部门已经不是环境保护部门，而是环境伤害部门；环保部门已经不是公共利益服务机构，而是各个经济利益体的"销售代表"；环保部门已经不需要公众的信任，一心盼望要和公众反目成仇。

每当这个时候，就是让社会心碎的时候。每当这个时候，就是公众发出一声长啸的时候。每当这个时候，也是环保部门把自己推到自家掘开的火山口、自己烧开的油锅的时候。每当这个时候，你看环保部门的脸上，总是一副狐疑不决的神色；每当这个时候，你看环保部门的心脏里，总是像要撕裂一般，成为好几个心脏，然后依附给好多个灵魂。每当这个时候，你就会发现，环保部门的形象，是世界上最为滑稽的形象：既要信誓旦旦地表现出维护正义的样子，又要表达出被"其他力量"挟持胁迫的委屈；既要证明自身的实力，又想在虚构的"权势者"面前不能表达出过分的专业和霸气；既想要敞开胸膛对公众说其实我也是受害的弱者，又想装成环境受害者的保护神无所不能罚款无所不能关停。

官员是这个世界上最难的职业，第二难的才是商人。至于文人游侠之类，确实活得相对轻松，职业对生命的磨损能力相对较弱。但当大家一起面对环境保护问题时，环保部门眼中的"公众"，可能是指从事非环保职业的其他人。这群人中可什么人都有，有许多在政府部门当官从政的人，他们比环保部门的工作还要艰难。但人家没有退缩，没有犹豫，没有试图掩藏和躲避。因此，环保部门没必要装出一副全世界最委屈最被蹂躏的惨相。

其实解决这个"又爱又怕"困境的办法非常简单。就是借着"环境信息公开办法"吹起的大风，把公众所有愿意了解的信息全都实时地列出来，公众想要什么就给什么，公众尚未想到要的，也都端出奉上；这些信息不仅仅公布在网上，也要公布在报纸、广播、电视甚至广告直投刊物上。

同时，还有一个直捷路径是向"兄弟单位"学习，取人之所长补己之所短。因为马军所组建的团队在一年来的研究中发现，其实环境信息公开一年来，113个城市中，涌现出了一批好典型的好案例；有好多城市都各有特色表现，以至于马军们涌起了一个愿望，在公布113个城市污染源监管信息公开指数的时候，作了一个"全明星阵容"，想告诉各个地方的环境责任部门，其实中国大地上已经悄然出现了许多优秀经验，模仿的跟进的风险非常低，你只要照着做就行了。

环保部门根本不用担心公众对这些信息不敏感，像个多疑的厨师那样担心自己的饭菜无人品尝。确实，有些新开张的店面是有可能在一段时间门庭冷落，因为公众可能还没有闻到这家店铺飘出的饭菜香味。只要环保部门诚心诚意地把环境信息公开得完全、透明、公正，同时把获取这些信息的界面做得友好、有趣、易懂，潮水般的公众信息顾客就会在一夜之间涌来，公众与环保部门之间就会成为早该出现的良性互动。环保部门会因为公众的支持而信心爆棚，武功精进；公众会因为环保部门的坦荡而迅速成长为环境公民专家和环境公民记者。大家一起布下天罗地网，与社会上所有的环境伤害行为作斗争。(2009年6月4日)

污染源信息要让公众用起来

2010年2月9日，国务院新闻办向全世界发布通告，《第一次全国污染源普查公告》正式面世。按照环保部副部长张力军的说法，第一次全国污染源普查动用了57万人，耗费了的成本得以亿作基本单位，成果也是喜人的，得到了11亿个基本数据；他拍胸脯保证，"发布的只是总报告，今后将有更多的分行业报告陆续发布"。

第二天，笔者就在网上查到了《第一次全国污染源普查公告》的电子版全部内容，也通过"内部关系"，拿到了普查公报的纸面版。看着这些笼而统之、身怀恶意的数据，除了哭笑不得，还是哭笑不得。心中几乎要升起一股无名怒火，因为，这样的数据，对于我这样的普通公众，有什么用处呢？

比如，关于工业污水，这份普查公告这样说："工业废水全国产生和排放情况：产生量738.33亿吨，排放量236.73亿吨。工业企业废水处理设施140652套，设计处理能力2.35亿吨/日，废水年处理量458.52亿吨"。"工业废气全国产生和排放情况：产生和排放量均为612275.17亿立方米。工业企业废气处理设施244641套，设计处理能力172.43亿立方米/时，废气年处理量401513.33亿立方米。"

比如，关于"医用电磁辐射设备、放射源、射线装置数量"，这份公告这样告诉公众："1434家医院拥有医用电磁辐射设备2073台；867家医院拥有4213枚放射源(密封放射源)；26599家医院拥有56036台医用射线装置。"

想要更详细的，对不起，没有了；想要知道身边环境真相的，对不起，没有了。想要了解我家门口那个化工厂排放了多少，对不起，没有了。

这样的信息，除了给公众一个"宏观概念"之外，无法让公众感觉到环境是在恶化还是在好转，也无法让公众掌握这些污染与自己日常生活发生着什么样的关系，更无法让那些多少有些警惕心的公众，能够在想保护自己的环境权时，能依靠这些信息和数据，去更新自己的头脑，去与排放污染的企业进行协商或者谈判。

按照2007年通过的《污染源普查条例》，普查结果不与节能减排挂钩，"污染源普查取得的单个普查对象的资料严格限定用于污染源普查目的，不得作为考核普查对象是否完成污染物总量削减计划的依据，不得作为依照其他法律、行政法规对普查对象实施行政处罚和征收排污费的依据。"虽然，条例同样也说："污染源普查领导小组办公室应当在污染源信息数据库的基础上，建立污染源普查资料信息共享平台，促进普查成果的开发和应用。"

只是不知道这"开发和利用"到底是什么意思，是让公众充分利用呢，还只是继续夹藏在文件柜里，让少数人去拿去寻租和利用。

一些环保组织发出呼吁，鼓励公众去向掌握了污染源的环保部门，索要更多的信息，越详细越好，越清晰越好，越直观易懂越好。因为，每个地方都成立了污染源普查办，他们把信息往上汇总的时候，一定也会留一份以作当地情况的"底数"。那么，每个地方的公众，完全就有权利要到准确的信息；每一个地方的"普查办"，也完全有职责把更彻底的信息告诉公众。因为按照《政府信息公开条例》的规定，政府首先应当主动公开已经掌握的信息，如果政府不愿意或者忘记公开，那么，公众可以申请去公开，拿到之后，公众完全可以再将其公开到网上。因为消耗公众财政获得的信息，本身就具有公众性，任何公众都有义务让更多的公众知道。

污染源普查十年一次，而这"第一次污染源普查"，还给公众造成一个错觉，以为我国的环境监测能力非常差劲，建国都六十年了，居然还不知道身边环境的健康状态，需要来一个全面彻底的"第一次"。其实这有误导之嫌，我们过去虽然不是极其的清楚，但大概的情况是掌握的，因为中国所有县级以上的单位都有环保局，中国环境监测总站控制下的全国各地环境监测网络站点和断面，每天都在不知疲倦地记录。每天生成的污染数据，都笑纳在环保部门的秘密数据库中。按照张力军的说法，本次普查出来结果，与环保部日常工作掌握的信息高度一致。

因此，这次污染源普查的目标，就不应当锁定在"初次查清污染家底"，而在于如何让这些经过再一次核实的真实信息，能够更彻底地让公众所使用。

环境保护这个东西，缺乏了公众参与，是肯定不可能有所成就的。政府是世界上最大的公益组织，同理，政府是世界上最大的环保组织。他们接受公众的委托，对环境进行管护，对环境违法者进行处罚，对环境现状进行监督的评测。但这样不等于说，环保部门就该完全把耗费大量公共财政所得到的各种环境信息和数据全部私吞，据为己有，只供己用。这样既把过多的压力盖到了自己身上，也无形中取缔了公众全面参与环保的可能。

有时候觉得环保部门的人非常愚蠢，在环境保护最需要公众参与来给自己助威的时代，他们居然处处与公众为难，居然处处阻挡公众浪潮的席卷，居然处处把封锁信息当成最高任务。而同时，他们拼命向公众哭诉自己的软弱之处，声称自己是最没有权力的部门，声称自己是经常被GDP绑架和贿赂的部门。

他们不肯主动公开环境信息也就罢了，当公众依据《政府信息公开条例》向他们要求"依申请公开"时，他们居然回复公众说，这涉及企业的商业机密，因此要向企业请示；或者这涉及国家机构，要向当地政府主管领导请示。完全不把公众的权力放在眼里，完全忘记了自己本来就是为公众服务，完全丧失了政府公职人员的威严，完全成了黑心企业的看门狗。

环保部门的人还忽视了一点，公众本身才是"污染源普查"的最大力量。那些每天生活在污染和伤害旁边的人，他们每天都在记录发生在我们国家的"污染源信息"。因此，普查公报虽然笼统而乏味，但公众却能够读得津津有味，因为他们早已对环保部门丧失了信心，他们把更多的时间，投放到全开放的自然界中，追逐、提纯那些污染信息，并把它们一一记录在案。当每一个公众都成为公民环保专家、公民环境记者的时候，任何的"普查公报"，都再也入不了他们的法眼。他们心里很清楚，期待这些普查公报，其实就是期待另一场更让人绝望的伤害。

只是，有时候觉得可惜，我们的公共财政，又一次被以极其正确的方式，挥霍了。我们的公众，不得不自己去想办法，拿鼻子去闻，拿嘴巴去尝，拿身体去体验，拿生命去消纳，拿心灵去阻挡，去应对那些无处不在的环境风险和环境伤害。（2010年2月14日）

权力的自我降解

湖南郴州嘉禾的血铅事件，有消息说，当地环保局从2007年起，连续发了十一次文，才让粗制滥造兼粗排滥放的高污染企业关闭。看到这个故事的人难免发出一声叹息，同时也警觉地发现，也许你身边的环保局，也同样像嘉禾的环保局一样无能，或者说，堂堂政府环保部门，手持公众赋予的神圣权力，却快速在当地"自我降解"。

环保系统里估计生活着中国最委屈的一群人。每当代表公众自身利益的"环保公众"和代表环境利益的民间环保人士，责问他们为什么尽不到保护环境、处罚违法排污者的职责的时候，他们那张饱含辛酸的脸，会迅速扭曲和变形，含怨带恨地瞟你一眼，然后说："你不知道，我们是全中国权力最弱的一个部门，我们其实什么都管不了，我们经常做的事是承担本不应该由我们承担的责任。"

然后会掐起指头，一一给你算近二三十年来，环保人士替其他部门顶缸戴罪的事例。然后会告诉你，除非法律给予他们更强悍的权力，否则，这种权力尚未出门就自动衰减为零的现象，还会持续。

那么，按照环保人士的终极理想，他们该增强哪些权力呢？大概有三个方面。一是制服权，也就是穿上像城管啊、质检啊、公安啊那样的"国家制服"，环保部门原来是有过制服的，后来在制服整顿的过程中，被认为没有穿制服的必要，让一纸清理乱穿制服的命令给"扒"了。因此，如果能重新穿上富有威慑能量的制服，再配上枪支警棍之类，估计会对许多违法者形成强大的心理压力和生理攻势。

二是现场关闭企业并"贴封条"权。环保部门至今只有罚款的权力，无法在获取了违法排污者"确凿证据"之时，马上就断水、断电、封门、冻结帐户，让企业彻底丧失生产权。因此，环保部门总在幻想，如果能够在独立办案的过程中，以"迅雷不及掩耳"之势，把环境违法企业现场关闭，让这些企业的救兵无法发挥功力，估计，对"环境犯罪"的整治之刀，会比现在要强硬。

三是环境伤害与健康伤害之间的关联权。数字技术的普及，检测技术的普及，实际上已经让环保部门有了强大的技术能力，他们完全可以在全天候的条件下，实时察觉并定位全国各地发生的环境伤害事件。但有意思的是，环保部门现在最害怕的是公众要求他们说明污染排放与身体伤害之间的关联，他们要么说当前没有能力研究，要么说有可能这项任务国家没有明确归他们管。因此，除非政府明确把这项任务交待给他们，把这项权力张贴到他们的体制机制内，他们才可能担当起责任来。否则，在当前，这事儿他们是不敢接管的。

细细琢磨一下，这三项权力真的是非常有必要的吗？或者说，环保部门当前缺乏的这三项权力，就只能在政府系统内，任由其他部门压迫和"降解"吗？

其实不然，环保部门可能忘记了自身能量的最大来源。作为公共服务集团的一部分，环保部门的服务对象应当是公众和生态环境。如果环保部门真的以生态健康和公众健康为第一服务目标，那么他们完全可以随时从公众身上汲取到能量，他们完全可以从公众身上借鉴到智慧，他们完全可以从公众身上找到抵抗"环保能量降解"的增持器。可惜，环保部门经常忘记了人民公仆的责任所在，经常把公众当成环保的敌人，把公众当成环保的绊脚石，迟迟不愿意把真实环境信息透明、诚实、公正地开放给公众，迟迟不肯学着从公众身上吸收环保能量；刻意地让公众长期处于被欺骗、被侮辱、被伤害的状态，存心地让公众受了伤害而不知情，故意让公众发现受到伤害后求告无门、解决无望。

其结果自然是环保部门的正当能量永远无法雄起和释放，其结果是公众永远对环保部门保持怀疑和警惕的心理，其结果就是公众在心里根本没把环保部门当成有环保能力的部门，其结果就是公众已经把环保部门唾弃。一个部门得不到公众的支持，自然，也就很自然消解了本应强大的权力。

因此，在全国各地频繁发生各种污染伤害事件的时代，环保部门要做的第一件事，就是诚实地按照《政府信息公开条例》，把环境信息准确、真实、及时、全面地开放给公众，把环境伤害的所有后果迅速地透露给公众知晓，时刻站在公众与环境的立场考虑所有问题。这样，公众才可能与环保部门的人合成一条心，随时给他们保健进补，随时帮他们撑腰增能。这样，环保部门的"权力"才会越来越强大，环保部门的脸色，才会越来越红润健康。(2010年3月24日)

观察·阅读·思考

如果登山者也能观鸟

我在"京师大学堂"的时候，参加过两个社团，一个是北大山鹰社，一个是五四文学社。宿舍里有的同学参加学海社，有的参加北大剧社。大家各有喜好，各有奔头，晚上睡觉前偶尔聊起来，都觉得自己所在的社团颇好，同时难免也慷慨一番，向同窗大力引荐。

山鹰社周末有"游山玩水"的活动，有活动时带上同学参加，是很自然方便的事；如果在训练时，正好熟人路过，带着一身装备与其闲聊，目光或者神情中甚至掺有难以抑制的某种得意。当然这种得意是浅薄的，因为熟人也许会就地放下自行车，一试身手，发现其体力，比我等这些先入会者，身体更加的强壮、灵巧，心理更加的稳定、善变。于是乎，赶紧放下盘碗，挤挤座位，腾出空白，邀请列位好汉大哥入座叙话，斟茶言欢，劝酒夹菜，直到慢慢地诱其入社而止。

十几年之后，老队员们自然都已经工作在身，不少都是时代俊杰，占据着显赫的位置或者拥有着显赫的收入。老面孔们经常一起爬香山，一起喝茶跑步，一起在网上闲扯和玩笑，交往甚至比以前更加的频繁。

2003年之后，迷上了观鸟，才发现，观鸟正在成为一种全国性的文化热潮，全国许多城市都有了观鸟会，北京观鸟会的活动甚是频繁，成千上万的人因为观鸟而开始体悟到自然界的博大深邃。一两年下来，我不算很专业，更不敢说把中国的鸟谱搞得透亮于心，但有些东西就像"传销"似的，你感觉到美的，你总想赶紧告诉别人，虽然于自己本身，也只是刚刚浅浅地尝到个中的生鲜滋味。有一天在香山的防火大路上，往望京楼走，因为观鸟，胸前多了望远镜，背包中多了《中国鸟类野外手册》，目光中除了山川树木，还多了一种对各种飞掠之体的欣赏和识别。在山路的一段拐角处，听到一阵"扑棱棱"的声音，循声望去，看到一树的金翅雀。心中激动之余，回身一看，同行的老朋友们，已远在几百米之外了。他们是一心一意爬山和在行路中交谈的人吗？

心中由此涌起一阵强烈的弘愿，想把老朋友们，新同事们，旧亲戚们，个个都介绍到观鸟的队伍中来。于是一路美滋滋地想，如果登山者也能观鸟，那是多么便利的事；而观鸟者如果也懂得登山，或者说有更多的户外经验，在野外进行观鸟活动时，也会避免出现笑话和大惊小怪。其实延续着想开去的，还有更多，比如如果香山的管理人员能够观鸟，比如香山的捡拾垃圾者也能观鸟，比如学林业的大学生们也能观鸟；比如观鸟的人也能同时观察植物，比如爱好自然的人，同时能深刻理解那些被自然界所拥抱的农村，比如学水电工程的人，同时学点生态知识……那该多好。

很多误会都只是因为互不了解而产生，而互相间不肯了解，除了专业本身的持续向心力导致人们无力兼顾其他之外，可能还有一个原因，就是我们对于知识，其实怀有一种深深的恐惧。在谋生功利性的照耀下，知识或者说凭靠教育历险各阶段所采买的教材，足以让一个人获得稳定的职位之后，可能就会突然地变得生疏和可笑起来。更多的人把心思用于对人事的观测和度量，同时努力积攒各类所谓人际交往的智慧，而忽略了持续的客观知识、修养型知识、陶冶型知识的汲取，自然也就少了横向交流的渴望和本能。我总在想，有那么一些人，其实对知识本身是厌恶的，只要能够顺畅地活着，知识可有可无。如果学点知识，不能够靠铁心狠劲地冲刺那么一阵就可以通关，而必须一辈子为之殚精竭虑的话，我想很多人宁可放弃。

其实说起来我对于鸟类，也是根本不了解，这跟是不是文科生好像没有关系，我想我即使学的是理科，甚至我学的是生物系，也可能不关心鸟，除非我的专业正好是鸟类专业。上大学前在农村生活，可村庄中一年四季飞来飞去的鸟，其实不认得几种，唯一的可能就是依赖那些放枪的人、上夹子的人、挖陷阱的人，他们有所抓捕时，会挤在大人堆里瞧上那么几眼。当时即使看见了，也只是看见它们的血和肉，想到它们煮出的汤汁和飘出的肉香，至于皮毛花色个体性别和科属，是完全的不关心和不理会。后来在山鹰社的办公室，翻看刚刚可攀登完慕仕塔格峰的队员们拍的照片，其中一张有那么几只"乌鸦"，可一看嘴是红的，当时的队长说，这是"红嘴山鸦"。这个词能够记到现在，也真是万幸，因为前两天在云南迪庆的松赞林寺，看到几十只的红嘴山鸦在我面前飞舞。而此时我回身转视身边的同行者：有几个看见了此物并为之兴奋？

可我就健全了吗？我的视域中，除了红嘴山鸦和窜来掠去的麻雀，也没有看到更多的丰富和繁杂。而同行者目光里的世界，显然也不见得就比我的单一浅陋。那些让他们喜悦和感动的知识，可能正好是我的漠然；那些在他们面前显得异常突兀的知识，可能在我眼中甚至是了无一物。人与人间的这种分野，一时让我百感交集。我在想，要是有一种方法能让知识很好地互通有无，不需要刻意的设置和翻译，就能够实现分享，那该是多么好的事情啊。

　　然而我并不因为一段时间来的深度参与，而收受到诸多的"知识喜悦"，就有了"知识普渡"之才能。我甚至因此变得谨慎起来，好像观鸟是一种让人羞愧的事，是有罪过的事，是让人觉得荒谬的事。招朋拽友的愿望因为这些情绪的影响，时常地变得踌躇。几度踌躇的结果，就是口角生风目光闪烁手势翻飞的传讲很少出现，而笨嘴笨舌、支支吾吾、吞吞吐吐欲言又止欲止又愧的时候居多。虽然当心中喜悦充盈时，那种想让天下人都关心鸟，都观察自然，都掌握更多知识的意愿是那么的强烈，以至于有时候甚至涌起在全国各地办鸟类知识传播班、把全国各个有鸟的地区都发展出一个个观鸟社团等诸如此类的妄想，然后又在这些妄想之上，搭建诸如让每个人都成为博物学家、全能知识者、终身学习者这样更荒唐的痴狂之幻影来。（2005年5月）

如果登山者也能观鸟

在"态度"与"目标"之间两难

2007年1月17日，北京地球村环境教育中心主任廖晓义，发表了"辞去中华环保联合会理事职务的声明"，她在信中对"中华环保联合会理事会"说："很抱歉刚刚获悉中华环保联合会关于金光集团APP中国林浆纸一体化调研报告发布。我认为对于这样一个有争议的项目，中华环保联合会至少应该征求全体理事的意见。作为该组织的理事，我在事前未被告知的情况下，得知中华环保联合会不仅于2006年12月20日发表了《中华环保联合会关于金光集团APP中国林浆纸一体化调研报告》，而且为APP集团颁布了'中华环境友好生活用纸'奖，我为之深感不安。由于本人对金光集团APP在中国推动林浆纸一体化项目建设进程中出现的有害环境的行为强烈不满，和对《中华环保联合会关于金光集团APP中国林浆纸一体化调研报告》持有不同意见，作为中国环保联合会理事，本人郑重声明退出中华环保联合会理事一职。"

中华环保联合会似乎一直没有回应。就在声明之后的不几天，我又有机会与几个朋友一起，在整整一个下午和晚上，聆听了廖老师关于中国环保出路的一些新见解。就在全体听众如痴如醉之际，她突然提到了这封信，她说："人们设计了WTO规则，结果让全世界进入金元时代。企业帝国的能力有时候比政府还要厉害。因此，我现在有意识地淡化这件事。因为没有必要，大家都有困难，与其为了一些小事情发脾气，不如冷静下来，设计更有效的改良方法。因此，信发出之后，很多媒体想来采访，我都谢绝了。"

我对她的态度颇为赞赏，对她表态之后的"与目标协调术"我也颇为认同。在此，我无意去评论中华环保联合会有没有资格给一家企业颁发"中华环境友好生活用纸奖"。我只能说，金光集团的社会公关能力，又一次让我恐惧。由于个人的工作原因，这几年算是领教了不少来自这家企业的明招暗招。几次都是我大败而归，虽然这些败仗于我起不到太大的胁迫和恐吓作用，无法让我改变衡量这家企业的目光，只会让我更加坚定。但是，很多招数确实是非常有效，对此我很乐意佩服。假如我是一家企业老板，我非常愿意屈身到金光集团当实习员工；假如我是一个省长，我很乐意组织全省的企业都分期分批分级别到这家企业取经。

The

多年以来，中国的环保组织经常在许多事件上少有表态。原因并非大家没有能力和意愿，而是很多人已经认识到，表态虽然容易，但以建设性的姿态，把项目做成更难。虽然环境形势一天比一天危急，但是，在中国做事，必须采用"和平贴近"的方法。一家环保组织的负责人说："环保组织最大的理想，就是自己的业绩被政府所'掠夺'。因为这表明我们的工作有了成效。26度空调行动、国际无车日行动，似乎都佐证了这一点。"

话说回来，中国有太多的人还沉迷于表态之中，以为表了态就能解决问题。或者说，不表态就表明你的气节上有亏损。

在自然大学项目的实践过程中，我对"表态"与"目标"之间的两难，有了新的认识。

因为要推进"自然大学项目"，"当地人解决当地事"，就得考虑筹款问题。这时候难题是很明显的："如果金光集团给自然大学项目出钱，全面支持，我们怎么办？"

这里面有两重困难，一是我原来一直反对金光集团或者说中国所有的造纸集团（生态伤害和环保污染集团），采用"砍天然林种人工林"的方法获得造纸原料。而自然大学项目最初的想法与我有关，虽然随着项目的进展，我的作用越来越弱。但这仍旧挡不住许多有心人，以为我是个预谋心非常强的野心主义者，为了自然大学能够实现，不惜从几年前就开始与金光集团争斗；然后，为了借环保项目生财发家、沽名钓誉，不惜在一开始就大量的铺垫工作。

第二重困难就与中华环保联合会类似。有个环保组织负责人说："目前工商局并没有取消这家企业的资质，因此，它就算正当企业，而一家正当企业，愿意把它的所得，拿出来资助环保，我们当然要接受。虽然有些企业在经营过程中，既不环保又不慈善，对员工也很恶劣，但是，毕竟'购买慈善'也算是一种补救措施，至少比不出钱要强。"

很多人已经认识到，"中国劳动力价值便宜"，可能是个虚假的、欺骗性很强的概念，因为中国的管理成本很高，人与人之间的内耗成本很大，劳动生产率很难进行正确计量，而这些都要折算成"劳力成本"。中国之所以成为"世界加工厂"，其实是原料便宜、不必为生态负责，也就是资源的定价与环境的定价太低，企业不需要为环境污染和生态伤害付费，也没有能力将环境成本纳入到产品成本中分摊给消费者。产品中既缺乏资源的正确价格，又缺乏环境伤害的修复和补偿价格。因此，假如非要说劳动力价格便宜是成立的，那么只能说明企业不但在盘剥资源和环境，而且在压榨劳工。在这样的条件下，一家算得上慈善和环保的企业，首先应当在生产过程中，对员工友爱，对环保友好。如果生产环节都恶意或者严重破坏自然、伤害生态，事后拿出再多的钱用来支持环保，有什么意义？

因为自然大学项目是要在"自然之友"立项的，初期要与其"ESD-C"（可持续环境教育）网络项目相兼容，因此，项目的筹款原则自然也就要与自然之友的原则相兼容。在拜访自然之友时，讨论到筹款原则问题，自然之友负责人李君晖举了个例子，她说，自然之友曾经推掉了杜邦的一个合作计划。当时，杜邦有一个项目，想委托自然之友来做。自然之友对企业支持环保一向较为谨慎，对其的"赞助资格"要求颇高。企业必须在生产经营过程中做得较为纯净，在环保表现上较为朴实，在社会形象上较为良好，才行。"当时我们搜集资料时，发现'杜邦中国'各方面都没有什么问题，有些方面甚至做得很好，比如它与国内某机构合作，每年颁发一次'杜邦环境奖'。唯一的一个小问题是它的全球公司，当时正好发生了一件小事，这个事件有些地方与我们的要求不太合拍，因此，我们就没有与杜邦进行合作。现在社会对环保组织'监控'很严，稍有不慎就招来指责，公信力就会下降，而环保组织生存的最大要素，就是良好的公信力。筹款不容易，要会坚持原则，就要敢于拒绝。但希望还是有的，有时候，人家给大笔钱你不领情；有时候，人家不给你却拼命想办法讨。只要你敢坚持，你的要求越高，合格的企业、活跃的企业总会出现。有时候，它们就在你意想不到的地方，出现在你预料不到的时候。"（2007年1月）

挣脱人类私欲

《难以忽视的真相》显然有成为畅销书的品质，因为它图文并茂，照片令人震撼，文字富有感情，符合读图时代的挑剔目光。《难以忽视的真相》还有作者阿尔·戈尔多年的演讲作铺垫、同名电影掀起的风潮，有中国环保界人士的热烈传诵，有传播界有心的扶持。在中国环境恶化到如此令人揪心的时代，在全民谈环保的时代，在社会由自私向半公益过渡的时代，如果这本书还没有得到市场的热宠，那么我们真的不知再有何面目去见周天子与唐太宗了。

戈尔把个人的经历与时代的苦难紧紧地糅合在了一起。曾经的美国副总统，今天多家企业的顾问或者总裁，对国家环境责任推动最用心的政客，1992年就写出了《濒临失衡的地球》这样的环保书籍，让这本书又多了几份动人的品质。它是专业的，因为戈尔也算个环境学者；它是饱含感情的，因为环境与个人关系密切到你无处可逃；它是我见过的"带知识的感情"与"带感情的知识"的上佳的对应之作。

美国人有时候是好的，因为他的每一个公民的一生，起承转合、顺潮逆流，都取决于个人的意愿，既可以出将入相，又可以从商务农，既可以站上七尺讲台，又可以林中漫步自由遐想；既可以激流勇进也可以激流勇退。一个人一生的"工作多样性"、"体验多样性"远比中国人来得丰富。而中国人过去相对僵化，一个人不是守着某种单一工作辛劳一辈子，就是单贴着一块私耕地"埋头拉车"一辈子。这种方式容易让人保守，让人粘滞，让人在摆脱个人自私、家庭自私之后，又陷入地域自私、领域自私，总究是很难快速"社会化"，难以适应公益时代和环保时代的要求。

人类经过了几千年的历史，肢体的进化似乎不再明显，但有一个进化却是明显不过的，那就是个体的社会性越来越强，人类一层层地挣脱了各种"自私的枷锁"。中国封建时代的政府是自私的，或者说自私成份高于公益成份的，虽然偶尔有明主贤君，为了百姓利益而压抑个人喜好；虽然有些大臣名将，为了国家公益而奋争力斗，然而，"家天下"的组织体系，终究让太多的人沉迷于私欲的表达而难以自拔。近一百年来的中国，一直试图往公益型社会上攀援，长征能够胜利，革命能够成功，社会主义能够百折不挠，我想有一个原因不容忽视，那就是我们的理想，是为了纯粹的、宏大的公益，为了人类的民主，为了世界的和平，为了每一个人的平等和自由。

然而，当全世界开始沉浸在人类自身社会形态的改良取得了相当成就之时，当人类欣喜于诸多卑鄙的私欲正遭受越来越多人的蔑视之时，人类发现了另外一起"压迫与反压迫"的形态，那就是人类与自然的关系。这也许是人类最后一层私欲。这是与人类粘得最紧的私欲，这层私欲如何去除，考验着全人类的智慧和心力。

个人自私、家庭自私是没有止境的，永远有无数的欲望在嗷嗷待哺。与其迁就这些欲望，不如适可而止，甚至有意识地克制、压抑一些过份频繁的欲望。人类至今仍旧还以迫害、毒害自然为能事，因此，全人类都在面临一个共同难题：如何共同进入改良人类与自然关系的时代，以高扬人类的社会性、公益性。如果说过去人类只是个体、家庭、家族、乡村、省份、亲友同学同事而活着，如果说一百年来，不少人为了人类的公益而奉献了生命和热血——不管这方式是革命的改良还是政治改良或者商业改良、技术改良；那么，今天，人类共同面对的，是如何纠正过去几千年来对自然界的迫害问题。

每一个人都在迫害自然界，当前的形势是：人类对自然界的伤害力远大于人类的改良能力。也正是这时候，如何摆脱人类自私，如何向自然奉献公益，成了全世界的"行动难题"。自然界有许多显性的破坏，比如人类的大量生产生活排泄物毫不处理就直接赠送给自然；也有许多隐性的，比如湿地的占用、草原被农耕、天然林地被砍伐替换上人工林、城市的大树被砍倒"种"上楼宇；还有更隐性的，比如二氧化碳大量排放破坏温室气体的均衡，比如氟化烃破坏臭氧层，比如乱扔塑料袋、电池浪费了大量的资源。环保必须有前瞻性，戈尔的书讨论的是更加隐性的问题，社会更加无法直接感知和对应的问题，社会可以因此而有意无意地逃避的问题。虽然这个隐性的问题已经如此明显，虽然试图逃避的人已经无缝可钻、无地可入。

中国人当然也感觉到了这些问题对自己的生命、对自己所居住的国土、对自己未来子孙、对身边的自然界所带来的显性影响。中国人也纷纷表态要尽其所有来与全世界人民一起阻止生态的恶化。

中国当前环境形势严峻，环保问题成了车子、房子、孩子、票子、位子之外的的容易被人提及和热烈谈论的"桌上话题"。然而大家谈得往往不着边际，因为缺乏具体知识，缺乏对应的行动着力点。容易谈的，往往是政府的腐败与环境恶化之间的必然关系；容易谈的，是企业家黑心与民众无奈之间的悲伤；容易谈的，是环境改良的剧烈需求遭遇个人的强烈无力感；容易谈的，是对过去的灰心与对未来的奢望。

中国人把太多的环保责任委托给了政府。如果没有政府的出面，民众似乎都能够苟且偷安。环保的力度本来就是由外而内的，先是某些民众，比如科学家、文学家的技术确认和心灵感受；然后是更多的"社会边缘人士"的共识；最后再影响到时代的决策者，包括政府官员，包括商业管理者；最后，又反过来辐射到每一个生活的"决策者"，也就是每一个人。目前，我们的环保危急感进入到了哪个圈层了呢？许多人相信，政府已经感受到了环保危急的热力，政府正在作出改良方案，政府正在引导民众应对危机。

如果你走遍中国大地，你会发现，有太多的人还是沉迷于高污染高排放的企业行为方式，中国的各个区域政府并没有把节能减排乃至生态改善当成地球公民的应尽责任，中国有太多的地方由于没有受到来自上面的压力，而只讨论二氧化硫不涉及二氧化碳，只讨论笨拙被动的污染防治而不讨论主动调理的生态修复。看到这些情况，有时候难免令人怀疑：环境的改善，真的是可能的吗？

因此，全世界的民众都像戈尔一样，经常陷入一种绝望之中：民众眼巴巴地看着政府，希望政府出面来主持公益，因为政府是社会公益的主要"起动源"，而政府出台的许多决策，仍旧让人看到了太多的自私、狭隘的因素，过去是照顾"帝王家族"的利益，后来是照顾党派利益、商业集团利益、太子党利益、社会精英阶层利益，即使全面照顾了全体公民的利益，也是以践踏自然的利益为基础的。当今天，自然需要人类作出改良的时候，人类需要人类作出调整的时候，我们仍旧沉溺于各种类型、层次的"人类私欲"不放，仍旧缺乏全球眼光、缺乏生态文明眼力，缺乏大公益眼光，自然改善的"拐点"，何时能够到来？

因此，尚未启蒙的人，需要读一读《难以忽视的真相》而惊慌失措；稍涉环保的人，需要再读一读《难以忽视的真相》而给自己赋上更多的能量；通识世界环境危急现状的人，需要把这本书，传播给更多的身边亲友。而所有的人，不管是主动还是被动，不管是为了应对政绩还是为了炫耀能力，都请行动起来，从"节能减排"入手，为改善环境而作出微薄的个人努力，从显性问题着手，逐步向隐性问题进军。这大概才是人类表达其公益才能的唯一通路。(2007年8月)

江河面临的何止是污染

水是人类生活中最容易被感知的物质体，也是人类伤害之后"痛苦相"表现得最清晰的物质体。中国今年发生了太多与水相关的故事，包括太湖、滇池的污染，包括许多城市饮用水源告急，包括西南山地水电开发正在把江河彻底剁碎，包括各个流域高强度的"航运经济"、"化工产业园区"，让江河面临进一步崩溃的危险；包括国家环保总局发出对长江、黄河、淮河、海河"四条大河"进行"流域限批"禁令；包括有关部门欣喜地宣称，今年中国向水体排放ＣＯＤ的势头开始减缓。

无论听到什么有关于水的消息，我都在想，中国的江河，除了面临污染，还面临更严峻的生态保护问题；中国人除了面临挣钱能力的考验，还面临"水自然保护"能力的考验；中国人除了面临生命的意义的追问，还面临"水伦理"、"水道德"的追问；中国除了面临民生、平等这种"人与人之间的问题"考验，更面临如何做好环境保护的这种"人与自然之间的问题"的考验。

有一次，我到著名自然保护组织"保护国际"的中国区办公室里，讨论有没有可能调查一下中国高级饭店，尤其是获得了国家旅游局颁发的"绿色旅游饭店"、"金叶奖"、"银叶奖"这些高规格的行业生态奖的饭店，里面是否在暗中销售野生动物的问题。当时，这家自然保护组织的负责人拿出好多份报告，告诉我，中国的水生野生动物保护情况是最严峻的。水生野生动物归国家农业部管，然而他们保护处里才三个工作人员。中国人吃鱼翅的恶习亟须扼制，然而国家目前尚无相关明确的法令"不许吃鱼翅"。在神圣的海关，过去鱼翅是与鲨鱼的肉一起报关的，因此，我们的守关人员，甚至难以从他们的眼皮底下，从那些"进口"数据中，得到确切的年度鱼翅消费数据。

绝望之余，话题接着又转向了"龟鳖"、"三十年野生甲鱼"和"人工驯养娃娃鱼"这来。这家自然保护组织前不久在广东一个公然叫卖的野生动物市场做了一次调查，他们在市场上发现了三十多种野生的龟鳖类（全世界才四十多种），调查人员现场目睹了一次"鲜活点杀"，被杀的就是野生动物保护红皮书上的一类物种。然而根本无法叫停，因为这个物种是从国外"进口"的，中国的动物专家甚至都无从认识和定位。

野生甲鱼在中国人的饮食思维中，备受推崇，因此，稍有身份的人，吃甲鱼，一定要野生，你越尊贵，越"政府"，端到你面前的甲鱼的寿命越长。在高档杂志上做各种软硬广告的高档饭馆很清楚，中国的野生甲鱼实际上已经迹尽灭绝，他们做这种宣传，倡导"吃一条少一条"，正好符合某些人追逐虚荣的阴暗心理。

2004年，有关部门出台了《野生动物驯养法》，扩张了野生动物的驯养范围和销售许可之后，有很多人就打上了驯养娃娃鱼的主意，于是有些飞机的杂志广告，就号召人们吃去娃娃鱼，北京一家存身于五星级饭店的馆子里，还在大堂明档摆起两条巨大的娃娃鱼，诱惑人们的嘴和心。自然保护组织的工作人员说："我敢肯定这两条是他们费尽心力搜罗来的。他们说使用的原娃娃鱼，是伤残的，可是我们很清楚，中国的几个娃娃鱼保护区，即使是保护人员，也很难在野外的溪流中，看到野生的娃娃鱼。哪里来的那么多'伤残'品成为他们的养殖苗种？而且，按照娃娃鱼的养殖技术，养到这么大，根本卖不出成本价，养殖公司肯定赚不到钱。我怀疑这里面有人在钻空子，把搜捕来的天然娃娃鱼说成是养殖品。"

我的家乡在福建的农村，每年回家，我都要观察家乡的山水在发生着什么。村庄周边的丘陵，"森林覆盖率"仍旧很高，但已经成了"寂静的空林"，因为在二十年内，天然林在全部村民的巧手和勤劳下替换成了人工林和果树林，因此，鸟类、兽类、菌类早已绝迹。家乡的水，也成了"死寂的空水"。种水稻的田里，本来有田螺，有泥鳅，有黄鳝，有草蛇，有被叫成"王八"的鳖类，有好几种蛙类，然而，现在什么都没有了，因为每天都有人巡查这些稻田，看到任何可捉之物就迅速抓走。小河里，原来有各种鱼，现在也什么都没有了，因为这条河一年要被人用特制的毒河药物"毒翻"十几次，毒还不够，还要用电鱼器去翻查河道的最隐秘、深沉、拐曲之处，任何一种河流里夹藏的生命，都不再有可能生长。河流看着好像仍旧流水清清，然而，他们的下面，已经无法哺育任何生灵了。

长江、黄河、淮河、海河也同样面临这种问题。对这些滋养中华文明的大江大河来说，他们面临的也不仅仅是污染。在人们贪野味、求天然的今天，即使没有污染，也一样需要"流域限批"，要把人类伸向河流的各种魔手，及早地剁掉。长江素称"黄金水道"，繁忙的交通是河流生命灭亡的更大"起动源"，白暨豚的灭亡，除了污染之外，也是因为船的噪音干扰了他们的声纳系统；黄河，如果没有那么丰厚的泥沙，早已成为死河，而如果两岸人民不克制向黄河取水的愿望，改良生产方式，黄河也会成为一条死河；淮河、海河是中国目前受污灾最深的两条河流，然而，想像一下，如果这两条河流还清了，它们也仍旧没有生命，仍旧只能做"景观用水"，因为有无数的鱼杆、毒药、挂网在周围等待良机。

今年，我也算是走遍了大江南北，每到一个地方，我所看到的水形势都不容乐观。被污染的，仍旧在被污染；尚未被污染的，则全都是片片空水；落差大的，全都被引去发电；落差小的，则淤积在某个洼处，散发出难闻的臭味。

中国的生态保护，早该从笨重的"污染防治型"、"事后指责型"，走向"生物多样性保护型"和"前端控制型"；从低级的"环卫层次"，上升到生态文明高度。否则，国家有关部门即使不停地"流域限批"、"节能减排"下去，也是无济于事的。哪怕对每一个人，都出台"限批"法令，捆起每一个人的手脚，堵上每一个人的嘴巴，以暴力手法除去人心中的种种破坏生态的恶念，中国的水生态保护，也还是难以有希望。（2007年12月）

环保人士引发了矿难

2009年2月23日早上，我7点起床——不算早也不算晚，坐公交来到了宣武区半步桥街。找家街边小店吃了早饭之后，时间已经快指向八点半了。

我急匆匆地向宣武区人民法院走去，因为9点钟，伟大英明、代表国家、代表公众的张博庭，与弱智无耻无知的《第一财经日报》记者章轲，就要在法庭上辩论一番。

章轲是原告，笔名水博、身份是中国水力发电工程学会副秘书长的张博庭则是被告。

我个人对法院一向是敬畏的，像所有害怕惹事的中国人一样，我一听到法律、一听到警察、一听到审判员，我的心就要哆嗦好几下，心智就要昏庸上好长一段时间。因此，在踌躇犹豫徘徊彷徨了好几天之后，我鼓足勇气，来到法庭，就是想聆听一下张博庭先生的教诲。

9点，庭审并没有开始，因为张博庭先生的委托代理人——也就是一家律师事务所的律师，一直迟迟不到。张先生非常焦虑，他给代理人打第一个电话的时候，对方告诉他还在天坛，因为这一天轮到他的汽车限行，因此只能打车，而该死的汽油居然降价了，因此大街上全是私家车，因此就发生了交通堵塞，因此他就得迟到了。

9点15分，书记员小李出来宣布，再等五分钟，否则对被告不够尊重。9点20分，审判员出来了，坐到他的位置上，宣布庭审开始。当然，张先生的委托代理人仍旧没有到。

原告代理人高尚涛律师陈述了章轲的理由。2007年10月20日，章轲在《第一财经日报》发表了一篇"水电开发该降温了"的报道，报道出来后，被张先生看到，他非常气愤，出于一个公民的良知，出于代表公众的本能，出于代表国家的职责所在，他在自己的博客上，写了一篇文章，叫"社会不需要无知无耻的绿色人物"，文章在六七处地方，直接认定章轲是"无知无耻弱智"之人。

　　章轲从这篇开放给公众的博客上读到这篇文章之后，当然也很生气，2008年1月25日，他到水博先生单位所在地的所在城区北京市宣武区，状告水博先生侵犯他的名誉权。

　　一年多之后，法院开始审理此案。在法院六层的19号法庭，章轲的代理人草草陈述了理由和诉讼主张。看到自己的委托代理人还没有来，水博先生就掏出辩护纸，开始了耐心的、旁征博引的、言之凿凿的批驳工作。

　　我赶紧在本子上快速地记录着。最后综合概括了一下，发现他的理由很是有理有据。

　　首先，他举出一些事实，证明章轲的报道有些数据与他作为一个水电专业技术人员所知道的数据不符合，因此，章轲就是无知和弱智的。

　　其次，他发现，章轲发表文章的前后，一年一度的绿色年度人物正在申报和评选，因此，他认定，章轲写这篇报道是为了哗众取宠，是为了骗取全国人民的欢心，是为了赚取"中国绿色年度人物"的美好荣誉——不久他发现，当年"绿人"评选结果出来后，这一年的绿色年度人物许多都"涉水"，因此，他就反推，当时章轲写与水有关的文章，就是为了"涉水"，就是为顺畅地成为"十大绿色年度人物"。因此，有如此野心的章轲是无耻的。

　　再次，他发现，章轲这样的记者，居然试图阻碍国家发展政策，居然敢对水电建设指手画脚，显然用心险恶。因此，作为一个负责任的专家，需要及时出场，给公众澄清事实，及时告诉公众章轲是弱智无知无耻的。他举了外交部发言人秦刚、文化部前部长王蒙、著名打假英雄方舟子等人的故事和案例，来支撑他的理论。

　　最后，他还发现，章轲在给法庭的申诉书中向他主张的10000元名誉损失赔偿费，是在讹诈他，因此，章轲是一个诈骗犯。

　　我带着无限敬仰的心情，花费了无穷的脑力，才粗浅地理解了水博先生巧舌如簧、以天下水电为己任的高深发言。一边记录一边试图理清他的逻辑和思路，我发现我非常的愚昧，因此，内心中悄悄起了一个念头，等庭审结束后，要找更多机会向水博先生更深刻地请教。我甚至涌起一个荒唐的念头，准备拜水博先生为师，请他教一教我，做人，如何做得既能够自如地骂人，又能够化身为公众和国家的代表，同时还能够存身于水电利益集团的大部队中，不引起、不允许社会的一点点质疑和提问。

迟到者有迟到者的理由，张博庭先生的委托代理人在张先生进行缓慢而修长的阅读式发言时，急匆匆地赶到了。张先生话音未全落，他就提出了两项主张，一是这是一个复杂的案件，因此，请求法庭改为走普通程序审理，不应采用简易程序；二是发现章轲的主张费用不清晰，请章轲重新说明和提交。

审判员说，好吧，我们回去向领导请示一下。他宣布休庭。让大家等待他请示的结果。

十多分钟之后，审判员请示完毕，他出来宣布休庭，领导同意改为普通程序，因此，按照普通程序开展的庭审时间，确定为3月6日早上9点。

在场围观、旁听的许多记者，都跑去采访章轲。我一看空档来了，赶紧到被告席上向水博先生请教。水博先生教育了我很长一段时间。我把它们整理归纳汇总提炼了一下，其精华大概是下面这些：

"我不认识章轲，对他也不感兴趣，当年我只是担忧他这样的人混入绿色年度人物的队伍；我还向国家信访办写了举报信，但至今没有回音，我觉得他们这样做有问题。但我并没有向绿色年度人物的组委会办公室举报，因为这是国家大事，'绿人'组委会不可能裁决。"

"你看新闻了吗？昨天的山西古交矿难？知道中国为什么有那么多矿难吗？是因为水电开发得太少，国家对煤的依赖太大，因此，水电上不去，矿难就降不下来。"

"你知道为什么水电上不去吗？是因为像章轲这样的'伪环保人士'的阻碍，由于他们的影响，中国这几年水电发展缓慢。但他们具体阻挡了哪些电站的开发，我不太清楚。"

"除了章轲还有谁是弱智无知无耻的伪环保人士呢？除了章轲还有谁想阻挡中国水电发展的国家政策贯彻执行呢？我知道的当然还有汪永晨这样的人。"

"中国语言非常丰富，每一个词汇都得有用得上的地方，而章轲这样的人，就适合无知无耻弱智这些词汇，这些词汇简直就是给他们准备的，或者说，他们就是给这些词汇准备的。"

"虽然他们与这些词完全对应，但我仍旧是比较注意的，我只在博客里随意性地这样说；我给一些报刊写文章的时候，我虽然也用这些词，但我会有更多的论据，大家看了之后，没有什么人出来反驳，没有什么人出来与我讨论，那么显然，他们觉得我说得有道理。"

　　"上法庭是向公众科普水电知识的机会。每一个行业都有向公众科普的义务，公众都是无知的，不给他们科普，他们就会被坏人利用。如果大家不听从我们做水电的人的科学意见，那么他们就会成为像章轲一样的可怜虫。"

　　"我是中国水力发电工程学会的副秘书长，我们的工作就是给公众做科普，举办交流会；我们代表的是国家的利益，代表的是公众的利益，代表的是科学的利益。"（2009年2月23日）

当科学家遭遇"无知公众"

前几天上了一次北京市宣武人民法院，去旁听一次庭审。原告是一位经常写东西的人，被告则是一位水电专业方面的教授。2007年10月，原告写了一篇稿件，里面的数据与这位教授所了解的数据不相符合，几天后，这位教授就在博客上骂这位经常写东西的人"弱智"、"无知无耻"，是"科盲"，是"可怜虫"。被骂的人自然也很生气，2008年初，他到法院起诉这位"有知教授"，要求法院判定被告侵犯了他的名誉权。

法院将近一年之后才开始审理此案，会对这个案子怎么宣判，笔者当然无法预知。这个案件倒是引发了笔者思考一个问题：当科学家遭遇"无知公众"时，到底如何对待，会更加令社会心生敬意？

近几年来，笔者一直也在参与一些"公众理解科学"项目，由此结识了许多不同领域的科学家。这些"有知者"与这位水电专家对待"无知公众"的办法不同，每当有人对他们的专业知识进行请教的时候，他们总是耐心地回答；每当有人在他们所熟悉的领域犯低级错误的时候，他们不是打骂相加，诋毁相随，时而认定对方弱智，时而认定对方居心不良；而是找上门去，把自己所知所识倾囊相赠；每当社会上有人在"表现无知"的时候，他们都把这当成最好的"知识传输口"，持续地引导公众领悟自己所在专业的精华所在。他们还总结出了一些规律：知识是要服务于社会的，知识是要与公众互相交换的；一位科学家身边围着的"无知公众"越多，他们的知识越富有穿透力，越容易及时校正自己的研究方向，越容易找出研究的突破口。

没有人生来就是专家，因此，所有人都曾经是"无知公众"；没有一个人能够掌握世界上所有的知识，因此，即使你在这个领域是权威，在别人的领域也可能是"无知公众"。知识是被社会不停地刷新的，即使你是这个领域的权威，你也可能落伍，你所掌握的数据也可能是陈旧的，你所高度赞赏的观点也可能是谬误的。

如今又是一个主动学习的时代，每个人都可能成为专家，每个人都有意愿了解其他领域的知识。笔者认识不少这样的草根型"科学知识爱好者"，他们在钻研一些与他们原先的"专业"完全不相关的学问，不一定为了有用，有时候仅仅是为了满足好奇心，有时候仅仅是出于一种学习的本能，有时候是出于一种改变自身局限性的愿望。

如今又是一个呼唤"公民科学家"的时代，那些已经率先成为"知识富翁"的人，无论多么有才华，无论多么权威，无论多么深奥，无论所在的领域多么重要，其实都承担着"传道授业解惑"的义务。任何"无知公众"都有权利从他们身上分享到这些知识。知识有一些非常有趣的特点：掌握的人越多，知识的能量越大；传播的方法越开放，知识越容易增值；传播的心态越开放，知识越容易引发共鸣。

生活处处是机会，知识需要与同行一起探讨，也需要与外行一起互动。知识传播的过程绝对不只对"接收方"有益，对传播方其实也有大量的益处。因为有时候，越是无知的人，越可能提出一些发人深省的问题；越是"有知"的人，越可能陷入封闭、保守、固执、自大。

因此，当科学家遭遇"无知公众"时，与其以自己"有知"为荣，与其看到别人"无知"就谩骂对方可耻，不如放下架子，敞开胸怀，打掉围墙，挣脱枷锁，热情地、主动地走到"无知公众"中间，与大家一起分享自己的喜悦和自豪，这样，"无知公众"才不至于与你为敌，而是乐于与你为友，你的知识也才可能成为社会共识。（2009年2月）

当最廉价的成为最昂贵的

最近几天，由于看到太多水电开发导致剧烈"水伤害"问题，我频繁地和一些人辩论：我们到底为什么需要保护水环境？到底为什么需要留存天然的河流？讥讽我的人、反对我的人、嘲笑我的人，往往都是认定环境保护可以等到"发展之后再说"的人，非常顽固的理由，就是两条，一是"发展经济一定得伤害环境"，二是"保护环境一定会导致贫困"。

我总是想用两个观点耐心地向这些人说教：一、许多地方的贫困，不是因为保护环境造成的，恰恰是因为不保护环境造成的；二、有钱了不等于你会保护环境，就像有钱人不一定会成为好人一样；穷人不一定不懂得审美，贫困不等于不想保护环境。

我与那些持发展决定一切的聪明人之间的辩论，还在天天上演，就遇到了水污染导致盐城全城停水的问题。一下子想起快两年前，太湖蓝藻爆发导致湖边多个"国家环保模范城"饮用水危机的事件。两个事件一叠加，你会惊奇地发现，也许江苏正在开创一个水污染的"江苏模式"。太湖所在的苏南据说是富裕的，因此他们的水死亡、河湖残废早了几年；蟒河所在的苏北据说是落后的，因此他们的水死亡、河湖残废晚一些——但也只是晚了那么一两年。

其实是同步的。饮用之水就是排泄之水。苏南与苏北，广东与黑龙江，滇池与巢湖，海河与钱塘江，辽河与长江，黑龙江与淮河，闽江与岷江，嘉陵江与雅鲁藏布江，其实都在死亡和残废的进程中。其实是同步的，挖沙与捕鱼，建坝与砍树，化工污染与造纸污染，电镀厂污染与皮革厂污染，农业面源污染与工厂点源污染，城市生活废水与农村养猪废水，"生态工程"与非生态工程，都在伤害河流，都在伤害水。

于是，最廉价的成了最昂贵的，空气成了杀人的空气，水成了杀人的水；于是最有情义的成了最无情义的，土壤成了板结僵化的土壤，树木成了"纯化生态"的格式化树木，河流摇摆在干旱与泛滥之间，垃圾发出的臭气正把城市乡村熏得手足无措。

这时候，我们才发现，也许我们该保护些什么，也许我们该监测些什么。因为你不保护自然可以，你至少要保护人类吧。可惜，不懂得保护自然的人，同样不懂得保护人类。否则，为什么在科技如此发达、经费如此充裕、人命如此值钱、经济如此发展的时代，我们的自来水厂，居然没有足够的水质检测设施？"查水基本靠鱼"，依靠检验员去"鼻闻口尝"？

环境保护部部长周生贤曾经把基层环保局难以保护环境归罪到"监测检测设施不健全"上，他在2006年年底的讲话中说："一些基层环保部门甚至不具备最基本的执法条件，难以为执法提供依据，发生了污染事故甚至要靠鼻子去闻。"于是，在2007年、2008年、2009年，连续看到环境保护部在加强基层能力建设，给许多县级环保部门购买了不少仪器和车辆，许多地方还花巨资建成了"在线监测网络"。理论上说，水质监测的技术能力，已经强大了很多。

而国家在2006年颁布的新饮用水标准，要求要对水质至少进行106项指标的检测；2006年的标准与1985年的相比，水质标准由35项增加至106项，增加了71项，修订了8项。按照道理，只要是饮用自来水的地方，即使不全面检测，至少基本的检测仪器的检测体系总是有的。因此，当你听说自来水检测也需要检验员去"鼻闻口尝"的时候，你也许会突然明白，对排到下游的水、排出身体的水、排出城市的水不关心的社会，其实同样也不会关心那些要进入身体的水，那些要天天被人用来洗澡、淘米、洗菜、娱乐的水。

当我们以为靠伤害自然界、污染所有的水，就能够获得发展，就能够得到健康的时候，我们本来应当怀抱疑虑，应当随时提醒和告诫自己：这个世界什么事都是关联和互动的，伤害别人同样是在伤害自己，伤害自然同时就是在伤害人类，间接伤害都会成为直接伤害，隐性伤害都会成为显性伤害。

道理都很浅显，许多话被印刷到无数的文件上，许多词天天挂在某些人嘴边，然而当现实扑面而来，当环境污染和生态伤害与经济发展称兄道弟、相伴相生，如一枚硬币的两面，如一句话里前后相继的两个词，如一个家庭的两个儿子，你就会发现，我们仍旧在虚情假意地做环保，内心里老是在盼望着盼望着："发展来了，幸福还会远吗？""有钱了之后，我还怕污染吗？"可惜，经常是"发展"的大脚尚未迈进大门，毒害的大脚已经抢先迈进来了；可惜，当你有钱了之后，污染变得更加恐怖，你对它越缺乏抵抗能力。

江苏盐城的水污染事件，或者说，全国每天都在发生的水污染事件，没必要问责政府官员，没必要问责环保部门，没必要问责水务部门，没必要问责化工厂，没必要问责自来水厂，没必要追究我们的发展模式，而是要问责那些在大地上纵横流淌的河流：你们为什么那么没能耐，稍微一点污染物就让你臭不可闻、毒不可饮？而是要问责那些无处不在的水，你们为什么那么娇弱小气，人们只是在你身体里加了一点点东西，你就不让我们饮用，不许我们玩耍，不让我们安宁？而是要问责那些在中华传统文化阴阳五行里负责生水的"金"——那些"黄金白银"们，你们已经如此富有，你们已经如此强硬，为什么不压迫自然界处处生出滋润人类"心灵和身体共同焦渴"的甘泉？

　　难道，我们得指望"检测单骑救主"？检测环节不能再允许有任何的空白，除了严厉，就是更严厉。也许我们该趁着"拉动内需"的巨大投资机会，把钱大量投资于检测事业，开始频繁地、细密地检测，依靠机器而不是依靠人来把关，信任机器而不再信任任何人。我们把所有的村与村、乡与乡、县与县、省与省、国与国之间的所有水流"断面"，全都装上检测仪。我们在所有工厂的排放口，都安装上检测仪。我们当然也要在所有自来水厂的引水口和出水口，也都安装上检测仪。这样，我们的水，才有可能"返清复明"。（2009年2月26日）

当最廉价的成为最昂贵的

达尔文，什么都没说

我敲下这篇文章第一个字的时候，正是紫花地丁马上就要出现在北京地面的时节。在一些家花爱好者的台架上的花盆里，甚至冬天也可能匍匐着紫花地丁，因为大家把屋子弄得暖烘烘的，紫花地丁和它们的朋友们，误以为这个世界春常在。

然而很少有人知道，紫花地丁开在地表上的花，大部分是假花，真正的繁殖过程，已经由地底的另一朵不开花的花完成了。这是植物保障遗传多样性和繁殖可能性的一种策略，是它们在大自然中"进化"出来的技能之一。

然而在中国，很少有人知道这个"秘密"。自然界至今对中国人是神秘的，令人畏惧的，难以捉摸的。对于中国人来说，热爱自然的方式，于花，是家里养着；于鱼，是家里养着；于鸟，是家里养着。要么就是在春天到"植物园"里去，要么就是在夏天到"动物园"里去，要么就是在周末，到"郊区"去；要么就是在春天来临时，去踏青——其实就是在刚刚长出花草的春野上，吃喝一通。

舍此以外，似乎就没有别的了。

大概也有养家狗的，也有养家乌龟的，也有养家蜘蛛的，也有养家蛇的。这些爱好与收藏钱币，收藏火花，收藏啤酒罐，收藏车模，收藏邮票相仿佛，不过都是些精神拐杖似的寄托。

中国有收藏家，却没有博物学者，中国有养花种草的人，却没有自然爱好者。

因此，中国没有达尔文，中国也不会有《物种起源》。于自然探讨的没有，于人类探讨的也没有：自古以来，中国很少有人想过要试着写一写政治理论、管理理论、法律理论、公共服务理论。从古到今，朝廷的运行，不是依靠半部《论语》，就是依靠半部《周礼》；而社会的运行，基本上就是依靠人类的本能欲望。

有人很希罕地说，不对啊，我们有中医啊。所谓的中医，不就是自然医学，不就是从自然界中配伍各种动物、植物、矿产、神秘之物的过程吗？而这个过程，如果不对自然物性进行仔细的观察和精确的剖析，怎么可能适配得那么的恰到好处？怎么可能"糊涂"、"混沌"得那么的精准？因此，不管你怎么样查证，中国历史上的所有中医，至少都应当是自然学家。

也许我该承认这一点。但是，中医是一种职业，爱好与兴趣如果沦陷到职业的程度，在中国往往意味着"发现的风险"，职业有其强迫性、功利性和封闭性，长于保守、沿习和固化；而博物学家，其实不能算是职业，而是社会的共同贴近爱好的本能，博物学家最重要的表现方式，就是志愿性、公益性和开放性，好探索、怀疑和否定。

但中国确实是奇特的，一项运动，在某个国家如果没有全民健身、公众参与、共同爱好的"群众基础"，那么这个国家按道理在这项运动的竞技体育项目上是不太可能产生世界水平的运动员的；所以，中国的足球、橄榄球、棒球，都不太行。但奇怪的是，如果我们细细数一下中国的奥运冠军，有许多金牌主所参与的项目，估计全中国最多几百号人了解。而且这几百号人往往是金牌主的第二梯队和第三梯队。也就是说，出于对金牌的渴望，出于对国家荣誉的贪恋，一项没有公众基础的项目，在中国可能封闭训练、封闭比赛许多年，产生了一个个让公众知晓后充满钦佩和误解的"世界冠军"。

因此，在中国没有公众型的博物学家，但中国却同样有研究自然科学的人，因为为了与科学体系相对应，也确实是因为自然界本来就需要有人去研究，值得去研究。因此，我们有研究物种保护的人，有研究宏观生态学的人，有研究自然细节的人。有人研究天鹅，有人研究丹顶鹤，有人研究雉类，有人研究蝙蝠，有人研究蜜蜂，有人研究蝴蝶，有人研究金丝猴，有人研究大熊猫，有人研究兰花，有人研究杨树，有人研究桉树——当然，也有人研究别人研究的论文和成果。

但是，自然界在中国人面前仍旧是神秘难知的，因为实际上没有人了解"当地自然本底"——极少数了解的人，成为知识专制者和知识垄断者；公众支持他们成为专家，但专家却似乎忘记了自己身上的公民科学家的责任。无论是城市的自然，还是乡村的自然，无论是经济用地还是自然用地，似乎都有科学家调查过，似乎也有相关部门的人在负责，但如果有一天突然有个公众想问一问身边的那棵树叫什么名字，他问遍身边所有的同胞，会悲伤地发现，没有一个人知道，也不知道去找谁当自然导师。

因此，似乎很简单的一个道理：如果普通公众不知道，估计世界上就无人知道，因为少数专家的知道，并不能算真正的知道。因此，中国当今最红的野生动物大熊猫，是在1869年被一个法国神甫发现于四川宝兴的山沟里；中国当今最喜欢炫耀的"特有物种"黑颈鹤，是1876年俄罗斯探险家普热瓦尔斯基发现于青海

达尔文，什么都没说

湖畔。然后，一百多年过去了，生癖的词汇变得凡常，从原来不入眼的物种变成明星，而对这些物种的生活习性，我们却仍旧陌生得很。知道"大熊猫"三个字的人不少于十亿，但观察过家门口蚂蚁的人有几个？掏过鸟窝的儿童有无数，但观察过麻雀和喜鹊的儿童，有几个？

读过《物种起源》的人大概不会太多，因为中国人不是个爱读书的群体——从古到今，中国人唯一愿意读的书就是教材，一本书一旦丧失了成为教材的可能，那么这本书的购买率一定会瞬间跌落。但如果你再想一下，也许，在中国，观察过至少一个自然物种的人，可能比读过《物种起源》的人还要少。

表面上似乎很简单的原因，因为观察自然没有进入考试序列，观察自然没有进入中小学课本序列，观察自然没有进入学生课表序列，观察自然没有进入家庭生活序列。因此，肯定会有人建议，要想让中国人观察自然，热爱自然，保护自然，很简单的办法，就是让自然教材化。想到此，人大代表会写议案，政协委员会写提案，有教育传播权的人，会对媒体发出呼吁，而教育部的文件柜里，也能真有那么一份草稿。

然而，真有那么简单吗？几千年来，我们教材化了许多东西，有哪一本教材上的知识真正进入了学生的心灵？有多少知识被学生们厌恶异常地抛弃？当学生的头脑成了知识过路机，那么这个知识有什么意义？当学生的心灵成了知识腐烂的仓库，再多的教材有什么用途？

因此，对我来说，我最想做的，其实就是自己先成为自然观察者，成为博物学家。因为我相信，自然面前没有专业，认知自然最需要的是情感，观察自然最需要的是毕生的持续。而我有这个意识是非常晚的，我不过刚刚起身。

自然界需要所有人去精读，而在中国，可能连泛读的人都很稀有。绝大多数人把自然界当成了一幅画或者一个概念，而不是把自然界当成人类最基本的知识联络通道。

而有许多人却是对自然充满好奇，而且肯把精力投放到自然认知的。达尔文一直是这样做的，华莱士也是一直这样做的，长时间志愿观察自然的结果，是他们几乎同时想到了"自然选择"，想到了适者生存，想到了自然进化论；而启发他们的同一本书，是马尔萨斯的《人口论》；而这样一本谈人口的书能够启发这两个人的原因，是他们一直都在持续不断地观察自然，积攒对自然的疑惑，贯通各细节间的沟壑，融通各标本间的共识。无论是在离家万里的海岛，还是在家门口的小路边，都在随时收集各种各样的"自然痕迹物"。然后，在二十年后的某一天，拿出一本自然生成之作。

　　有人说，观察自然需要富贵，因为环保是有钱人和有钱国家、有钱企业的事，而恰好达尔文是富贵的，因此，他能够做到这一点。不过，观察自然是一种志愿行为，就像恋爱一样，一个人有钱未必你会爱他，而另外一个穷人却可能让你心动不已。因此，用所谓的有钱来等同于观察自然，完全是推辞。中国从古到今也出现了许多有钱人，他们不但没有成为自然观察者，反而更加热衷于人与人之间的血腥斗争，热衷于官场上的杀人游戏。

　　何况，华莱士是贫穷的，其他的博物学家也有许多是贫困的。观察自然，与贫富无关，与知识水平无关，与国家的形态无关，唯一相关的是人对自然的态度，人内心里对有没有接近自然的愿望。

　　有人又强调观察自然要有专业技能。要观察自然，就得先上大学的自然专业，否则就不可能掌握相关"技巧"，就不可能入门和升级。可惜，达尔文的父亲要他学医——而他怕鲜血和死亡，要他学神学——而他最后怀疑"圣经是一部伪造的世界史"，都没有造化和机缘，而偏偏"学"起了自然观察，而偏偏"学"起了化石和地理。

　　因此，在自然面前人人平等，意味着你在自然面前有无数的机会。问题在于你愿意不愿意。而我们从古到今在做什么呢？我们是在把所有通向自然的门全都锁上，一遍遍巡视它是否牢靠，我们把所有的眼睛和耳朵全都缝合，把所有的责任全都推到街道对面。

　　同时，我们也就把所有发现自然的机会拱手相让，我们也就把与自然对话的所有乐趣沉入心底，我们也就把保护自然的所有勇气，全都迁出头脑。

　　在达尔文诞辰二百周年的这个春天，如果一个中国人真的想纪念达尔文，那很简单，不需要买他的书，不需要读他的书，不需要发表崇敬他、仰慕他、向他学习之类的誓言，因为对于一个不懂得观察自然的人来说，《物种起源》什么也没说，什么意义也没承载；只有有阅读自然能力的人有能力阅读这样的书，就像只有有阅读自然习惯的人能写出这样的书一样。因为一个人如果无法从自然界读到知识，那么同样，这个人也无法从书本上读到知识；就像一个不敢投身现实社会的人，永远无法成为真正的作家一样。(2009年3月12日植树节)

达尔文，什么都没说

高安屯

北京的垃圾处理业又向民心迈进了一大步。有消息说，朝阳区循环经济产业园区中的高安屯垃圾焚烧厂、北京金州安洁废物处理有限公司两家单位，开展了烟尘在线监测数据公示工程，将焚烧尾气的重要参数面向公众开放，公示方式为通过LED显示屏公开在线监测数据。

然而公众的疑心似乎并没有因此衰减，相反，变得更加的疑虑重重。这似乎毫无必要的疑虑让市政市容管理委员会的工作人员非常无奈，他们认为自己已经按照国家标准，作出了非常坦诚的表率，他们觉得自己已经实现了"环境信息透明"；至于公众说看不懂，那是公众水平太差。领域内的专家都有伪专家，都可能看不懂，何况，领域之外的"非专业人士"，看来公众生来就是要泡在不懂装懂的苦水中了。

要论中国的环境信息公开，其实好像是非常透明的，各地的政府和企业，其实每天都在公布水环境和空气环境的"实时数据"，然而公众总是不买帐，不信任，除了怀疑信息由政府或者企业主导，存在着制假售假公示假的可能性之外，更重要的原因，是公示的信息本身具有多大的价值。

以水污染为例，按照国家饮用水检测标准，应当检测106项指标；如果用这样的指标去衡量污水，那么污水中需要检测的指标应当更多而不是更少。然而，我国的环保部门，至今只轻描淡写地检测两项指标：COD(化需氧量)和氨氮。COD还不是具体的物质，而是"用化学方法把水体中所有有机物全部降解所需要的氧气量"。因此，水体中的这些有机物具体是些什么东西，你无法从COD中"理解明白"。而对于水体健康和人体健康来说，需要检测出来的其他物质，往往更为暗伏，风险重重——无论是病毒还是重金属。而由于我们的企业或者政府有关部门，没有去做检测，就让大家以为水体里不存在这样的物质，让大家对可能产生的危害丧失提防心；让受到危害的人，无法得到有效的法院证据。结果，一方面是环境天天在恶化，另一方面却是检测数据一天天在好转。那样的结果自然就是，你把水质王牌的COD和氨氮两项指标，公示得再准确，再勤劳，也不可能得到公众的"拥护和爱戴"。

空气也是如此，按照一些专家的说法，各种烟囱的尾气里，含着几百种对人类和环境可能产生剧烈伤害的物质。而我们过去只检测粉尘，后来只检测二氧化硫，现在只加上氮氧化物，至于公众最想知道的二恶英、重金属等"利益相关"物质，对不起，技术暂时无法达到，公众没有能力得知；对不起，这些数据属于企业机密，公众没有必要得知；对不起，这些数据属于国家机密，公众没有任何权力得知。

这几年，对于提升环境检测标准的呼声越来越高。这呼声大概隐藏着两重意思，一是检测本身要科学化和有说服力，即使你为了掩盖环境真相，长期只检测两三项指标，你也不能只检测一两个点位，你更不能把点位放到公园、上风口、水边等环境上好之地，而应当布置足够多的网点，检测足够多的样本，连续监测成百年上千年，然后才可能得到相对真实的环境变化的数据。二是检测的标准要严格。这严格有两重意思，一是得把"国家标准"加严，我国的污染物排放标准，原本有太多的"国家级标准"都太过宽松，似乎是为了故意纵容污染者肆意排污，以至于"达标排放"污物，到了环境中仍旧是罪大恶极；二是得添加公众渴望检测的指标，二氧化碳你可以认为不是污染物，但二恶英、重金属这样的与公众身心健康高度相关的物质，你总得把它们列入检测范围吧。

公众其实能够理解所有公示出来的环境信息，在这个知识四通八达的时代，任何一种知识都随时会被"无知公众破解"，建议专业人士们，及早放下那种"自己最专业，别人全无知"的想法，把你得到的所有信息和知识，都共享给与你一起生活在这大地上的人们，这样，才可能激发公众的智慧，一起探讨保护环境的最佳路径。在这时候，靠少数几个人闷头躲在屋里谋划，得出的方案再高端，公示出来的信息再透明，也是不可能得到公众的基本信任的。(2010年3月17日)

韩村河污水

北京房山区有个著名的村子叫韩村河村，大概在三十年来陆续涌现的各类"全国著名村庄"中，堪与华西村、南街村、藤头村这样的名村并列。20世纪80年代，这个村子的带头人（同时也是韩建集团的董事长）田雄，组织了工程队，开始在北京搞建筑，因为紫玉饭店工程一炮打响，从此这个一度被称为"寒心河"的村，成了京郊首富村，无数的荣誉飞奔而来，无数的福利送到了村民身上，无数的人慕名来参观学习考察取经。

几天前，笔者参观这个村子时，是为了采访这个村庄刚刚建成的新型采暖设施。在北京市发改委的支持下，他们花了2000万元左右，新建了三套采暖炉，用的是北京市正大力推广的、雄财新能源科技发展有限公司提供的最新生物质型煤炉具。这种炉子与传统的炉子有许多区别，一是"火从上面烧"，过去大家下意识地认为火应当从下面烧，结果烟从上面冒出来，进入低温区，带出许多污染物都飘散到大气中；改从上面烧，然后再把烟回绕到下面，待烟气上升时，正好遇上高温区，污染物都被烧掉了，因此，这种炉子几乎不需要烟囱。二是燃料不全是煤，而且拌有秸秆等"农业剩余物"，每公斤燃料的热值只有3500大卡左右，而一般的优质煤为6500大卡。三是燃烧后的炉渣，可用来作土壤松土剂，可用来作污水处理剂，可用作肥料吸附剂，也可再拌燃料重新回烧。

韩村河的水电部负责人很喜欢这种炉具，他说，别看我们村的农民都住在别墅里，但我们也饱受污染之苦。过去冬天一采暖，飘出来的烟尘，散落在各家各户的院子里，别说晾衣服了，就是冬储大白菜，也都不敢无遮无拦地放在外面。现在，用了这套炉具，烟尘没有了，因为都被吸收回来重新燃烧了，冬天的韩村河，一下子整洁了不少。

因为他是水电方面的负责人，笔者就有心追问了一句："那么你们村子有污水处理厂——或者说，污水处理设施吗？"

这个负责人愣了一下，说，我们正在申报这个项目，目前还没有开工。笔者本来想趁着余兴，去参观一下这个多年前的"社会主义新农村"污水处理如何运营的念头，就此打消。

本来以为，小康村一定是环保村；本来以为，富人一定最率先改善环境；本来以为，东部发达地区一定比西部更热心环保；本来以为，城市环保水平一定高过农村。但事实总在提醒我，在中国，一切都未必。

去采访一家门口贴着"花园式单位"的工厂，结果在这家工厂的后墙，看到了许多污水直排口，墙外的河流，早已成为死河。像方正集团这样著名的"高新技术企业"，其前几年高调收购的苏州钢铁厂，2007年仍旧被"中华环保世纪行"查实在大量排放高污染的、五颜六色的冶炼尾气，飘荡在苏州这个"美丽天堂"的上空。像浙江温州这样的民营经济发达区，整个城市却仍旧不重视污水处理厂的建设，企业在偷排，居民也在"偷排"。广东东莞，区域经济早已是全国的"百佳"、"十强"，然而，至今仍旧有大量的企业污水没得到很好的治理。

这些现象，都与韩村河没有污水处理厂，有着类似的、共通的原因。当许多人说贫困是乱发展、高污染的原因的时候，我们再仔细看看这些"富裕"之地，你一定会得出不同的结论；当许多人不假思索地认为，"落后"是不重视环境保护罪魁祸首的时候，我们再看看这些先进、发达、文明、高贵之所，你同样会得出截然不同的观点。

中国的许多企业都占有无数的荣誉，然而，如果用环保的眼光去衡量，几乎没有一个荣誉站得住脚。如果一个企业的环保没有做好，那么工会系统发放的"关注职工健康"方面的荣誉从何谈起？如果一家企业不注重污染治理，那么"治安先进奖"一定不可能得到，因为不仅是周边的社区会不满意，职工也同样有不满情绪。如果一家企业年年给国税地税上缴高额"利水"，那么得个"纳税先进企业"总是可以了的吧？可是如果我们用放大镜稍微看一看这些钱上面写着的"汇款附言"，我们会惊奇地发现，可能连钱本身都在抗议，因为这些钱每一分都可能沾着资源的血泪。

一个人具备一定的环保眼光，他的生活品质一定会提升，因为他看世界的方法有了质的变化，除了他心灵的美好度会上升，更重要的是他对美的欣赏能力更"贴近本原"了。前不久，我的环保评论集《环保——向极端发展主义宣战》出版后，中山大学出版社责任编辑对我说："以前我以为，只要种上了树，只要种上了花，只要种上了草，环境保护就很好了，城市环境就很好了，编了你的书后，才知道，砍树不好，种树也未必好，一座山光了不行，一座山上全是桉树、全是杉树，也可能不行；种花好，但如果全是外来物种的花，或者是从天然山上强行移栽下来的花，也未必好。现在我看世界，就和以前不一样了，以前觉得美的东西，现在开始觉得它们存在问题；以前追捧的质量好的产品，现在看来也许它们是环保不达标的问题产品；以前毫不犹豫支持的行为，现在再行动时，多少都有了些犹疑。"

其实，许多年来，环保主义者一直在试图改变大家看问题的视角，不敢说这样能够提升大家的"审美水平"，至少，让大家至少多一个评估现象的标尺。这样，公众、个人被欺骗、被误导、被蒙蔽、被损伤、被污辱的可能性，也许就会少一层。

我想，其实环保是给我们的眼睛武装了一个具有穿透力的光源。如果我们具备环保的眼光，看企业时，才可能一下子把这个企业的表现给看得最真切；看一个社区，也需要具备环保的眼光，这样才可能把一个社区看得最准确。看一个"先进个人"或者普通个人，同样需要环保的眼光，这样才可能了解此人的真实本质。

春节，正是大家兴高采烈地消费和旅游的时节，这时候，如果大家多少具备些环保知识，也许有许多消费行为，就不一定会像过去那样狂热；有许多原来一直笼罩在某些"美景"上的那一层黑气，此时会被你撕掉了"隔膜"的眼睛看得一清二楚；许多本来就是幻相的光环，会一下子逃逸得无影无踪。

从此，你心如明镜。

昆明出路

对于一片自然地来说，生物多样性丰富度高，这片自然地的"竞争力"就越大；生活在这片自然地里的人，文化多样性也就越繁荣。同样，对于一片"社会地"来说，社会多样性越丰富，这个区域的竞争力就越强。当今，"社会地"的最集中表现，当然就是城市。

按照一般人的理解，云南是全国生物多样性最丰富的地方。虽然云南省的森林覆盖率只有49.5%，虽然云南省的自然保护区面积只有全省总面积的8%左右（国家水平是15%）；虽然云南省已经有三年没有创办新的自然保护区，而把绝大部分精力都放在"调整自然保护区的功能区划"上，以便把更多的"好地方"拿来开发利用。因此，在一个具备自然保护眼光的人看来，云南的生物多样性丰富，可能已经是"过去时"，而不是现在时，未来会怎么样，谁也不知道。

生物多样性丰富度下降，会影响昆明市这个全云南最重要的城市的社会生态吗？我个人认为，二者是息息相关的。表面上看，一个地方的经济竞争力，比拼的是招商引资的政策优惠度，比拼的是交通、通讯、酒店、金融、商场等后端支撑体系的强壮度，实际上，真正比拼的是一个地方的"精气神"，比拼的是一个城市的健康度、美好度与纯洁度，比拼的是一个地方的文化兼容力和文化激发力。

自然生态的破坏必然伴生着社区生态的"水土流失"，当一个地方对自然丧失了敬畏之后，这个地方人的心灵往往也随之严重恶化。因此，有时候，昆明应当想一想，当地区域竞争力的下降，是不是与自身"社会美誉度"支撑能力不足有关。

滇池一直是昆明的一个污点，而昆明市内备受污染的"内河"，又何尝不是沾在昆明的脸上的黑油漆？拥堵的交通一直让昆明人苦不堪言，而由拥堵交通滋生出来的情绪恶劣和尾气污染，又何尝不在随时都把"客商"吓走？云南近年来频繁曝出的毁林、修坝、在世界自然遗产地核心区开矿的恶行，表面上让一些利益投机分子赢得了暂时的利润，其实，这让更多的真正想在云南发展、想以昆明为基地来延伸本企业业务的"客商"，悄悄打了退堂鼓，取消了偶尔兴生的"考察行程"。

那么昆明到底该如何提升特有的竞争力？我想应当从两个方面着手。

一是要相信云南在中国是有其独特价值的，而珍惜、爱护这些独特价值，就是对区域竞争力的最大提升。云南生态本底很好，只要重视保护，随时有复原的可能。因此，保护云南的自然生态，是云南、昆明最重要的使命所在。云南的民族非常多，其实就等于云南的智慧多样性在全中国是最多的，因为每一个民族都有其独特智慧和文化，所有的民族优秀文化都是对"发展"有利的，都是区域竞争力的重要元素。

二是相信本地人的智慧，依靠本地人发展，让本地人享受本地资源所带来的利益。中国现在其实已经过了"招商引资"阶段，招商引资固然千好万好，但有一点是不够好的，那就是某种程度上压抑了本地的民力，导致本地资源几乎全额被外来商业力量所掠夺，导致本地人沦落为"边缘人"，导致本地人成为环境灾难和社会心灵灾难的受害者和承载体。其实每个人身上都含有丰富的能量，云南、昆明潜伏着许多未来的商业领袖。相信本地人的力量，激发本地人的创业能量，对农民、小型创业者、高新技术持有人给予高度的信任，在金融信贷、股份合作、社会中介、法律咨询、管理配套等方面对当地人进行最开诚布公的激发，相信昆明就会获得前所未有的发展激情。

让民间充满爱

    "民间河长"在中国还没有真正的泛滥。有时候我站在北京的河边，随便问一下两岸的居民，他们连这条河叫什么名字都不知道；河如果很脏，是什么让它脏的，也不清楚。每当这时候，我就有一种高兴得过了头的感觉。

    只有极少的河流有一些关心的人，只有极少的人可以配得上"河长"的尊号。所谓的关心是需要代价的，你得观察它、调查它、记录它、赞扬它、欣赏它，你得把它的快乐和痛苦全都转化为你个人的快乐和痛苦。更重要的是，你得替它代言，把它的一切喜怒哀乐通通告诉其他人；你得替它主张权益，因为，中国所有的河流都在遭受无边无际的伤害。

    "替自然代言"在中国仍旧是很稀罕的事。几千年来的中国，一直有一种苦难感和不安定感，人们的眼睛里一直挣扎着一种欲望，希望过上自主的、纯净的个人生活，希望私生活不被打扰，希望个人命运能够由自己把握，希望自己所在的社区能够健康互动。然而这样的欲望极少得到满足，人们处于不停的被侵扰和被伤害中。因此，当人们们获得一次难得的机会，发现"发展权"居然有可能控制在自己手上的时候，对自然的疯狂攫取，就成了理所当然之事。在这个时候，用环保主义的思想，去质问任何一个人，每个人都会异常惊讶：在发展欲望尚未把社会撑得难受的情况下，在社会普遍处于发展饥渴的状态下，在公众对未来仍旧抱着极度不信任的情况下，你来告诉我环境的重要，你来告诉我河流有它的伦理和它的生命，你来告诉我河流需要"可持续流淌"，是不是有些过度重视了自然权，而忽视了人权？

    几千年来的贫困某种程度上造成了一种社会的"贫困依赖症"，或者说，谈论人的贫困在中国具有极强的社会正确性，任何可能对贫困造成漠视的说法，都会遭受社会猛烈的质疑；任何有可能与人类贫困作对的行为，都有可能遭遇来路正当的讥讽和驳斥。

    因此，环境保护实际上就是一个和"人类贫困"博弈的行为。几乎所有的人都会下意识地拿贫困来遮掩环境保护的窘境。也几乎所有的人都认为，一个社会只有足够的富裕才可能定下神来，慢慢地积累保护"他者利益"的智慧和勇气。

有时候问题就落在什么是人类的"贫困"，我想贫困多少可分为两种，一种是物质上的匮乏；一种是心灵上的不表达——有时候我们心灵并不缺乏爱心和善意，只是我们不表达。

当我们把物质贫困用来作为环境迫害的辩护词的时候，我们可能没想过"穷人也懂得审美"这个命题，因为有太多的能力，是与物质不相关的，如果按照"富裕才能做环保"的定论，那么所有的画家都得是富人，所有的诗人都得是富人，所有的科学家都得是富人——至少是小康之人。从这个意义上说，"富裕才能做环保"过度低估了人类身上的"心灵富裕"能力。倒不是说心灵与物质成反比，但是一个人是否占有物质，与一个人是否生成某些思想，绝对不会成正比。

当我们把心灵贫困作为一个更加易为理解的标准来看待社会行为的时候，我们确实也得承认两个事实，一是"社会公益共识"需要时间去积累；二是即使个人在物质贫困时可能会心灵充实，但这不等于此人富裕后心灵就一定更加的美好。因此，与其说中国缺乏的是物质的积累，不如说中国几千年来缺乏的是心灵美好的持续表达。

社会是一个非常有意思的生态系统。它的能量输出恰恰等于能量增长，而不是造成能量损耗。一个社会美好之物表达得越丰盛，越容易激发出更多的美好之物。就像一个社会的足球明星越多，喜欢足球的人会越多；喜欢足球的人越多，球星就越多。因此，当一个社会在环境保护方面的美好能量一直得不到恰当释放的时候，来自民间自发的力量，有可能就是捅破释放阻隔墙的春笋。

尽管由于天然森林的快速消亡，大量的竹类在消失，但春笋仍旧是随时可让公众看到的自然现象。任何一株春笋，只要它从根茎上发出，就一定会向上生长，此时，不管压在它头顶的是一块巨石，还是新修马路的一大块沥青，都会被它顶出一个缺口。这样的笋长成的竹子可能奇形怪状，但如果你懂得珍视，你一定会最早珍视它们、热爱它们，为它们的生命之路感动。

我是一个坚定的民间主义者，我一向相信所有美好之物一定来自于民间的自发。同时我更加相信所有的人都有足够的民间性和草根性，因此，问题不在于我们把谁定义为民间环保人物，而在于我们看所以人都回归"草态"的那一刹那，人们心灵里流露出来的那种尊严之美。

许多人喜欢谈论"公民社会"。对我来说，公民社会的定义非常简单，就是所有人都关注公共利益的社会。人类的群体越来越庞大，因此，其公共事务也越来越多；人类群体越来越庞大，其需要处理的"边际事务"事务也越来急迫。过去，我们认为的公共事务大概只局限与人与人之间，但现在，随着人与自然之间的关系越来越紧迫，人与河流、人与树木、人与青草、人与空气、人与天鹅和燕子、人与石头、人与阳光——所有这些人与"非人"之间的关系越来越成为公众必须日常关注的公共事务议题。

让一个人去爱他血缘之外的人是相对容易的，让一个人去信任陌生人也是相对容易的，但要让一个人去爱人类之外的"大自然"，去爱长江和江源的冰川，去爱鲨鱼与华南虎，去爱燕鸥和红树林，似乎就多少有些难以着力。

这时候，"民间河长"们的模范作用，似乎就出现了。我们发现，其实所有的人都可以超越个人自私，超越人类自私，成为自然保护者，为河流付出所有精力和智慧，让个体生命价值与河流共涨落。因为，无论是中国的河还是中国的水，都到了无力自救的时候。如果再没有人出来替河行道，中国之水将全面死亡。

读原著，读自然

　　有些一心只知道读书的老顽固，对于一百年来出现的新型经典传播形式居然不以为然。他们认为，广播、电视、网络、路边张贴、杂志、报纸，都不如墨香四溢的书籍。他们似乎认定，只有书，才有教化心灵的能力；只有书中优秀分子，可以称得上"经典"。

　　因此，所谓的读书人，在中国一开始就分化为两个概念，一是读经典的人，一是在学校里夹着，满心不情愿但往往又充满投机渴望地读教科书的人。农村喜欢把一些教材读得好、笔试做得佳的人，称为"读书郎"，想来一直是第二重含义。而一些诗人们聚会时，第一句话往往要问："最近读什么书？"想来这书的意思，多半得是经典。因为写诗的人，往往是得读经典的，即使不能在一本书里"从一而终"，也得因为靠着那些善于发现的眼睛，从狭隘里读到些大道，从沉闷里读到些有趣，从恶意中读到些善良。

　　难道有一批人就真的与另一批人不同？难道读经典只是某些人的特殊权利？非也非也。下面请听我仔细给诸君一一道来。

假如要求小学生读一百部"原著经典"

　　中国的孩子，只要入了学校的门，是不许读"书"（经典）的，只能读书（教材）。教材里偶尔掺些经典的调料，也都是经过删节再删节，选剔再选剔。中国的教育信仰大概是全球最高的，只是可惜，中国人在设计教育方案时，乱了方寸。我们以为，小朋友只有在纯净的围墙里长大，才可能一表人才，内心纯朴，外表清爽。孰不知，人类天生就是个斗争动物，只要有人存在着，就会有互相之间的猜疑和角斗。可同样的是，人类也是个合作动物，只要有人存在着，就会有互相之间的欣赏和捧识。教育设计针对的其实是公共空间里的人类获知方式问题。在这个时候，我们相信"家养"，不相信"野生"。家养的易管理，自然也就丧失了野生的多滋味。家养的安全感，给予了受益者一副柔弱的身体和脆弱的堤防。

可人是迟早要接受考验的，封闭到二十岁，三十岁，四十岁，仍旧需要独立谋生。而独立谋生的残酷之处，就在于你要敢于"赤手斗群狼"，也在于你要擅长做"衬花绿叶"。合作精神与独立的眼光，永远是一个人的基本气质。

而如果我们读的是洗涮过的经典，如果喂养给我们的是经过数据分析、搭配呆板的饭菜，那么，我们的教育希望必然落空，生命的多样性根本无从体现。这时，你越琢磨越觉得中国人是反常的：正是这样的人，同样滋育出了中医药学。这部伟大的学问其实有两个原则，一是相信天然，二是从天然里寻找到可调适人身体的原因，并且付诸实用。

据说这个世界上有个国家——具体哪个国家我就不知道了，知道了也不想指出来——是要求其小朋友从一入校开始，就猛读经典。一个人中学毕业之前，至少要把本国的和翻译成本国语言的世界上的优秀经典，通读一遍。

同样，这个世界上也有一个国家——具体哪个国家我就不知道了，知道了也不能指出来——是一看到小朋友"读课外书"，就要予以没收的，学校要张榜通告，家长知道了也很没面子，对子女进行严格管教。因为在家长们看来，经典也许能让人成为文化动物、智慧动物，却可能阻碍人成为优秀的政治动物和经济动物，甚至无法成为正常的经济动物和政治动物——自然，这是生命不成功的表现，不能予以支持，必须扼杀在摇篮里，必须捏死在柔弱的阶段。

假如让成人仍旧读经典

现在社会开始有些人思古，因此有些知觉之士开始教孩子们诵读经典。一百年来，文化民主、教育民主催促的是教育手段的简化，尤其是汉字简化。现代汉语受益的人多了，古文也因此成了"外语"了。这是一种让人欣喜的悲凉。

然而诵读经典居然又成了孩子们的责任，像孩子们要学艺术，学舞蹈，学围棋，学英语一样。教室迷恋症让无数的家长强迫孩子走上了被动学习的痛苦之路。而走出校园的人，不管年纪多大，马上就被推上了"社会淘洗器"。过了一段时间以后，他发现，自己的辨识力、理解力其实都是蛮高的，如果有心，翻读一下以前偷偷读过的经典，会得到许多新奇的感受和体验。这时候，他会想，"要是我一辈子都能天天与经典为伍，那该多好啊。"

然而他"没有时间"。单一劳动的过度持续，易让人疲惫，易让人对生命的意义产生幻灭感。而更要命的是，越深入谋生的人，其办公桌越是"酒桌"化、烟桌化。烟酒文化在中国是一种半邪恶文化。当酒成了互相谋取利益的必备工具的时候，再好的酒也成了人类阴谋的牺牲品，再有文化的酒也会被钻营讨巧的目光玷污。

而最要命的是，这些人互相邀请和派发的娱乐方式，也是半邪恶式的，好好的麻将，一定要下注才可能打得身心迷醉，天翻地覆；好好的"按摩"，一定要掺上暧昧，才能让人心智昏乱、头脑糊涂；好好的饭菜，一定要掺入重咸强辣，才能让寻找口味刺激者甘心排队。

有趣的是，这样的生活没能让人"可持续"地思念家乡，没能让人心满意足地喜欢"粗茶淡饭"。有趣的是，这样的生活让人对纯净起了些厌恶和反感，让人对理想和美好，起了些逃避和推脱。此时你要和他谈经典，谈读书，往往得到的是冷冷的嘲弄，幼年时、少年时，那种追经逐典的紧张狂热之弦，在这时早已松垮了。

因此，中国人一直是悲哀的，无论是少年还是青年、中年、老年，都有重重阻力让人接经触典。少年即使接触经典，接触了"国学"，长大了，有选择权了，却再也无法与经典为伴，离书本越来越远，对书本的理想描述越来越存疑。浑身都是时间却没有时间去拿起一本书；满架都是文字却再也没有到文字王国旅游的愿望。到老了，筋疲力尽，只有趴在桌子上悲哭的可能。成年人，哀哉。

最好的原著经典是大自然

我最近到处说"中国人本质上不喜欢大自然"。说这句话时我是异常悲伤的。

为了反驳自己，我到处寻找中国人热爱自然的证据。古代，有的，哪本书里都有对自然的描写，哪幅画画的都是山水鸟兽，哪个人都以"退隐青山"为终身追求。

但我总觉得有不对劲的地方。对自然的描写，如果是劳动者写出的，那是他农田劳动时的偶然起兴；文人画宫庭画，画出来的自然，都是抽象与臆念的；闹着要退隐的人，多半也是浑身"政治浊气"的人，其誓言多半无疾而终。当然，中国人在古代与家乡的关系还是坚硬的，父母去世了，做再大的官也要回家守墓。年龄到点了，"致仕"的办法也一定是回到老家，当乡绅，做"地方文化巨头"。要是家里再富饶点儿，出产一两个自愿的学者，也是可能的事。

然而我们与自然的关系是一种"阻隔关系"。这个观点是长城告诉我的。长城本来是平原文化的产物，修一座"城墙"，是为了让平原外的"近邻"或者草原上的"远亲"无法便利地通达，自然也就无法便利地进行"财物、土地、奴隶、女人"的争抢。因此中国传统战争中最高明的学问，就是攻城学。明代之后的长城就有些古怪了，当你在崇山峻岭之上也看到城墙的时候，你会发出一个本能的疑问：山如此高陡，北方游牧民族怎么可能骑马攻击？唯一能攻击的就是几个关隘罢了。后来想明白了，其实这个城墙，主要的功用，是便利通讯，烽火台把敌警信号快速传到京城。而山脊上修出的平坦，也能让士兵们快速来往。

但城墙文化主要的表相不是长城，而是"城墙"，也就是几乎所有的有名的"城"都必然要筑的一道四边形的高墙。城墙文化主要的目的还是阻隔来往，不管是平原上的城墙还是山地里的城墙，它起到的一个非常强大的作用就是让人在限制圈内交往。这种阻隔文化延伸到人对自然的态度上，就是中国人对自然界，一直是回避、畏惧、远观、写意的。

因此中国至今没有出现数量足够的像样的、伟大的博物学家，也没有出现真正意义上的自然旅游爱好者。中国有大量的自然保护区对本保护区内的自然本底都不清楚，中国几乎所有城市的市民都不知道本城市的基本自然情况。你到菜市场上甚至会发现，做了几十年饭菜的家庭主男家庭主女，对很多"家养"出来的常规动植物食品，都不认识。如果你到植物园去会发现，没有几个人认识花草树木。如果你到自然界去看看就更清楚了，人一到山水里面，第一反应就是茫然。

中国读解神圣自然、美好自然的唯一方式，就是"欣赏"。不是把画当成山水来欣赏，而是把山水当成画来欣赏。但是，一个光会画山水的民族，其阅读大自然原著的能力，显然是需要提高的。这个世界有两种原著，一是人类的各种表现形式积聚出来的经典；二就是永远纯朴、坚定、美妙、神秘的大自然。我们丧失了读人类经典的能力，有时候还不要紧，只要我们有读大自然原著的能力，丢失的都可以找回来，废弃的都可以振作，被欺凌和侮辱的会得到重新的尊重和敬佩。然而，我们能吗？（2007年4月）

读原著，读自然

环保能否再陷入泛泛而谈

当一个国家的环境问题成为重大问题的时候，一定是所有的人都可以关注它。有些人认为国家领导人不知道环境形势，那就太错特错了。在一个信息不透明的国家，受欺骗的永远是公众。中国环境监测体系虽然不完善，技术也有待升级，设备也有待购进，但其监测网络是细密的，监测规则是很严格的，因此，其得到的数据也一定是相当惊人地准确的。只是中国环境监测体系的每一天汇总到的信息、报告出来的实情，公众从来无法拿到而已。

同样，由国家领导人或者曾经当过国家领导人的人出来主编、总撰稿的书，虽然多少也能够反映时代的"环保形势"，满足一些人认识环境保护重要性及方法论的需求；资料相对翔实或者说"内幕"，数据相对精准或者说"秘密"；提出的方法也都是大家容易接受和认同的。可惜，其叙述的方法仍旧陷于常规和说教，其影响力有待评估。

2005年，我注意到市场上出现一本名叫《中国生态演变及治理方略》的书。它由中国农业出版社出版，书内用字比一般学术书籍要大一号，开本也隆重一些，显得颇受重视。打开细看，才发现它是由原国务院副总理姜春云同志主编，来自农业部、林业局、环境总局、全国人大环资委体系的各类与环境、生态沾边的专家、官员、学者担任智囊或者写手。资料比较富足，谈到的问题比较急迫和中肯。

2008年，我注意到市场上又出现了一本名叫《偿还生态欠债——人与自然和谐探索》的书，这本书是2007年底由新华出版社出版的，是《中国生态演变及治理方略》的续篇。仍旧由姜春云同志主编。里面说到的东西，大体仍旧与生态保护关联。

显然，姜春云同志及他所率领的学术小组，对于中国生态的危机的关注，是诚心诚意的，他们希望通过自己的文字，能够带给读者一点点教益。两本书都异常全面地提到了许多观点，比如生态情势篇、发展理念篇、增长模式篇、适度消费篇、休养生息篇、环保投入篇、环境政策篇、人口战略篇、政绩考评篇、道德文化篇、环境法制篇、前景展望篇。每一章观点又都采用了共产党人所欣赏和秉持的"一分为二"的态度，比如生态情势篇，就先说"成绩卓著，举世瞩目"，又说"形势严峻，令人忧虑"；在前面说了一大堆无法解决的困难之后，在前景展望篇中，大胆地提出了"中国已经具备了破解生态、环境痼疾的基本要素"。

说来说去，都是要让读者看到问题，也看到希望；剖析了病情，又开出了攻解之方。与中国所有的官员做报告型文体一样，所有的问题都泛泛而谈，但最后让你不知道真正的问题所在；所有的破解术都提了出来，但最后仍旧让你不知道什么是当前最需要做的和可能突破的。书里面经常引用媒体的报道，经常引用各地政府的"情况汇报"，缺乏真正的实地考察和研究。因此，这本书表面上在谈危急，但其做法却极度的悠闲，很显然只是几个执笔者案头上的"资料长编"之作。

中国的环境问题，是全社会共同纵容的结果；中国肯不肯解决环境问题，只有一个指标，这个指标可以从四个角度来观察：迫害环境的人能否得到严惩、保护环境的人能否得到重奖、环境受害者的权益能否得到即时的维护、受损的自然界的权利有没有人替它们申诉和主张。

显然，中国至今仍旧不把环境保护当成"重中之重"，对解决环境污染问题尚是迟疑和犹豫，对生态保护更是茫无头绪。

中国本地产的环境保护书籍很少，优秀的更少。有太多的书是在泛泛而谈，有些感情，但缺乏真情；有些观点，但缺乏"正确的知识"。在这样的情况下，多转播"环保实况"仍旧是有必要的，这也是我肯下笔推荐这两本书的原因。但在这个时代，国人必须多读本国的环境书籍，因为要解决本国的问题，必须了解本国的现状。虽然中国的环保已经不容许再继续泛泛而谈，但这两本书对于想了解中国环境问题及解决之道的人，多少还是有些用处的。毕竟，这是两本用了心思的作品；一个曾经担任要职的人出面来"主讲"，总比一个卑微人物出面的可能性要大一些，如果，他谈得很正确、很关键的话。

环保能否再陷入泛泛而谈

一起阅读国产环境科普书吧
——强烈推荐《以自然之力恢复自然》

科学普及，时逢当今"主动认知时代"，更合意的用法可能是"公众参与科学"。我很相信，中国正在出现一个新的群体，当前姑且把这个群体称为"公民科学家"，以对应传统的"国家科研人员"和"民间科研人员"。

而当前又是环境保护的时代，中国人很需要读一读中国人自己写的——或者称之为"国产"的环境科普方面的书籍。中国优秀的科普作家不多，中国优秀的环保科普作家更不多。此前我个人认为，著名环保作家徐刚（《伐木者，醒来》）、唐锡阳（《环球绿色行》），大概是自20世纪80年代以来，最值得国人尊敬的两位。

最近我碰到中国科学院植物所首席研究员蒋高明先生，发现他具备公民科学家的潜质，具有公共知识分子的情怀，因此也许可以很容易进入中国优秀环保作家之列。在读到他的大作《以自然之力恢复自然》之前，我读过他的不少文章，像《国人为什么热衷种杨树》、《新农村建设需要强调沼气的作用》、《大树进城危害多多》等；有很多文章的标题，都是我一直想写而没有写成的；有许多文章的观点，也是我力图表达而一直没有能力表达清楚的；有许多文章的美感，更是我多年来一直追求而经常难以实现的。

"以自然之力恢复自然"这么一句绕口的话，猛一听，没有什么希奇，再一琢磨，却发现这是当今中国自然保护、世界自然保护最应当遵守的原则，而这个原则却被人压制（是的，压制）了几十年。有太多的人狂妄惯了，不肯承认最简单的办法是最有效的办法、最无为的时候最有为。蒋高明以一个科学家的方式在内蒙古大地上证明了这一公式和方程、定理，为了传播得更广远，他到处办讲座，随时写文章，还"处心积虑"地把这个"方程"写成了通俗易懂之作。2008年初，《以自然之力恢复自然》总算出版了，按照他的叙述，这本书应当在早一两年前就成为公众读品。可惜，有些事情总是想起来顺利，实现起来艰难。好在这本书来得正是时候，因为有许多人，把2008年当成了"中

316

国环保元年"。

"环保元年",大概就是中国开始正视环保问题的第一年,大概也是指全国人民开始正儿八经地思考中国环境问题的第一年,大概也是指中国人开始沉下心来寻找国产优秀环保书籍的第一年。来得早不如来得巧,蒋高明的这本书,就在此时悄悄地由中国水利水电出版社给印刷出来了。

科学家写科普,多半与他所从事的专业或者说业务领域有关,不像文学家写科普,今天想起来,写一写这个,明天高兴了,又去写一写那个。中国科学家敢于把论文写成科普的人不多。论文虽然经常只有少数几个人读,但它却是科学家成功的标志,而科普虽然受众面广,却只能成为科学家的副业,无法计算为该科学家的职业成果的。今天许多人喜欢谈论公共知识分子,而中国的科学制度,分明是要让科学家成为"自私知识分子",成为"小我知识分子",成为永远不敢面对现实问题的知识分子。而蒋高明没有被这些牢笼所圈养和套定,他写了无数的科普文章,在顺畅地表达自己的观点的同时,也给许多人带来了新知识和新观点的震撼。

这本书在中国是值得所有人去阅读的。我个人认为它是今年中国出版的带有科普性质的读物中最优秀的一部。不仅是观点新颖明确客观公正有效,而且行文也通俗易懂;不仅忠实地表达了一个科学家的良知,而且有极好的证据和实验来支持他的论述。别说青春正旺需要科学进补的中小学生了,就是赋闲在家的身心日益衰退的老年人,就是心灵枯竭到多么大的甘霖也难以滋润的某类领导干部,读一读这本书,心灵也都会瞬间充满勃然的阳刚之气。

是的,这本书是我苦苦寻求的知音作品。我相信也是中国的环保界一直在苦苦寻求的骨架之作。它大概是第一次以足够庞大的文字量,向国人宣示了一个真理:自然界有其强大的自然恢复能力,过去中国的许多试图"绿化祖国"、"治理沙漠"的行为方式,从头到脚都充满了错误与荒谬,几十年来,我们不仅浪费了大量的社会资源,而且浪费了无数的自然资源。而导致中国出现这一切恶果的,除了粗暴、专制、腐败之外,"科学引导下的无知"也要付极大的责任。几十年来,有许多貌似科学家的人,在干着罪恶的破坏中国生态的勾当,而其做这些事的原因,无一不是因为不正视自然界的本能,不尊重自然界的规律;不愿意沉到自然界中,去认真地向大自然学习。

中国人不是不够聪明,而是几千年来,几百年来,几十年来,有许多人用"正确的方法做错误的事",这比"用错误的方法做正确的事"可能来得更加的糟糕，社会的能量被无知的决策和命令给挥霍殆尽，起不到应有的功效，制造出无数的"人为天灾"。中国的科学家一旦给自己安上了科学家的头衔之后，勇于承认错误的能力似乎就丧失了，勇于辨别是非的能力似乎也在弱化了。他们就像一个人当上了政府官员一样，把"对上级负责"和"对下级索取"当成了工作的主要任务，而忘记了人们赋予其"公仆权"、"科研权"，是希望借其聪明头脑、租其强壮身体、赋予其诸多资源，为公众利益服务。

其实做科研本来非常简单——只要你敢于去发现真正的问题，其实从事公共事业本身非常简单——只要你秉持公共利益大于个人利益，其实自然保护本身也非常简单——只要你知道人类只是自然界中的一个过客型物种。蒋高明用最简单的办法向我们证明了一个道理：当你站在沙漠面前，试图通过人类的干预让它"生态恢复"的时候，你必须尊重这个区域"原始能量"和自然本底，你必须激发出自然本身所潜伏的能量，同时，你把几千年来叠加在自然身上的人类伤害力因素给考虑进去，然后，你俯下身子，倾听自然的声音，摸索自然的脉搏，学会与自然对话，在沉默中领悟自然的传感。你就一定会得到对待这片土地的正确的方法和态度。

蒋高明大概是听懂自然呼声的少数人中的一位。他说"沙尘暴真正源头不是沙漠戈壁，而是因农耕和过牧而退化的草原，以及由于水资源不合理利用而干涸的河床与湖床"；他说"在沙尘暴的源头干旱半干旱地区，草不但不能被忽视，而且必须被高度重视起来；草原上造林不但不能被提倡，还应当果断停止，省出大量经费来保护草原进而恢复草原"；他说：对草原的破坏，一是"农耕文明"，二是"造林思想"；他说，"总之，恢复草原的最终途径必须是以生态为主，大大缩减牲畜数量，非常少量的传统游牧经济强调质量而不是数量；用新技术提高草原草的利用价值，大力发展舍饲，围牲畜而非围草原。这样，围栏在草原不但不宜扩大，反而应逐渐减少乃至最终消除。"

"科学"这个词，本来就时刻在提醒人们，对待身边的万物，要谦卑一些，要慎重一些，要良善一些，要正派一些，要胸怀宽广一些。因此，《以自然之力恢复自然》，用将近20万字的篇幅，记录了蒋高明在内蒙古浑善达克沙地多年的科研治沙实践，最终告诉我们一个异常朴素的、原初的、却在中国沦落了的、忽略了的、长久蔑视的、被欺凌和侮辱的真理：相信自然的力量，它能给你带来奇迹。这是所有自然保护、环境保护的最基本原理，也是人类的最基本道德。也许，这原理你根本不理解，也许这道德你根本不具备，那么很简单，花上二十多块钱，买一本《以自然之力恢复自然》，你就会有许多收获，你的心灵会被里面的文字充分暖化，你会有一种醍醐灌顶的感觉，你猛然发现，此前，有无数人迷失了道路。(2008年7月13日)

一起阅读国产环境科普书吧——强烈推荐『以自然之力恢复自然』

为何很难激发中国人的野性
——读奚志农《野性中国画册》所想到

在中国，任何一本环保类书籍的出现都是"填补世界空白"的，尤其是民间环保人士的心血结晶。虽然我们已经到了网络时代和视频时代，可是大家还是习惯于写些文字的东西，因此，以环保名义而凝聚成形的画册、DV作品，又显得尤为的珍稀难得。

中国是一个有意思的国家，你到这个国家的传统文化里去看，几乎没有一篇文字不涉及自然，中国的诗歌，每一首诗都是自然元素的叠加，秋风明月，清流峻石，雾岚雨电，星空云彩，一切自然细节似乎都没有逃过中国人的心神，深深地镶嵌在中国人的情怀中。然而你再到中国的传统文化中去看，你又发现，除了些文字和绘画里、盆景里呈现出的"自然情趣"之外，于自然的认知和感应，又是极为盲目和肤浅的。

中国人还有一些更有意思的地方，比如一方面你会发现中国没有"神谱"，或者说信仰体系不清晰、不完全，让你怀疑中国是一个没有神灵的国度；而在另一方面，你又发现中国处处都有神灵，不管是出于信仰的需要还是投机的需要，每个人都会找一些地方来顶礼膜拜。而在这中间，"自然神"，或者说"万物有灵"的泛神论文化无处不在兴风作浪。然而你再细看一看这些神灵的面目和指向，又发现以"人类神"最为多，祖先神、送子神、祛病除邪的神，与人类的自私心理互相照应、相辅相成。按道理，信仰这个东西，是无目的的，或者说泛目的的，不能说为了明天的高考，我今天去拜一拜考试神；也不能说为了今年的风调雨顺，我就组织全村人马到龙王庙烧几炷香；甚至不能说为了人类的和平幸福，我给"观音姐姐"宰上一只鸡作供品。

在考求传统中国神灵观的时候，你还能发现一个很有意思的现象，那就是几乎所有的自然现象都有被神异化的可能。中国人最熟悉的动物，是高度神异化的龙和凤，而这两种动物，过去是完全被人当作自然物种，至今也还被许多人当成自然界中的特有物种。把自然界神异化确实体现了一个群体浓厚的文学才华和放荡不羁的想像力，也可能反映了一个长期戴着枷锁的民族内心的灵魂冲撞力。但同时，当一个民族把自然界可见光范畴外、人体基本感知力之外、人类基本活动范围之外的自然界的各种现象都视为神异的话，那么也许又可以说明了一个群体对未知世界缺乏任何的好奇心，说明一个群体对另外一个群体存在着深深的隔膜感。

有的时候，想像不是好奇心的表现，也不是自由开放的表现，恰恰是一个群体畏怯、懒惰、保守、封闭、缺乏冒险精神、缺乏主动精神、缺乏志愿精神、不敢担当责任的表现。因为胡思乱想是最容易的，所有的想法倏忽而来，又闪电般地离去，你不想把它固定下来，它自然就不会在你头脑中顽固或者偏执地定居或暂住，你既然不想紧紧地揪住它不放，它也就毫不在意地远离你而去。反正这个世界上，能胡思乱想的人，多的是，它随便找个其他的洲域，找个其他合适的头脑，侵犯进去，也许就又可能激发出一个新的行动主义者。

在中国，再强大的自然似乎都无法把一个人激发成为一个有野性的人。因为中国人本质上不热爱自然界，害怕自然界，也不想关爱自然界，最大的梦想是远离自然界，最大的能力是伤害自然界。而把自然界神异化，又给大家远离自然时，提供了一个"自然与我无关"的极好的"理由注射器"。任何人一旦有了钱财、权力或者其他的通路，第一反应是告别农村和农业，第二反应是告别自然和"荒凉"。任何不可知的、存在潜在风险的、难以肯定地控制的、混沌一片的东西，我们都将其视为神灵，畏其为杀戮力。因此，你在中国，处处可以看到桀骜不驯的天然林被替换为军事化的人工林，城市里的广场都要被铺上单一的、通透的"自然安全度"极高的一眼能望到边的进口草皮，所有的野生动物都要关在动物园的笼子里，才肯让公众去"欣赏"；所有的江南园林、皇家园林做的事，不外是把"自然界风险"给降低到最可靠、无害的状态，居住在里面的主人，才肯悠然自得地向客人炫耀他们是多么的勇敢和性灵，能够"融身心于山水间"。

说完这些，再来看奚志农的画册，它的出奇性和特异性就很清楚了。这部作品表明，中国其实是有极少数的一部分人，有能力把人人都潜伏的野性给激发出来的。他们愿意成为进入自然界的行动派，通过长期的、悄然的但又高度艺术化的对自然的拍摄和记录，要把自然界细节记录下来。没有真正的野性精神，没有对自然保护的正确理解，没有对人类自私的准确判断和剥离，是完全不可能的。

一个人做不做什么，其实不是身体是否存在这种能力，因为一个人的身体是多才能的，你想开发出什么样的才能，多半就能够开发出来。一个群体做不做什么，也和这个群体具备什么样的可能性没有太多的关系，一个群体存在着无数种可能性。可有意思的是，某一个区域的人，往往只表现出高度统一的类似的才能，某一个地方的群体，也只表达出某一类固定的才能，几千年来都是如此，群体大到十几亿也是如此。

如果世界没有发生变化，中国人仍旧可以远离自然界而活动，仍旧可以与自然界保持高度隔离的同时，又盛情地讴歌自然，成天幻想依靠自然来澄滤人类的卑鄙，降解个体的焦虑，缓和人与人间的紧张，但同时却对如何进入自然内部毫无心得，章法错乱。可惜，人类世界和自然界一百多年来，都发生了剧烈的变化，中国必须面对人类世界化和环保时代扑面而来的无数问题。因此，掌握进入自然的能力，了解自然的细节和变化，再依此类推出自然保护的真正原理和方法，是中国当前最为主旋律的社会命题。

传统的中国，最关心的是人的学问，这类粗鄙的"人类自私性"至今盘结在中国所有的"科学"项目中，纠缠着它们的灵魂，让它们无法舒展。这导致中国人对于自然环境的认知异常的狭隘和独特：中国有非常优秀的天文学传统，但这个传统是为了皇帝们做统治政策的注脚，因此附会的、文学的、幻想的、人事的成分多；中国有着非常优秀的"草木学"或者说生物学、自然资源学传统，但这个传统是和中医紧密关联的，而医学，说到底是性命之学，是为了延长生命或者普及生命福利而受到高度重视的；中国过去的游宦、游学、游商的物理距离轮换方式，按道理也可能产生旅行家或者说探险家，甚至也出现了徐霞客这样伟大的要"走遍中国"的人物，但这样的人物在中国根本无法形成传统，永远只是个偶然的变异型发作。

好在中国正在进入三个时代。一是从人际关系而言，社会正在进行城市化的网络时代，人活着就必须学会与陌生人合作和共荣；二是从环境角度而言，社会正在进入人与自然时代，环境问题正在成为人类最高尚的问题；三是从民主层面而言，社会正在进入主动认知时代，没有人再甘心自己受其他人的欺骗和控制。这三个时代的共同指向就是人的环境责任主动性越来越强。

这三个时代意味着什么？意味着对自然界的发现不再只由受到格式化的少数人来主持，所有的人都可以参与，都可以成为教授和研究员。这三个时代还意味着什么？意味着所有的人都有权利做研究，一个人的作品——不管是科研作品还是文学作品，只要是其毕生心血的研究所得，都会闪耀其特有价值。这三个时代还意味着什么？意味着社会开始有可能具备了自己的反思能力，因为反思能力是与一个社会的自由度和一个个体的独立性"正相关"的，因此，当一个个体能够按照自己的意愿去工作和生活的时候，社会的自我调整能力和自我纠错能力就开始逐步地显现出来了——也就是说，我们的社会列车不仅有了油门，而且有了变速箱和制动阀；我们的列车也不再在铁轨上笔直行驶，而是按照方向盘控制者的力量，走着自己想走的曲线，想拐弯就拐弯，想调头就调头。这三个时代还意味着什么？这三个时代意味着开始有越来越多的中国人，身上开始生长出"正确的野性"。而一个具备了野性的人，才可能与自然界正常来往，和谐来往。因为只有理解自然、尊重自然、顺应自然的人，才可能是正常的"野性"人。

这一切都是"外部性"的，和奚志农的"内生性"有什么关系？要论起来，就太多了。一束光被折射开后，其"色彩多样性"会迅速弥漫在你眼前，让你为之追逐不已。本来他只是个摄影家，一个拿着照相机和摄像机到处摁快门的人，可他却像科学家那样，其作品被附载上了科研的价值。他"第一次"记录了无数物种——他"第一次"拍摄到了滇金丝猴并让它由完全不知名一跃而为国人熟知；他"第一次"拍摄到了藏羚羊，如今这个物种成了中国野生动物保护能力的一根指针；他"第一次"拍摄到了马可波罗羊，这让与其合作的世界著名野生动物专家乔治·夏勒激动不已；他"第一次"拍摄到了灰冠鸦雀——它是这只鸟定种一百多年以来，第一幅野外照片；他所创办的野生动物摄影训练营的一位营员，"第一次"拍摄到了在树上交配的大熊猫，让许多动物研究者们惊讶和羞愧；他拍摄到了一般人不太可能注意和观察到的遗鸥、朱鹮、白斑翅雪雀、暗腹雪鸡、血雉、灰叶猴、白眉长臂猿、海南长臂猿、藏狐、赤狐、香鼬等；他"第一次"关注中国水生野生动物的生存状态，并准备从青海湖的裸鲤开始记录。

所有这些物种的定格和提纯，不仅有美学上的价值，更有"科学"上的价值。科学和美学一样，本来是每个人都可以参与，每个人都可以成为科学海洋中的一滴水，每个人都可以欣赏美、记录美、呈现美、创造美和传播美的，然而，自然美学与自然科学在中国高度不发达，是因为过去我们的"公民"一是被剥夺了这种旨趣和可能性，二是我们公民身上对自然界那种强烈的不关注，也让我们很少有行动所必须的学识穿透力。如今，奚志农们的出现，让我们重重地舒了一口气。因为中国的科学家，其实和中国的文学家一样，向来缺乏持续地到野外调查的精神和能力的。因此，一个小小的奚志农的出现，一批小小的观鸟会的出现，就让中国的自然研究现状大为改观，这是中国的悲哀，也是中国的万幸。

具备了"野性"也就是自然性的奚志农，确实"不是一个人"，他表明中国一个从未出现的野性时代正在缓慢地崛起；他的前后左右有一个庞大的群体，而且这个群体绝不仅仅局限在拿着照相机的那一批人——相反，许多拿着相机的人不知自然为何物，不知艺术为何物。一个足球踢得好的国家不是因为有几个国家队运动员在那闭门集训，而是因为每天这个国家的每个街头巷角上都有无数的小朋友在那练脚和娱乐；一个开始出现"自然摄影家"的国度，是因为这个国度开始有了一批志愿性地观察自然的人。中国十几个城市有了观鸟会，还有了乐天派这样观察星星的"自组织"团体；自然之友的植物组非常受欢迎，一些孩子从很小的时候起就志愿地观察着昆虫，储存着云彩，仰望着星空，一些成年人发现自己的生活如此寂寞是因为远离自然所至，这一切都在表明，中国很有可能出现博物学家。而博物学家的出现，必然与"自然摄影师"、"自然散文师"、"自然摄像师"相伴生。（2008年7月5日）

沙乡年鉴

　　"热爱"是一个很容易奔出口的词，有时候这个词被使用得如此流利，以至于听到的人会怀疑词汇里的"事实含量"。反正，当我听到有人说"我热爱这片土地"的时候，我的心中总在默默地猜想：他所说的热爱，到底指的是什么？就像诗人海子说："你所说的曙光，究竟是什么意思？"

　　因为从某种程度上说，热爱不仅仅是一种情感，而且是一种才能。本来，每个人都有热爱的才能，都有文学的才能，都有与生俱来的美好情感，但有些人成长的过程是美好情感衰弱的过程，是热爱能力下降的过程，是文学才能被压抑的过程。

　　所谓的才能，就不仅仅包含人的感染和记忆、怀念、想像、通感、兼容的能力，而且包含某种技术能力。当我们说热爱一棵树的时候，如果你脑中出现的不是一棵具体的树，具体到它所有的特征都与这棵树——比如榕树、杨树、榆树——完全符合，而是一棵抽象的树，那么，你对这棵树的热爱才能，就大有增持的余地。

　　由此可以指向我经常与人讨论的一个问题：中国人到底是否真的热爱自然界？从古到今，似乎所有人都以为中国人是热爱自然的，因为没有一首诗没有自然元素，没有一幅画少得了山水的烘托，没有一个人的记忆中不存在少年时与自然交往的那种欢快和无忧无虑之美；没有一个人能忘记自然界对人心怀的涤滤能力——每一个中国人长大的过程，似乎就是不停地想告老还乡、隐居山水间的过程。但是，如果我们接着把话题往下讨论，有些观点就会变得迟疑了：都说你热爱自然，那你告诉我，你认识自然界的哪些细节？你认识几种动物？你认识几种鸟类？你认识几种花？你记下了多少种云彩？你辨清过多少种石头？你知道脚下的土壤由什么生长而成？

　　因此，自然界在中国其实是一个高度意象化的词，中国最传统的山水和花鸟画、文人画，取材无一不来自于自然。但如果我们反过来想一想，也许从古到今，我们都是把自然当成了一幅"山水画"来对待，自然在我们面前是静态的、是平面的、是表象化的、是抽象的，是难以深入也不需要深入的。自然界对于国人一直停留在文学层面而极少进入细节层面。从古至今，夸耀自己热爱自然的人，不停地在用文字和线条抒发自然情感的人，几乎没有一个人能够准确叫出几种花花草草的名字，也没有对其中的草木鸟兽虫鱼作过哪怕一次长时间的观察。自然对于古代人来说，一直只是人事的借代，由于直接说人事比较艰难，转用自然来作比喻和模拟而已，因此，自然一直就是被古代人利用，中国古代根本没有与自然平等的思想，所谓的"天人合一"不过是一些冥想者基于词汇的想像，何况，这个词重的是"人"，根本不是天，这个词的意思是"自然界与人一样"，而不是说"人像自然界一样"，更没有表达出人只是自然界中渺小的一分子的哲学内涵。

如果你去研究一下古典诗歌也会惊讶地发现，大概是从《诗经》、《楚辞》之后，中国诗歌里的自然元素越来越常规，越来越通用，越来越高度意象化，离现实、离自然越来越远。如此真实可感、变化多端的大自然，在中国人的心中，一直只是一团迷雾、一个概念而已。中国的诗人与中国的官员一样，一个生命成长的过程，就是远离自然界的过程，就是把自然界的元素逐步剔除出心胸的过程，就是任由心灵荒漠化、险恶化、纯人事化的过程。

那么谁具有热爱自然的才能？我想，李奥帕德是这样的一个人，法布尔是这样的一个人，布丰是这样的一个人，蕾切尔·卡逊是这样的一个人，达尔文是这样的一个人，李时珍大概也算得上是这样的一个人。中国现在开始有一些人，有可能成为这样的人。他们是谁呢？我想，就是中国出现的一批志愿的自然观察者，他们看星星，看月亮，看花看鸟，看岩石看河水看风看雨，这些很有可能成为博物学家的人。当一个人观察自然出于主动、出于无目的、出于兴趣和热爱，而且能够持续，能够开放，能够有公益心，愿意与自然一切细节打交道的时候，"热爱土地"、"热爱自然"才有望成为真正的才能。

不管你是不是这样的一个人，有一本书是需要阅读的，这本书叫《沙乡年鉴》，有人又把它译为《沙郡岁月》，比如我刚刚在旧书摊上买到的这一本，就叫《沙郡岁月》（中国社会出版社2004年版，翻译者为吴美真，审订者为王瑞香）。不管你是不是这样的一个人，李奥帕德你是需要认识的，有时候，有人也把它译为利奥波德。

1887年，李奥帕德出生在美国依阿华州伯灵顿市的一个德裔移民之家，从小就喜欢跟着父亲到野外活动。1906年，他成为耶鲁大学林业专业的研究生。毕业后，他作为联邦林业局的职员被派往亚利桑那和新墨西哥当了一名林业官。1912年，李奥帕德升迁为新墨西哥北部的卡森国家森林的监察官。1924年，他受林业部门的调遣，又到设在威斯康辛州麦迪逊市的美国林业生产实验室担任负责人。1928年，他离开了林业局，把兴趣转移到了自己更为关心的野生动物研究上。有一年，他得到赞助，使他有条件在美国中部和北部的一些州从事野生动物考察工作，并写出了《野生动物管理》，因为这本书，李奥帕德被公认为是野生动物管理研究的始创者。1933年，他与著名的自然科学家罗伯特·马歇尔一起创建了"荒野学会"，宗旨是保护和扩大面临被侵害和被污染的荒野大地以及荒野上的自由生命。1935年4月，李奥帕德在威斯康辛河畔购买了一个荒弃的农场。在此后的十几年里，他依靠这个被他称作"沙乡"的地方，慢慢地孵化着一本书——在这里，李奥帕德写出了一生中最好的书——《沙乡年鉴》。从1941年起，李奥帕德就开始寻求此书的出版，1948年4月17日，李奥帕德接到来自英国的长途电话，牛津大学出版社决定接受出版他的著作。仅仅4天之后，李奥帕德的邻居农场发生火灾，在奔赴火场的路上，他心脏病猝发，不幸去世。没能看到书的面世。时间淘洗、磨光了一切，今天，这本书被许多人奉为不可不读的人文经典，被全世界的自然保护者当成入门典籍。

那么，《沙乡年鉴》到底写了些什么，让人如此着迷和敬佩？让人有如面对《圣经》一般？如果让我来总结，《沙乡年鉴》大体分为两个层次，其基础层次是一个人在抒发他对大地的热爱。而这种热爱是以极好的观察才能和极敏锐的通感心灵来呈现的。一月，当春天开始雪融，作者随着臭鼬的脚步，带领你去认识草，认识巨稻鼠的洞；三月，当一个锯木者锯开一棵栋树时，作者教你从年轮上认识一棵树及其年代所发生的事件；七月，一丛墓地里的裂叶翅果菊引发了他的沉思，他发现草原的农业化正在导致这个物种的灭亡——无论哪一个月，无论写的是什么，里面的自然物种、自然细节，与作者是如此的亲密和熟悉，以至于你开始相信，自然界本来就不是一本单词书，而是一张张艺术照，每一张照片都看得你心里痒痒，你明白了作为一个人，需要做的事就是获取观察自然的才能，长时间与自然在一起，你知晓的自然细节越多，自然在你面前越发的美丽。你从自然中领略到的哲理也就越深刻和真实。即使只想成为"初级阶段的李奥帕德"，没有一种与自然亲近的才能，也是不可能的。

有了强有力的自然观察作基础，每个人诗人般敏感的心灵都找到了支持情感抒发的启动器。《沙乡年鉴》实现了"相对升华的层次"。越往后读，你越触碰到作者的心灵深处，触碰到作者超越自我后攀上的心灵之峰。他提出了大地伦理、自然伦理、生命伦理的鲜明观点，提出了荒野的价值，提醒人们保护自然界的强壮是人类最重要的使命。"就我而言，倘使人们对于土地没有怀着喜爱、尊敬和赞赏之情，或者不重视土地的价值，那么人和土地之间的伦理关系是不可能存在的。我所说的价值，当然是某种比纯粹的经济价值更为广义的东西；我指的是哲学上的价值。""土地伦理发展过程中最大的障碍，或许就是我们的教育和经济系统，正引导人们远离强烈的土地意识。现代人因为许多媒介及无数的物质器械而与土地隔离；他们和土地之间没有生死与共的关系。""简言之，他们认为土地已经不再适合他们自己了。"

这本书能够清洗许多人的灵魂，改变许多人的陈规陋见。在全社会都进入"人与自然时代"的时候，试图了解环境保护、试图参与自然生态保护而不阅读这本书是不可想像的，就像不热爱自然的人、对自然细节毫无所知的人，却想保护自然，是不可想像的一样。

虽然李奥帕德这本书出版的时候，"西方国家"正沉迷于人类的诸多发展事务不可自拔，很多话根本听不进耳，看不入眼，化不入心，进入不了时代的各种"设计"和情节，但这本书的出现是如此的及时和必要，以至于当人们需要它的时候，很容易就可以从图书馆的书架上，从它的其他伙伴身边，抽取下它来，随意阅读。

有人说，李奥帕德能写得这么好，是因为他的"沙乡"本身充满了诗意。我想这完全是一种托辞，任何人的沙乡都充满诗意，因为诗意在你的心灵中，在你发现诗意的才能里。有些人之所以缺乏诗意，就是因为缺乏在身边日常生活中发现美好、赞扬美好的才能。当然，某种程度上说，激发诗意、表达诗意是作家的使命，而读者，能够在阅读中，领悟到这种诗意，也就够了。

又有人说，李奥帕德生活在一个环境破坏还不太严重的时代，因此他身边的物种还算丰富，"沙乡"可观察的、可记录的大自然之精华还比较多。我想这是另外一套托辞，因为即使在一座高度人工化的草坪里，如果你细心寻找，也能够发现一些本地的花草在顽强地探出它的头颅，展现它的风姿。更不要说我们楼前的那块空地，屋后的那片角落，路边的那抹篱笆墙了，美好自然是无处不在的，只要撕掉与它之间的那层阻隔，你无论何时何地都可以愉悦地欣赏它，哪怕你坐在高度清洁的后现代办公桌前，你的窗外、你的桌下，都可以找到自然细节美妙的片断。（2008年9月11日）

如果像他那样去阅读自然

　　到昆明，在担忧中讨论中国的林权改革问题，第一个见到的专家，就是国家灵长类专家组组长龙勇诚。他原来在中科院昆明动物所工作，后来到著名环保组织美国大自然保护协会担任保护生物学家。有一个傍晚，他敞开门，让我们到他家里做客。

　　客厅的地板上，码着一堆书，是他新出版不久的《守望雪山精灵——滇金丝猴考察日记》。几秒钟的工夫，他已经解开一包，分给我们每人一本。许多写东西的人，都有这个习惯，把稿费折成书，运到家里，见到朋友，就分送。这不是为了让大家分享出版的喜悦，更多的，是让大家去分享其作品所携带的品质和精神，内涵的知识和信仰。

　　很快，这本书我就看完了。我感觉到，不仅是一个科学家，需要有这种阅读自然的能力，即使是一个科学共同体之外的任何人，也有必要具有这样的心胸和眼光，要有直接进入自然再缓慢地阅读自然的精神。这几年，我一直在倡导自然观察，尤其倡导科学家把知识溢出围墙，漫出学术刊物，穿破"学术会议"的圈锁，成为社会共识的一部分。有很多科学家不太赞同这个，他们认为科学只能为科学家所占有；有些科学家会表态说心里每天都想做这样的事，可惜公众太愚昧，而自己所掌握的太高深，无法让公众所理解，也就没有必要去尝试让科学共同体之外的人去品尝一下高深奥妙的滋味。

　　龙勇诚做的工作似乎很简单，从20世纪80年代以来，他就直接在自然界里，持续在研究位于中国西南山地的一种灵长类动物。这种和人类长得极为相似而且有一双鲜红嘴唇的动物，叫滇金丝猴。它与川金丝猴、黔金丝猴、越南金丝猴一起，共同组成了一个类型，但同时，又是这些猴类共同体中，"特化"得颇为严重的，龙勇诚因此认为，把它研究透，对保护生物学意义重大。

　　龙勇诚的文字，像许多科学家的文字一样，比较朴实可爱。而他写到问题时，往往也与许多科学家一致，在直言不讳的同时，仍旧保持着乐观的与人为善的态度。因为一个人越科学，往往越犹豫；越科学，越懂得良知的表达方法。龙勇诚两次提到了当地林业部门不了解当地物种的"中国特色现象"。按照道理，中国的林业部门是中国野生动物的保护部门，而当他出于研究的需要，向当地林业部门咨询信息，希望获得当地野生动物业务主管部门的支持时，结果发现，当地相关部门比他更不了解这方面的信息。

1988年，龙勇诚开始调查滇丝猴，试图研究分布最南端的种群，他来到曾经发现滇金丝猴皮的大理州云龙县摸底，"到达云龙后，我先到林业局汇报我的来意。林业局的同志对我的到来表示欢迎并对我说：'有的人说我们县有滇金丝猴分布，有的人又说没有。你是专家，那么就请你来定夺吧！'"1989年，他到丽江县时，又去找当地的林业局。"丽江县林业局应当是最熟悉丽江的山林，找他们打听准没错。于是我满怀期待走进了丽江县（现已改名玉龙县）林业局的大门。丽江县林业局局长老高对我们的到来非常高兴，他热情地接待了我们，并告诉我们林业局也不清楚滇金丝猴的事。因此，也希望有我这个专家来帮他们弄清这个重要问题。"

政府部门不了解的结果就是当地的公众和猎手根本不知道滇金丝猴是国家一级保护动物，一直在屠杀滇金丝猴，欢呼着围猎它，带着胜利者的骄傲吃它的肉，以得意的心情用它的皮裹包人类的婴儿。有一天，在野外，他遭遇到刚刚杀害了一只滇金丝猴的猎手，"我压着怒火向我身旁的这位无知的、此刻仍在高兴地欣赏着他的独特猎物的中年猎人表明了自己的身份，告诉他刚才被他打下来的这只'大青猴'（当地人对滇金丝猴的称谓）就是滇金丝猴，属国家一类保护动物，并说明滇金丝猴这一物种的珍贵性，以及猎取滇金丝猴是犯法的，是要被判七年以下徒刑的。这位猎人听后马上向我声明：过去他对此真的是一点也不知晓，因为从来没人告诉他这山上什么动物能打，什么动物不能打。这里又不是保护区，当地的狩猎传统也从未得到过限制。这种'大青猴'，从过去到现在，多少世纪以来，一直就是猎取的对象。"

为此，龙勇诚把责任揽到了自己和自己同类的身上："的确不能责怪这些当地群众不守法，而在于我们这些科学工作者和肩负保护责任的有关部门的工作没有落到实处。对于他们，我实在是找不出更多埋怨的理由，所以只好请他回去后向村里的其他猎人转告他今天从我这里所听到的这一切。"决策者不了解如何做，是因为科学家没有尽责，没有把这个物种研究清楚，无法传播出最真实的信息，"我认为滇金丝猴种群数量的稀少完全是人类狩猎之故。只要我们人类彻底停止对它们的猎杀行为，不再破坏它们的栖息环境，滇金丝猴的种群必将会很快增长起来。"

因此，龙勇诚"发现"了一个真理，"动物生态学家"和"猎人"看起来似乎是决然不同的两个概念，怎么也不会把它们扯到一起。然而细细想来就会发现：地球上最早的动物生态学家其实就是猎人。猎人要猎取野生动物，就必须知道它们的生活习性。否则打不到猎物，也就不可能维持生计。世界上最早的动物生态学知识就源于此，只不过是经"笔杆子"们的系统整理而已。因此，他不停地发掘各地优秀的猎人，先让他们成为研究人员的向导，进而成为合作者，进而成为巡逻保护者，进而成为研究人员。

张志明就是这样成功转型的。他原来是丽江老君山上一个纯朴的傈僳族猎人，担任研究向导之后，"便与美丽的滇金丝猴结下了深深的情缘，成了这一带近200只滇金丝猴和其他濒危动物的'守护神'，他随时都在关心着动物们的安危。此事传开后，当地林业部门正式任命他为滇金丝猴保护宣传员。"而维西县的"余氏家族"就更加耀眼了，1998年，在维西县林业局局长李琥的建议下，维西县塔城镇成立了响古箐村护猴队，村里的余建华、余德清、余希光、余小华、尼玛、余向清、余志光、余忠华、余建军等人，迅速地由潜在的伤害者转化为了执着的保护者。这一转变，显然是我国今后生态保护的最重要的方向：当地人保护当地环境，人类伤害力化为保护力。

在龙勇诚等人的努力下，滇金丝猴大概是我国目前被研究得最清楚的物种之一。一个科学家的穿透带来了全体的共同穿透。他20多年的研究成果和研究过程，促进了国家对这个物种的保护意志越来越坚定，保护方法越来越得当。其种群数量、分布区域几乎都在科学家和当地群众的监控之中，虽然其生活习性仍旧有待更多的深入研究，但至少，如何保护这一物种，如何让这一物种与当地人和谐共存，有了比较明确的思路。而与科研进展相伴而生的国际合作、协议保护、社区共管、公众参与，一套政府重视、民间支持的系统保护体系日益成熟。

龙勇诚一直在反思：要保护一个物种，必须了解这个物种的习性。同样，要保护一个物种，必须保护这个物种的栖息地。更为重要的是，要保护一个物种必须让与物种共生存的当地人，找到健康的可持续的生计方式，否则，物种被伤害的命运就永远难以解除。

龙勇诚感叹，猛一看，中国的物种很丰富，靠一两个人去研究，研究起来没有尽头，没有希望。可如果放大到全国来看，全中国至少有几万名科研人员，每人分一个物种，研究、观察、记录上足够的时间，应当都会有成果出现。而这样的工作，至今绝大部分无人去担当，难以预测开展的时日，这是中国对自己自然家底异常不清晰的主要原因，也是生态保护工作难以进行的主要原因，是中国的物种灭亡速度位列全球前茅的主要原因。

中国当前生态保护之所以困难，就是因为参与阅读、研究自然界各个物种的科学家、志愿者太少。中国自古就不是一个热爱观察自然的社会，要想让公众有更多的观察自然的通道，科学家应当先行。龙勇诚做到了这一点，其他的科学家做到了吗？每个人都有观察自然、研究自然的能力和权力，因此，同样饱受自然恩惠的你，做到了吗？

龙勇诚说："一个国家灵长类的保护水平，大概可以作为衡量这个国家生态保护的基本指标。人类是灵长类的一种，其习性和其他灵长类息息相通。人类喜欢居住的地方，也是其他灵长类喜欢的地方。现在人类把所有好地方都占据了，其他的灵长类只能躲到一些人迹罕至之处。20世纪，全世界没有一种灵长类灭绝，21世纪，如果说有一种灵长类要灭绝的话，那么一定会发生在中国，比如海南长臂猿，如今只剩下20只左右。可是，我们对海南长臂猿，了解多少呢？对黑叶猴，对白眉长臂猿，对白头叶猴，又了解多少呢？"（2008年10月31日）

（《守望雪山精灵》由凤凰出版集团于2008年7月出版，是该出版社编辑的科学家"科考手记"系列之一）

读哪些文学能让我们环保

有一个朋友在火车上向我推荐韩寒新出版的小说《他的国》，大概是担心我不看，因此在"推荐辞"中说："你可以把它当成环保小说来看"。

我心里一凉，想当年我也是一个文学青年，据说如今仍旧被人认为是文学青年或者文学中年，因此，任何小说或者诗歌，在我心中都只是小说或者诗歌，根本没有分成环保小说、公益小说、网络小说、武侠小说的意思，一部小说是不是写得好，跟言情不言情大概没关系，而跟言情言得好不好有关系，一部小说是不是写得好，跟环保不环保没关系，而跟借环保说事说得好不好有关系。

然而大概这几年因为关注中国的环保事业，因此，用环保来写文章、来说事、来思考问题、来树立观点的时候多一些，因此，于是难免就要反过来，一切东西都得用环保去衡量：小说写得好不好可能已经没关系，而跟讲不讲环保有关系；做人人品好不好没关系，而跟是不是过绿色生活有关系；城市是不是国际化可能已经没关系，跟这个城市是不是治理污水有关系；春天去不去种树没关系，而跟你种的树是在保护自然还是在毁坏自然有关系。

这种二元对立法，经常让我们思维错乱。大概是在2007年的6月份，我还参与了一次"主题演讲会"，讨论文学如何与环保结合。当时的想法就是，环境保护是人类的共同命题，文艺界的人必须率先关注并且写出大量有影响力和感染力的作品。因为无论作为文学青年还是作为环保青年，我一直都有一个坚贞的想法，就是觉得这个世界上最有传播力的作品，一定是文学作品，而不是行政命令，不是新闻报道，不是开会谈心。

而中国的环保，也确实是由文人或者有文人情怀的人率先关注起来的，1986年，徐刚先生写《伐木者，醒来》、《江河并非万古流》的时候，他没想过，当时有一个叫唐锡阳的人，正在一篇一篇地写《环球绿色行》。他们两人也没想到，廖晓义会因为读了《江河并非万古流》而生出了从事环保的恒念；也没有想到，一个地方官员会因为读了《环球绿色行》而彻夜难眠。

文学艺术界的人，或者说"文联"的人、作协的人、诗歌学会的人、戏剧电影协会的人，其实也是很愿意拿环保作为新开发的题材矿产的。前几年的《可可西里》会被拍摄，固然与民间环保组织的拼死宣传有关，但也与电影的投资方、华谊兄弟的王中军与一伙企业家朋友到索南达杰保护站考察有关，与他到青藏高原"生态旅游"有关；青海省会编排出少儿戏剧《藏羚羊》，固然与青海省想打自然保护品牌有关系，但也与编剧导演演员观众内心自发的愿望相关联。一些人因为写过动物保护、自然保护方面的"心情散文"，有心人也会用环保的眼光把它们堆放起来，成为一类集子而向社会发放。

但确实，我们也发现，社会上环保题材类的文艺作品仍旧偏少。民间环保人士甚至萌生出了你不上我上的念头，因此，有了郭耕在演讲时一定要演"独角戏"《动物联合大会》；也有了廖晓义一定要带人传唱《地球的女儿》；也有了自然之友合唱团组织在一起唱《草原夜色》；也就有了一些人，开始写"环保诗歌"；也有了出版社，开始试水"环保题材"作品。

然而这一切似乎都处在隔离状态。一般来说，当社会不觉得一个问题是问题，或者不想对这个问题表达个人的能量的时候，这个问题似乎就永远得不到真正的面对。只有当社会共同意识到某些问题扑面而来，天天与你的生活纠缠在一起，成为社会的普遍遭遇的时候，这个问题才会被社会以各种方式来"反动"。社会反作用力出现的时候，被动接受的悲惨世界大概才可能洗心革面。

三年前，江苏苏州人李建荣，开始写《环保局长》，然而写到几万字，就搁笔了，大概是无法打造文字行军的路线和动力。2007年年底，北京的一个导演卢宏，找到他，说想拍一个主旋律的长篇连续剧，但前提是需要一个好本子。他在网上看了李建荣写的东西，觉得基质、潜质非常好，鼓励他继续写下去。

李建荣于是先来到了北京，到自然之友、绿家园等环保组织里"体验生活"；后来又去了山东德州，到当地的环保局里体验生活。接下来，他回到家里，埋头苦写，终于在2008年的11月初，交出了比四十万字还要多的稿件。一个貌似与环保文学不沾边的出版社"人民出版社"，也"开创出版新领域"，出版了这部又厚又重的作品。

李建荣因为在北京体验"民间环保人士生活"时，与我交流过，因此，他的书一出版，就寄了一套给我，让我比市场上购买的人，大概早读上那么几天。似乎这是第一部真正用环保来架构文学的作品，而且确实有拍成主旋律电视剧的潜力——甚至可以这么说，这部小说就是为电视剧而生的。相信有些导演已经开始着手编剧事业了，相信不久的几天，就能在中央电视台的"主旋律片场"，看到五十集甚至是一百集的宏大环保旋律连续剧。

但说起来我也是失望的，也许是太受环保牵绊的缘故，这部作品表面上很小说，很文学，但总是在某方面纯粹得不够，因此，有一种小说不像小说，宣教不像宣教的感觉，里面的人物，有种典型的"文学假相"或者说"电视剧假相"，也许，历史上曾经泛滥的《国安局长》、《公安局长》、《税务局长》、《工商局长》、《教育局长》等一些不伦不类的"宣教类文学作品"、"新闻型电视剧"、"科技论文型电影"，已经严重地毒害了作者、编剧、导演、读者、观众、评论者的神经，导致大家一想到"文学作品"，就准备按照这个模式来"角色搬迁和小品移民"，导致几十万字的作品读后，你感觉不到强大的文学感染力。

文学的残酷性就在这里，作者进入这个领域早不早，写得勤不勤、苦不苦，写作过程悲壮不悲壮，似乎都是没有用的。唯一的影响力标准就是感染力。

但这也许是传统文学的标准，是保守型文学青年的愚昧固执，如今的社会是一个高度流程化的时代，一部作品的影响力已经需要多方面的能力来共同泡制和支撑，因此，当作者、出版社、导演、演员、媒体、观众，甚至道具、纸张、书架、物流等都对这部作品翘首以待的时候，都准备成为"作品创作者"的一员的时候，这部作品的影响力已经在生成，并且在民间悄然轰炸开了。一定会有叫好的读者，一定会有追着看的观众，一定会有好评如潮的宣传，一定会有行业内人士的感动声，一定会有像"五个一工程奖"在后台静候，一定会有第二部第三部第四部的接拍，一定会有其他角度的文学作品的迅速跟进和"大投入制作"。最后，一定会有人，一定会有大批的人，在看完电视剧后，当着片尾歌曲发誓，毕生从事伟大神圣而艰难无比的环保事业。

我需要担心的，是为什么我什么都不需要担心。(2009年2月8日)

热爱自然不需要所谓的"专业"
——读亨利·大卫·梭罗《野果》所想到

我几乎在一接触《野果》这本书封面的那一刹那就决定购买这本书。我不仅仅购买了一本，而是当即购买了三本，因为我身边正好有另外两个朋友。按照我四十年改不了的坏脾气，遇上好书一定要让朋友们分享。回家看上几十页后，更是不能自已，啰里啰索地见人就夸这本书，要人去买了来看。

梭罗这本书倒不像出版社缠在书腰上的那些溢美之词所说的那样，是"倾注其生命最后十年的全部心血"，至于文字是不是"更加成熟"，文笔是不是"超越《瓦尔登湖》"，也很难说。重要的，这本书再一次告诉中国公众一个最简单的道理：热爱自然，不需要专业，不需要技巧，不需要工具，不需要思想，不需要好的文笔，也不需要倾注"毕生的心血"。热爱自然需要的只是一颗非常朴素的心灵，一种非常简单的本能；热爱自然只需要你对身边的人和事，每分每秒都怀抱着美好的情感。

因此，梭罗这本书写了他与一百多种野果随机来往的"生命艺术"。这些野果都产自他所居住之地——所有的人都有居住之地，因此所有的人都有可能去写这样的一本书——他统统以野果来命名之，那是因为几乎所有的植物都会结果，就像几乎所有的植物都会开花一样。他写这些果实是因为大部分果实都可以被人类食用和亲近，因此，他的每一个文字都是在替我们千百遍地摩挲这些果实，然后把其所有的感觉通通告诉你我，有时候甚至不惜引用一些诗句来佐证，有时候则借机抒发自己对野果的挚爱和喜悦之情。有时候他写得极简单，完全像是自己与某个果实之间的"关系简史"。有时候则大费篇章地写与某个果实之间的来往细节，有时候干脆脱离现实，隆重地抒起情来。比如他在《野苹果》中说："所有自然生长的东西都散发出某种香味，吃起来有种难以捉摸的美味。而这些正是它们最宝贵的地方，这也是人们无法复制进行买卖的地方"；他对工业化、养殖化的生活是有成见的，几乎一有可能，他就要夸一下野果的奇异和难得，批评一下商业化生产的果实笨拙和单调，"让人难以下咽"。有时候，他对人类的功利之心发出了轻轻的感叹："大自然多么慷慨啊，她赐予我们这么多野果，好像就是要让我们视觉好好享受！虽然这些橡果并不能食用，但却更有利于精神愉悦，比那些能食用的果子更长久地挂在树上，让我们久久欣赏。"（《红橡树果》）而有时候，他干脆就告诉你一个走近自然的最轻便法门："所以说，到了夏天，不拘什么特别的日子，在屋子里读读写写一上午后，下午不妨移步来到野外树林边，随兴转向什么植物长得茂盛却又地处偏僻的湿地。一定会发现那里有好多浆果迎接你呢。这才是真正属于你的果园。"（《高灌蓝莓》）

这本书之所以迟迟不得问世，有一个原因是梭罗字迹非常的潦草，以至于人们要下很大的决心，要费极大的毅力才可能将其整理成可出版的形状——具体地说，整整花了快一百五十年。这可能未必证明梭罗写作非常的精心或者说挑剔，这可能恰恰证明他写作非常的率性和随意。他只是信手记下他所见和所闻。有时候遇上一些物种，会有些很细密的读书札记，像考据那样的引经据典；但更多的时候，就是像断片一般，记下对某个物种、某粒果实的观察心得。他更在乎的是自己的感受，而不是"其他科学家说什么"；他更擅长的是通过这些果实忠实地表达自己活在这个世界的各种情感，他根本不在乎自己的字句是不是需要活在"他人的阴影下"。

当很多年前我读到《沙乡年鉴》时，我想写一些赞美的话，但多少有些犹豫，因为有人会很快反驳我说，李奥帕德这样的人，是林学家、是生态学家，因此，认识身边的物种是他的"专业特长"；因此，他有"资质"去写出这样优雅而饱含情感的文字。其他人写不出来，要么是因为身边没有"沙乡"这样丰富的自然环境；要么就是因为缺乏专业训练，想写也不知道如何下笔。我对这样的断论很是不以为然，然而我知道我无法让他相信博物学可以成为所有人的本能，而不是专业。

相比于中国，欧美一直有着浓厚的博物学传统。你可以什么都不是，但你可以用你的眼睛自由地观察身边的自然，用你的头脑自由地思索，用你的手去自由地描绘，用你的心去自由地想像。而中国，从古到今，我们都认为观察自然是某些人的事，过去，可能是中医们的事，现在，可能是生态学家或者植物学家、动物学家的事，而绝大多数人，可以说99.99999999%的人，完全可以每时每刻活在自然中间，而对自然一无所知。偶尔有一两个人起了兴趣，也会因为可支撑的知识系统太脆弱，偶发的冲动会迅速跌落回尘土中，化为永远的沉寂。

甚至有些人产生了写作是作家的事的荒谬念头，以至于脑中有胡思乱想，手下有万千章句在蠢蠢欲动的人，也经常死了那份写些东西的野心。于是中国大地上，永远只留下帝王们的宫闱佚事，只留下大臣们的争权夺利的密闻，只留下普罗大众发明的一些神怪传说。全都只与人事关联，而与自然相关的，就成千年上

热爱自然不需要所谓的「专业」——读亨利·大卫·梭罗《野果》所想到

万年地空白下去。

一个人的兴趣可以在自然界自由地流转。他不需要认识世界上所有的物种，他也没有必要去费心建立什么样的学科体系，他只需要凭兴趣对身边所能看到的物种进行"尽情地观察"就足够好了；一棵树他完全可以观察上十年二十年，一棵树他也完全可以从树尖尖观察到树根根。梭罗当然认识他所写的那些果实，他依靠的不是书本的指引，而是眼睛和身体对这些物种的"长时间接触"。这既有技术层面的认识——只需简单的植物分类学知识和乡土知识，使他有能力掌握对这个物种的基本科学属性；更有情感层面的认识——持续的观察让他有能力把自己采摘、食用、发现、欣赏、鉴定这些果实的历程一一写来，让我们知道，每一个物种，其实都可以和人发生深刻的关联；每一个人，也都可以与身边的任何一个物种发生深刻的关联。只有当你的生命与足够多的物种产生了血肉关联之后，你才可能写出他们，你才可能真正地理解他们，你才可能涌起保护他们的愿望，你才可能生成保护他们的能力。

多年来，我一直试图对身边的自然细节有所认识。因此每每遇上草木鸟兽虫鱼，总要向"专家们"去请教。然而当我发现，植物专业毕业的学生未必分得清杨柳，动物专业毕业的学生未必说得清牛羊的时候，我就发现了中国最致命的一个缺点：这是一个缺乏观察自然本能的群体。这样的群体不可能写出真正热爱自然的文字，也不可能产生真正的保护自然的能力。

自然观察最大的好处是你完全可以无目的地活在这个世界上。你不为其他人而观察，你甚至不为取悦自己而观察，你只是因为看到了它们就观察它们。梭罗的写作也似乎是无目的的。他不在乎是不是为当地的物种立传，更不在乎是不是写了一本"家乡野果科普全书"，甚至不在乎这些文字里夹带了什么样的思想。思想确实是有境界的，当一个人的文字毫无居心地在纸上行走的时候，你会发现，世界上最纯净、最正派的思想，就流淌在这些文字中间。你信手拿起来，不为吸取其营养，也不为了狩猎其"段落大意"，不为拿其来做人生教科书，不为拿其来做为答卷的参考书，你会发现，阅读这样的书是最好的人生经历。你跟着他去观察野果，你发现，你的院子里其实也有无数的野果，问题在，你从来不知道去发现，即使读了这本书，你也不会把你与野果间的那片阻隔膜给化解开来。

（2009年12月17日）